2015 Spring No.130

24ビット D-Aコンバータから低雑音電源まで

ハイレゾ・オーディオの回路技術と製作の素

CQ出版社

CONTENTS トランジスタ技術 SPECIAL

特集 ハイレゾ・オーディオの回路技術と製作の素

Introduction　ハイレゾ・オーディオ入門　安田 彰／編集部 ……………………………… 4

第1部　最新ハイレゾ・オーディオの基礎と製作

第1章　パソコンや半導体，インターネットの高性能化で様変わり
誕生！ 24ビット・ハイレゾ音源　安田 彰 …………… 6
- CD誕生から30年！ディジタル音源の分解能は500倍以上に ■ 音源の高分解能化とD-Aコンバータの性能向上 ■ 注目！これからのディジタル・オーディオ
- Column オーバーサンプリングで生まれるイメージ信号を除去する「インターポーレーション・フィルタ」

第2章　CDの1000倍以上！滑らかディジタル・オーディオ
24ビット・ハイレゾ音源の誕生とその実力　安田 彰／落合 興一郎 ……… 14
- ディジタル音源が生まれて耳元に届くまで ■ A-D変換の宿命…二つの雑音の発生 ■ CD（16ビット，44.1 kHz） vs ハイレゾ音源（24ビット，96 kHz）

第3章　ICの見分け方とマニアの定番品チェック
24/32ビット・ディジタル音源対応 D-AコンバータICの研究　西村 康 …… 22
- 業界最高分解能は32ビット

Appendix 1　D-AコンバータとパソコンをつなぐインターフェースIC
ハイレゾ対応 USB I²S コンバータのいろいろ　河合 一 ……………… 29

Appendix 2　黄金の組み合わせはアイソクロナス転送×アシンクロナス同期方式
高分解能 D-Aコンバータの性能を引き出すクロック同期技術　岡村 喜博 …… 33

Appendix 3　イイ音を手に入れる！
24ビット・ハイレゾ音源の入手先調査　田力 基 ……………………… 39

第4章　アンプも内蔵！入口から出口まで完全ディジタル
フル・ディジタル・スピーカ駆動IC Dnote7U　安田 彰 ……………… 40
- スピーカとパワー・アンプをディジタル化する検討 ■ 半導体の進化で高速化したDSPによる信号処理で対応 ■ 3～8コイル・スピーカを信号処理で24ビット駆動するDnoteテクノロジ ■ 24ビット，96 kHzハイレゾ音源対応！ Dnote7UとDnote7S ■ USB版Dnote7Uの評価基板で初体験

第5章　5,000円の手のひらLinuxボードと0円ハイレゾ対応OSで手軽に
Raspberry Piで作る24ビット・ネットワーク JukeBox　中田 宏 …… 52
- Linuxコンピュータ・オーディオの幕開け ■ ネットワークJukeBoxの使い方 ■ Raspberry Pi × Linuxで作る ■ オーディオ・データの流れとコントロール ■ 主なパーツ ■ Raspberry Pi用ソフトウェアの下準備 ■ ミュージック・サーバ用ソフトウェアを入れてスマホで再生操作可能に ■ ネットワーク経由で音楽データの共有やシャットダウン操作ができるようにする ■ スマホに入れるコントローラ用のアプリを入れて操作してみる ■ 24ビット，192 kHzのD-Aコンバータを試してみた

第6章　SACDに採用され，今世界中で注目されている
1ビット・オーディオ・フォーマット DSDの研究　石崎 正美／安田 彰／落合 興一郎／中田 宏 … 63
- 研究1 DSDオーディオ信号の実際の波形 ■ 研究2 3種類のDSDオーディオ・フォーマット ■ 研究3 DSDダイレクト再生のための規格誕生！ USB接続D-A変換器が続々と ■ 研究4 PCMの伝送方式に合わせて1ビット・データを送るフォーマットDoP ■ 研究5 市販のΔΣ型D-Aコンバータ調査 ■ 研究6 USBとD-Aコンバータのインターフェース ■ 研究7 DSD対応ΔΣ型D-Aコンバータの出力回路 ■ 研究8 1ビット量子化雑音を減らす「ΔΣ変調技術」と「オーバーサンプリング技術」 ■ 研究9 ハイレゾ対応ΔΣ型D-Aコンバータの内部信号処理

第2部　ディジタル・オーディオ用デバイスの研究

第7章　マイコンも専用電源もいらない！完成度の高い定番ICで作る
PCM2704で作るお手軽PCオーディオ USB DAC ヘッドホン・アンプ　佐藤 尚一 …… 72

CONTENTS

表紙・扉デザイン　ナカヤ デザインスタジオ（柴田 幸男）
本文イラスト　横溝　真理子

2015 Spring
No.130

■ PC オーディオ製作の定番 USB DAC PCM2704　■ 使い方　■ PCM2704 の動作

Appendix 4 　11 kHz 付近で位相雑音が 5 dB 改善される
低ジッタ・クロック回路で高 S/N 再生　川田 章弘 ……………… 78

第 8 章 　PC オーディオ時代の高分解能音源を再生
192 kHz/24 ビット対応！D-A コンバータ　佐藤 尚一 ……………… 80
■ 192 kHz/24 ビット対応 D-A コンバータのいろいろ　■ I²S 入力の D-A コンバータ

Appendix 5 　D-A コンバータと組み合わせて使える S/PDIF レシーバ IC ………… 86

第 3 部　ディジタル・オーディオの音を upgrade！する

第 9 章 　ハイレゾ・オーディオなどの実験に
低雑音＆高安定固定出力＆可変出力の 4 チャネル実験用低雑音電源の実験　遠坂 俊昭 …… 92
■ 回路設計　■ 製　作　■ 性　能

第 10 章 　微細な音粒を取りこぼさずスピーカに届ける
まさかの落とし穴！研究！ボリューム調整とディジタル音源データのロス　岡村 喜博 … 102
■ ソフトウェア・ボリュームは分解能をスポイルする　■ 最適なボリューム・コントロールとは
■ Windows XP のボリューム・コントロールのしくみ　■ Windows Vista 以降の再生アーキテクチャ
■ アプリケーションが持つボリューム・スライダ

第 11 章 　安定・安全・安心！アマチュアの工作と言わせない…
メーカ製に一歩ずつ近づく仕上げのテクニック　三田村 規宏 ……………… 111
■ 回路ごとに専用グラウンドを用意する　■ ノイズや干渉の発生メカニズムを知る　■ グラウンドはシャーシに接続する　■ 各グラウンドを一点で接続する　■ パターンにスリットを入れて電源リプル・ノイズを抑制する　■ 発振しにくいアンプに仕上げる　■ ヒートシンクで十分放熱する　■ パワー・アンプの直流オフセットを小さくする　■ 温度検出回路で熱破壊から部品を保護する　■ アンプが直流を出力したらスピーカと切り離す　■ 過電流を検出する　■ スピーカとアンプを切り離せるリレー式ミュート回路を入れる

第 4 部　[2015 年版] オーディオ規格スッキリ便利帳

Supplement 　パソコンのアプリケーションにもこだわろう
リッピング・ソフトウェアのいろいろ　田力 基 ……………… 121

Appendix 6 　音の 3 要素から室内音響まで
音の性質と定量化　河合 一 ……………… 122

第 12 章 　SN 比，ひずみから周波数特性まで
ディジタル・オーディオの測定法　河合 一 ……………… 125
■ 測定規格　■ 測定器の例　■ 主要特性とその測定法　**Column** ノイズの定義

第 13 章 　量子化，サンプリングから ΔΣ 変調まで
ディジタル・オーディオのキーワード　河合 一 ……………… 129
■ 基本特性　■ 音源のデータ・フォーマット　■ インターフェース規格　■ 再生システム　■ ディジタル・アンプ　**Column** ディジタル音源はいつのまにか加工されている…

第 14 章 　JEITA から RIAA まで
オーディオ関連規格　河合 一 ……………… 137
■ JEITA　■ AES　■ EBU　■ ITU　■ IEC　■ NAB　■ DIN　■ ISO/IEC JTC1（MPEG）　■ RIAA　■ JAS　■ IEEE

本書の執筆担当一覧 ………… 141　　索　引 ………………… 142

▶ 本書の各記事は，「トランジスタ技術」ほかに掲載された記事を再編集したものです．初出誌は各章の章末に掲載してあります．記載のないものは書き下ろしです．

Introduction 用語と本書のナビゲーション
ハイレゾ・オーディオ入門

安田 彰／編集部

1 音のハイレゾって何？

● CDのサンプリングは，16ビット/44.1 kHz

ディジタル・オーディオの先駆けとなったCDですが，発表から既に30年以上が過ぎました．現在はこのCDのサンプリング規格（16ビット/44.1 kHz）を上回るハイレゾ・オーディオ（16ビット以上のビット数/48 kHz以上のサンプリング周波数）と呼ばれる音源を再生し，高音質の音楽を楽しむことができるようになりました（図1）．

本書では，このハイレゾ・オーディオに焦点を当て，使用されるデバイスの種類と特徴や回路技術を解説します．また，マルチ・ビット・ディジタル・オーディオ・データを直接再生する最新のスピーカとその回路技術「Dnote」も紹介します．

2 ハイレゾを聴く方法

● ハイレゾ音源の入手法

現在，ハイレゾ音源はさまざまなWebサイトでデータ・ファイル・ダウンロードという形で提供/販売されており，ネット上から入手できるようになりました．本書「Appendix 3 ハイレゾ音源の入手先調査」などを参照してください．入手したデータは，PC上またはUSBやLANを経由し，外付けの専用D-Aコンバータで再生します．詳細は第1部や第2部の記事を参照してください．D-Aコンバータの種類や活用方法について詳しい説明をしています． 〈編集部〉

3 ついに音源からスピーカまでディジタルでハイレゾ

●「Dnote」とは

Dnoteは，Trigence Semiconductor社が法政大学と共同開発した世界初のディジタル・スピーカ・システムです．これまでは，オーディオ・ソースがCDなどのようにディジタル・データであっても，スピーカはアナログ信号で駆動する必要があるため，ディジタル・データをD-A変換器でいったんアナログ信号に変換していました．この信号をアンプで増幅し，スピーカを鳴らすのがこれまでのスタイルだったのです．ここで用いるスイッチング・アンプをディジタル・アンプと呼ぶこともありますが，その場合でもスピーカをドライブする信号はアナログ信号です．

Dnoteでは，24ビット/192 kHzサンプリングといったハイレゾ信号を，そのクオリティそのままの'0'，

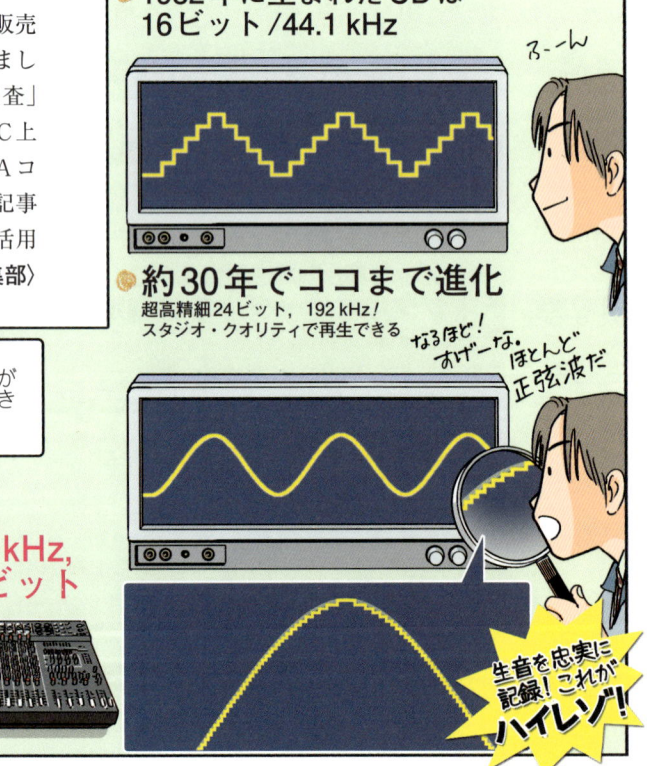

図1
音のハイレゾの進化

'1'のディジタル信号でスピーカのボイス・コイルへ伝えます．しかし，24ビットのディジタル信号でどうやってスピーカを直接ドライブするのでしょうか．これも，詳しくは第4章に譲るので，ここではそのイメージを紹介しましょう．

Dnoteは，複数のボイス・コイルを持ったマルチ・コイル・スピーカもしくは複数のスピーカを用います．製造誤差を考えると，ボイス・コイルの長さやインピーダンスは等しい方がよいので，コイルはすべて同じものとします．これらのボイス・コイルへディジタル信号の'1'を入力するとボイス・コイルに電流が流れます．'0'を入力しても電流は流れません．つまり，ディジタル信号でボイス・コイルの電流を制御できるのです．スピーカのコーン紙の位置はこの電流に比例するので，原理的にはディジタル信号で音を再生できそうです．全電流は'1'を入力する数に比例し，コーン紙の位置も1の数に比例することになります．

これでうまくいきそうです．しかし，24ビットの信号は $2^{24}-1=16777215$ レベルで表現され，ボイス・コイルもそれだけ必要です．これは現実的ではありません．そこで登場するのが $\Delta\Sigma$ 変調器です．$\Delta\Sigma$ 変調器はこのレベル数を数レベルまで一気に減少させることができるのです．そのうえ，24ビット精度を保てるというから不思議です．

その秘密は，16777215レベルを数レベルへ減らした時に生じる誤差を，次のデータを変換する際に相殺するところにあります．これも詳細は第4章に譲ります．これで，ボイス・コイルの数が数個でもディジタル信号で直接ドライブし，オーディオ信号を再生することができるようになります．例えば，ボイス・コイル数が4個であれば，入力音楽データを $\Delta\Sigma$ 変調器で0，1，2，3，4の5レベルに変換します．ボイス・コイルは，実際には逆符号方向にもドライブできるので，一つで+1，0，-1の3値を表現できます．四つなら-4，-3，-2，-1，0，1，2，3，4の9値を表現できます．従って，$\Delta\Sigma$ 変調器で9値に変換すればよいのです．

実はこれだけではまだ駄目で，複数あるボイス・コイル間の誤差（ミスマッチという）の影響を考える必要もあります．ディジタル信号で駆動しているため，先ほどの-4，-3，-2，-1，0，1，2，3，4は正確に再現されそうですが，ボイス・コイルの長さなどがすべて等しくないとこうはいきません．一つのコイルが1％の誤差を持つと，1が1.01になったりします．これでは24ビット精度を保てません．そこで，ダイナミック・エレメント・マッチング法（DEM）を使い，誤差がオーディオ信号に影響を与えないようにしています．ディジタル・スピーカ・システムがDnoteで実用化できたのは，ミスマッチの影響を強力に低減するDEMを開発できたからなのです．

それではハイレゾ信号を直接音に変換するDnoteをお楽しみください．

● **DnoteのCQ音が聴ける実験キットがCQ出版社から発売中**

CQ出版社では，ディジタル音源で直接スピーカを駆動する信号処理技術「Dnote」を試せるキット「DNSP1-TGKIT」（**写真1**）を発売中（数量限定）です．

このキットには，USB対応の信号処理ICのDnote7U（Trigence Semiconductor社）を搭載した評価基板（**写真2**），スピーカBOX，Dnote再生専用マルチ・コイル・スピーカ・ユニット（北日本音響），Dnote7U内部設定書き込み基板（Windows対応のソフトウェア付き），マルチ・コイル駆動用のケーブルが付属しています．

Dnote7U評価基板にスピーカを接続し，パソコンやタブレット，スマホなどのUSBホスト機能とオーディオ出力を持った機器をUSBミニ・ケーブルで接続すれば再生できます．

〈安田 彰〉

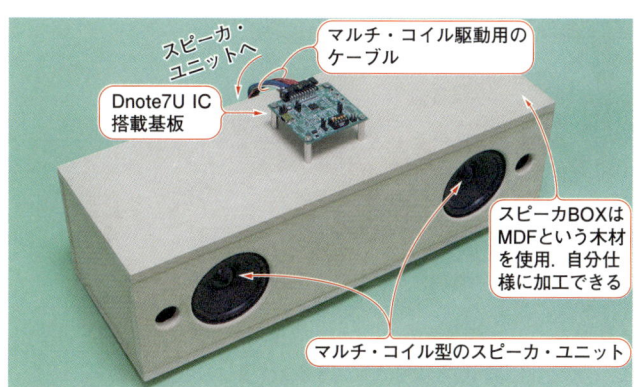

写真1 Dnote7U実験キットDNSP1-TGKIT（発売中，数量限定）
スピーカBOXは，組み立て式．

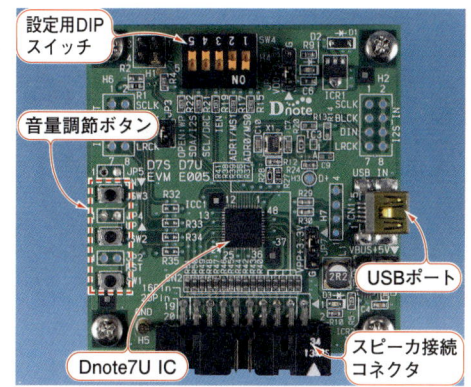

写真2 Dnote7U搭載の評価基板

第1部 最新ハイレゾ・オーディオの基礎と製作

第1章 パソコンや半導体,インターネットの高性能化で様変わり

誕生!
24ビット・ハイレゾ音源

安田 彰

本章では,ディジタル・オーディオの歴史を振り返ります.LPレコードのアナログ時代から,ディジタル・オーディオ創世記,CD,DVD,ブルーレイ,SACD,最近のハイレゾ,そして次世代のディジタル・スピーカまでを一気に眺めます.

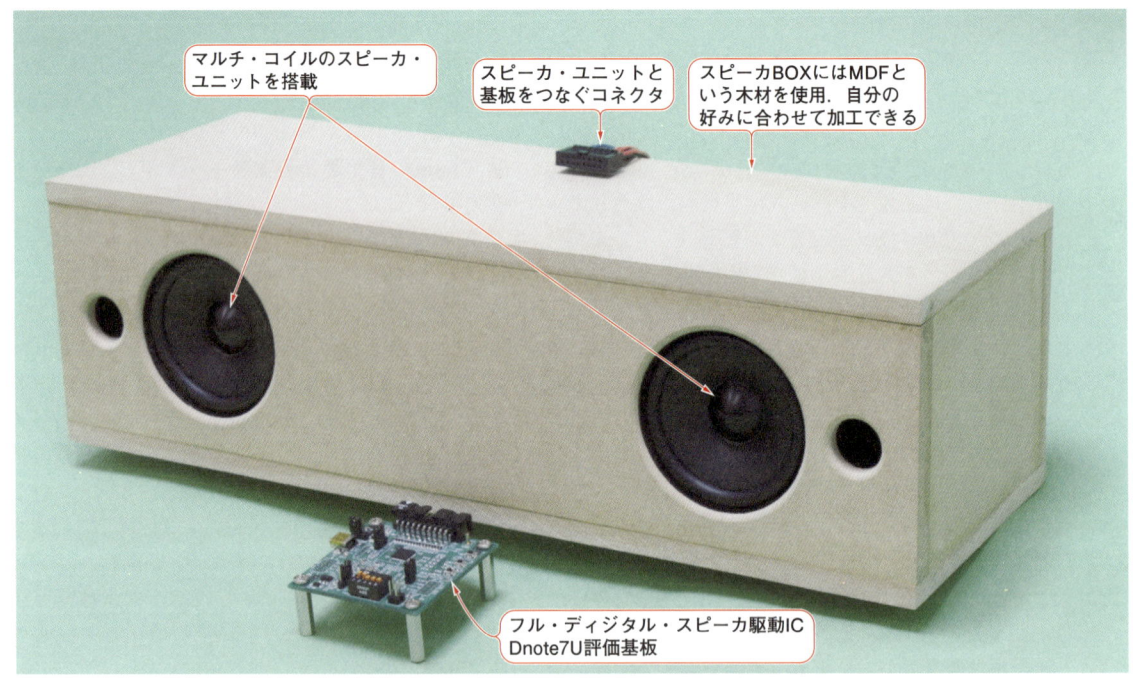

写真1 24ビット,96kHzのディジタル信号で直接スピーカを駆動する信号処理の新技術Dnote(ディーノート,第4章参照)実験キット「DNSP1-TGKIT」.※キットのスピーカは組み立て式.

（吹き出し注釈）
- マルチ・コイルのスピーカ・ユニットを搭載
- スピーカ・ユニットと基板をつなぐコネクタ
- スピーカBOXにはMDFという木材を使用.自分の好みに合わせて加工できる
- フル・ディジタル・スピーカ駆動IC Dnote7U評価基板

　携帯型メモリ・プレーヤはコンパクトになり,携帯電話にも音楽再生機能が内蔵されて気軽にディジタル・オーディオを楽しめる時代になりました.
　ディジタル・オーディオは,CD(Compact Disc)の登場に始まり,DVD(Digital Versatile Disc),DVDオーディオ,DSD(Direct Stream Digital)規格に対応する音楽メディアSACD(Super Audio CD)が開発され,最近のネットワーク配信へと多様化が進んできました.これに伴い,再生系もCD規格の16ビット,44.1kHzのデータを直接ディジタル-アナログ変換し,その後の処理をすべてアナログで行う方式から徐々にディジタル化が進み,現在の24ビット・ハイレゾ規格の信号を高精度に再現できるオーバーサンプリング技術を用いたディジタル信号処理ベースの方式に変化しました.
　最近ではスピーカまでの再生系をディジタル化したフル・ディジタル・スピーカ(**写真1**)も誕生しています.本章では,「ディジタル・オーディオ」で使われている技術や部品に注目しながら歴史を振り返ってみます.

> **CD誕生から30年!ディジタル音源の分解能は500倍以上に**

● アナログ音源からディジタル音源へ
　図1に示すのは,音楽ソースのこれまでの歴史です.ディジタル・オーディオの前はアナログ全盛時代で

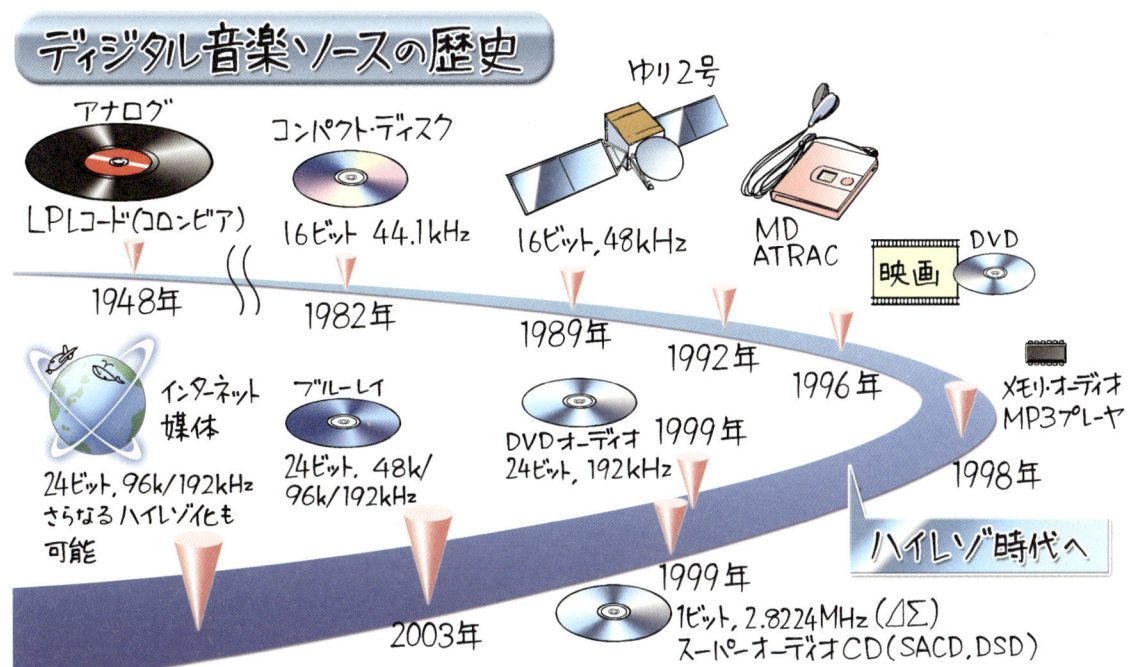

図1 ディジタル・オーディオの音楽ソースの歴史

した．エジソンが発明した蓄音機の流れをくむ「LP (Long Playing) レコード」が1948年に発表されました．これ以降の長い間，LPレコードがオーディオ・ソースの中心でした（写真2）．

LPレコードは，ステレオ信号を片面に30分，両面で60分録音できます．現在でも多くのLPレコードのファンがいます．アナログ・ソースなので再生系すべてをプログラミングの要らないアナログ回路で作れます．現在でも自作派の活躍できる分野です．

アナログ系のソース作成では，磁気テープが広く使われてきましたが，ヒス・ノイズの影響によるSN比の限界や編集作業におけるダビングによる信号品質の劣化を避けるため，レコード会社などではディジタル録音が行われるようになっていきました．

● 16ビット，44.1 kHz音源「CD」の誕生

長く続いたアナログ・ソース時代に大きなインパクトを与えたのは，コンパクト・ディスク（CD）の登場でした．このころスタジオではディジタル録音が行われるようになっていましたが，ディジタル音楽のソースを一般ユーザが手に入れることは難しい時代でした．そこにCDが登場し，ディジタル・オーディオ時代の幕が上がりました．

CDは，アナログ信号を電圧軸方向に16ビット（2^{16}），時間軸方向に44.1 kHzで分解して，データで記録しています．このディジタル音楽データのことをPCM信号（Pulse Code Modulation）と呼んでいます．

CDの記録時間は最大74分です．半端な時間になったのは，ほとんどのクラシック音楽が74分以内であるからとか，ベートーベンの第九が入るようにとヘルベルト・フォン・カラヤンがソニーの大賀氏に助言したためなど諸説あります．

写真2 LPレコードの例

写真3 MD, CDプレーヤ（RX-MDX81, パナソニック）

CDの発表から既に30年以上が経ち，LPレコードが発売されてCDが出るまでの34年に匹敵する歴史を持っています．ディジタル・オーディオ時代もそろそろ大きな変革期に近づきつつあるのかもしれません．

● 16ビット，48kHz音源の衛星放送

　1989年になるとアナログBS(Broadcasting Satellite)放送が始まりました．アナログBSの音声信号はディジタル化されていて，Bモードでは16ビット，48kHzサンプリングのPCM信号の放送が音楽番組などで使われるようになります．1992年にはMD(Mini Disc)が発売され，CDからディジタル・データのコピーなどが可能となり，ディジタル・インターフェースが用いられました．写真3(RX-MDX81，パナソニック)はMD，CDプレーヤです．

● 24ビット，48kHz音源の誕生

　音声系のディジタル化に続いて1996年にDVDが発表され，映像もディジタル時代を迎えます．DVDの音声は24ビット，48kHzサンプリングです．量子化レベルがCDの16ビットから24ビットへ大幅に向上しました．DVDのメディアとしての容量が大幅に増大したことからこれが可能となり，CD以上のクオリティの録音ができるようになりました．ドルビー・ディジタルやDTS(Digital Theater Systems)も音声フォーマットとして使われるようになりました．

▶圧縮オーディオの普及

　1998年ごろ，現在の携帯型ディジタル音楽プレーヤの原型となるメモリ・オーディオ・プレーヤ「mpman」やダイヤモンド社の「RIO」も発売されています．

　記録媒体にフラッシュ・メモリを使用していました．当時のメモリ容量は今ほど大きくはなかったため，たくさんの曲を持ち運べるように音楽ソースを圧縮していました．MP3が代表的な圧縮方式です．このコンセプトがアップル社のiPodにつながっていきます．

● 24ビット，192kHzハイレゾ音源誕生

　2001年に64Mバイトしかなかったフラッシュ・メモリの1チップ当たりの記憶容量は，2013年には16Gバイトに向上し，CDの容量650Mバイトよりもはるかに大きくなっています．このような光学ディスク以外のメディアの勃興が，ディジタル・オーディオの世界をも大きく変えていきます．

　1999年にDVD(Digital Versatile Disc)オーディオが発表され，ハイレゾの時代に突入します．DVDは，24ビット，192kHzのデータの記録ができ，現在流通しているハイレゾ音源のフォーマットの一つです．

　2003年にはブルーレイの規格が出されます．ブルーレイにおいては24ビット，48k/96k/192kHzのディジタル・オーディオ信号の記録が可能です．

● 1ビット，2.822MHzのSACD誕生

　1999年，スーパーオーディオCD(SACD：Super Audio CD)が登場します．

　SACDは，これまでのオーディオ・フォーマットとは大きく異なり，量子化1ビット，サンプリング周波数2.8224MHzのオーディオ信号フォーマット(DSD：Direct Stream Digital)で記録されたCDです．これは，音楽信号をクロック周波数2.8224MHzの1ビットΔΣ変調器で1ビット信号に変換し，この信号を直接記録したものです．サンプリング周波数が非常に高いため，原理的には100kHz以上の信号も記録できます．

　1ビット量子化による大きな量子化雑音はノイズ・シェーピング技術により可聴帯域外にシフトさせ，可聴帯域で高いSN比を得ています．

● 24ビット，192kHzハイレゾ音源のインターネット配信

　2000年以降，インターネット接続環境が大きく向上しました．

　最近は，WiMaxやLTE(Long Term Evolution)など，モバイル接続環境でもネット越しに大きなファイルのダウンロードができるようになりました．これに伴い，インターネット上に24ビット，192kHzフォーマットなどの音楽ソースを販売するサイトが出現してきました．これらのファイルは，パソコンなどを使ってハード・ディスク(Hard Disk Drive)などに保存する場合が多いので，パソコンに接続する再生用オーディオ機器が必要になってきました．

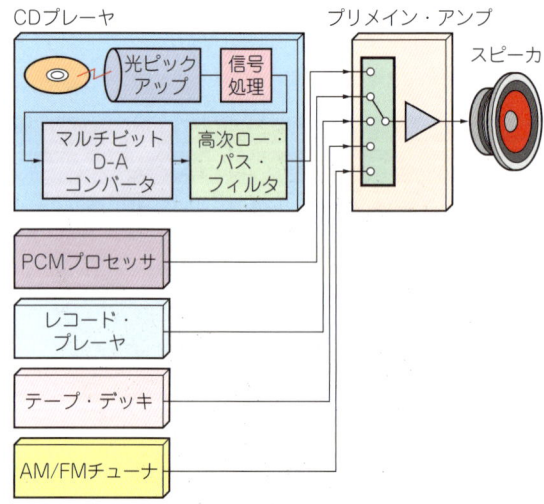

図2　CD黎明期のオーディオ・システム
ディジタル音楽ソースはCD以外にはほとんど存在しない時代．

2005年以降は，個人向けのプリント基板の製造サービスや部品のネット通販が始まり，ハイレゾ音源を再生するディジタル・オーディオ回路の手作りブームが始まろうとしています．

音源の高分解能化とD-Aコンバータの性能向上

● 16ビット，44.1 kHzを再生するCDプレーヤ（1980～1990年）

　図2は，発売されたばかりのCDプレーヤのブロック図です．このころの音源の主流は，LPレコード，テープ・デッキ，チューナ（ラジオ）でした．

　ディジタル音楽ソースはCDだけで，それ以外はアナログでした．ディジタル・オーディオ信号を録音・再生できる機器としてPCMプロセッサがありました．これはオーディオPCM信号を変調したアナログ・ビデオ信号をVHSなどのビデオに記録するものでした．

　CDに書き込まれているディジタル信号（PCM信号）は，光ピックアップで読み出されて誤り訂正などの信号処理が行われて，D-Aコンバータに入力されます．

　PCM信号は，D-Aコンバータ（マルチ・ビット型）でアナログ信号に変換されます．このとき，ロー・パス・フィルタ（LPF）でサンプリング周波数の1/2以上の信号を除去します．

▶ 未熟だった16ビットD-Aコンバータの製造技術

　当時は，CDの規格である分解能16ビットの音源を

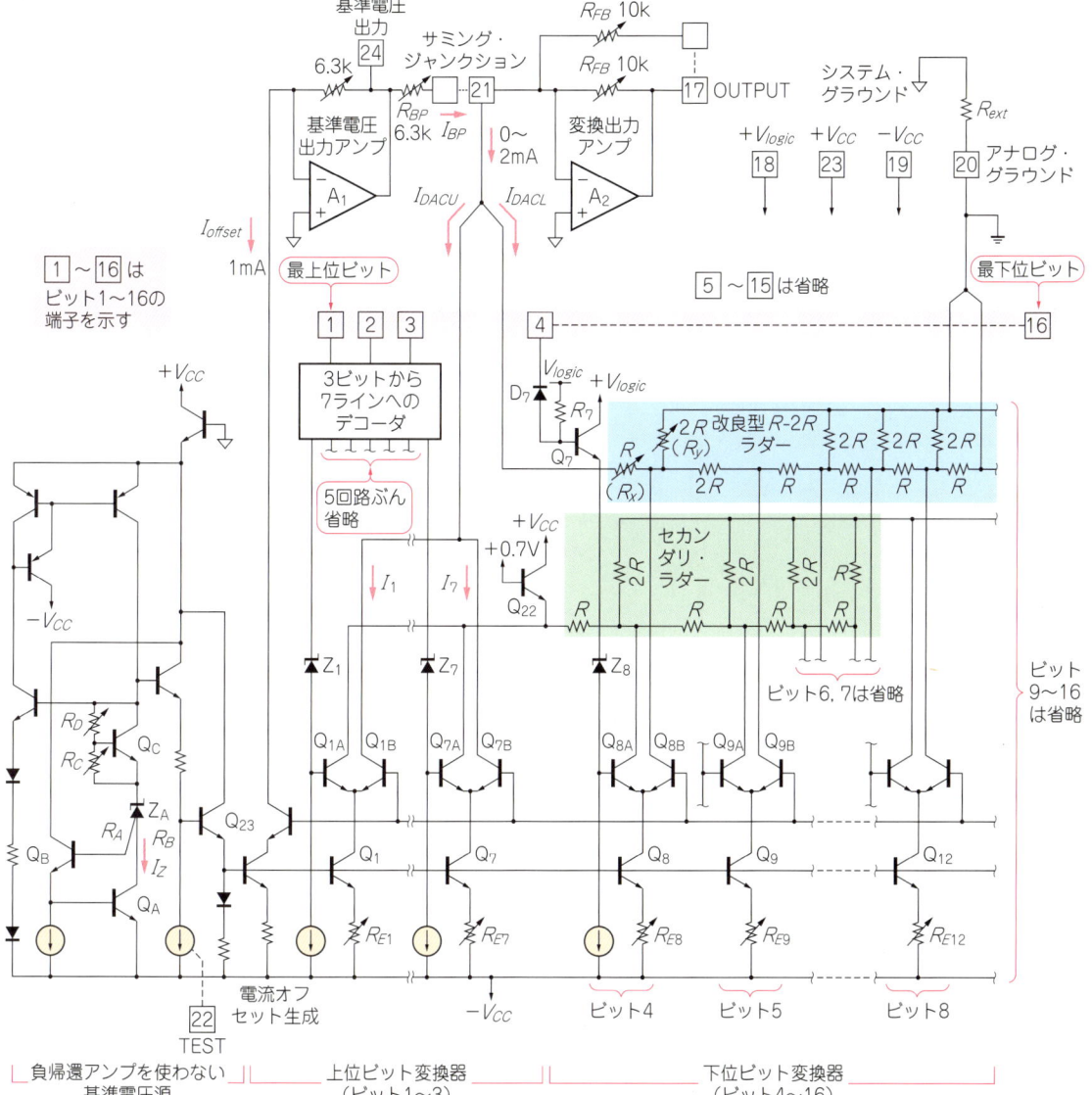

図3　16ビットD-Aコンバータの定番PCM53の回路構成
電流源の電流を決定するエミッタ抵抗やラダー抵抗を，レーザで一部焼き切ることで抵抗値を一つずつ調整し精度を向上させている．

音源の高分解能化とD-Aコンバータの性能向上　9

精度よくD-A変換することが容易ではありませんでした．主流だった抵抗ラダー型D-Aコンバータでは，内部にあるたくさんの抵抗の値ばらつきを16ビット精度（誤差$1/2^{16}$）に収めることが困難だったのです．

図3は，広く使われていたPCM53（バーブラウン社，現テキサス・インスツルメンツ社，以降TI社）の回路図です．

電流源の電流を決定するエミッタ抵抗やラダー抵抗をレーザで一部焼き切ることで抵抗値を一つずつ調整し精度を向上させていました．この調整技術をレーザ・トリミングと呼びます．レーザ・トリミングは，PCM1704（TI社）などの現代の高精度マルチ・ビットD-Aコンバータにも引き継がれています．

▶オーディオ信号の位相や振幅に悪影響のある高次フィルタ

CDのサンプリング周波数（f_S）は44.1 kHzで，オーディオ信号源帯域は20 Hz～20 kHzです．$f_S/2$＝22.05 kHz以上には本来の信号以外の折り返し信号（イメージ）が存在するため，$f_S/2$以上の信号をカットオフ周波数を20 kHz以上に設定したLPFで十分に減衰させる必要があります．20 kHzから22.05 kHzで大きな減衰量を得るため，高次のフィルタが必要です．

図4に示すのは，当時使われていたD-Aコンバータのスムージング・フィルタ（9次チェビシェフ型フィルタ）の回路とその周波数特性です．74 dBの阻止域抑圧が得られていますが，位相特性がカットオフ周波数付近で大きく回っています．

回路はディスクリート部品で構成されていました．磁性体に巻いたコイルはひずみやすいためTHD（Total Harmonic Distortion）が大きくなるという問題もあったので，アクティブ・フィルタも試されました．その後，オーバーサンプリングにより20 kHz付近のイメージを減衰させるディジタル・フィルタとアナログLPFを組み合わせた方式が実用化されています．

● ディジタル・ソース普及期（1990～2000年）

1990年代に入ると，**図5**のようにシリアルのディジタル・オーディオ・データを入力できるシステムが普及しました．接続ケーブルは光や同軸でした．

レーザ・トリミングが不要で高精度にアナログ信号に変換できる，$\Delta\Sigma$型D-Aコンバータ（1ビットD-Aコンバータ）も実用化されました．

図6に示す$\Delta\Sigma$型のD-Aコンバータは，サンプリング周波数（f_S＝44.1 kHz）を数十～数百倍（図6では256倍）に上げるオーバーサンプリング技術を利用します．CDは，44.1 kHzごとにしかデータを出力してくれないので，データが存在しない期間に0を挿入するのです．このオーバーサンプリング処理によって，f_Sの整数倍の周波数を中心にイメージ信号が現れるので，これをインターポレーション・フィルタで抑圧します．

オーバーサンプリング処理を行うと，**図7**に示すように，出力スペクトルは最も低いイメージ信号が256 f_Sの高い周波数に移動します．このため，D-Aコンバータに接続するアナログ・ロー・パス・フィルタ（LPF）は，図に示す低次のフィルタが使えるので，位相や振幅の暴れは気にならなくなります．

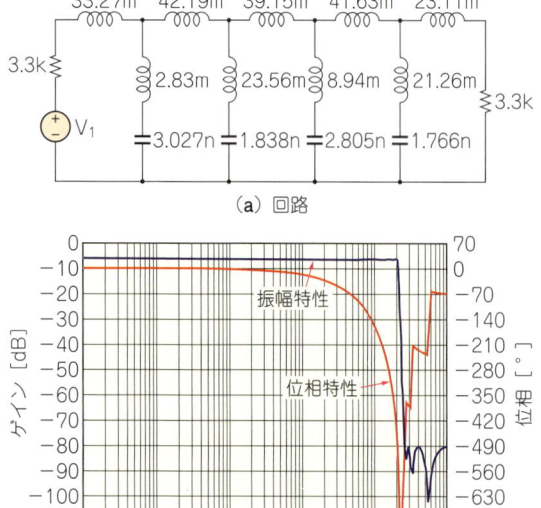

図4 D-Aコンバータのスムージング・フィルタの回路と周波数特性
9次チェビシェフ型フィルタの回路と特性．74 dBの阻止域抑圧が得られているが，位相特性がカットオフ周波数付近で大きく回転してしまう．

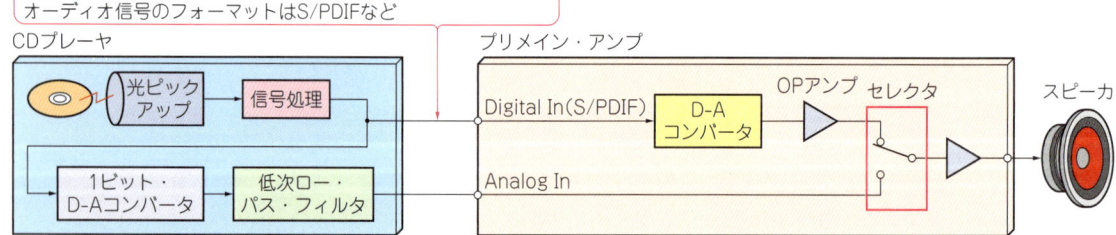

図5 1990～2000年代はディジタル・ソース普及期
MDなどに接続できるD-Aコンバータを内蔵したAVアンプが出てくる．光ディジタル・インターフェースで接続するようになった．

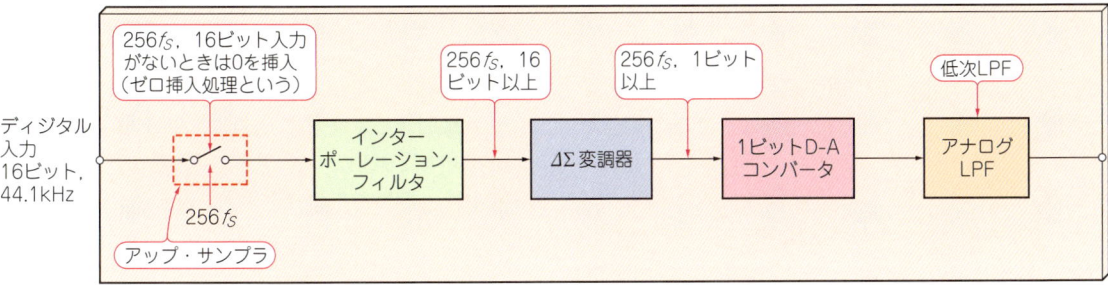

図6 ΔΣ型D-Aコンバータの信号処理の流れ
入力された16ビット，44.1 kHzサンプリングの信号を256 fs程度のサンプリング周波数に上げる．

インターポレーション・フィルタの出力はΔΣ変調器で，1ビットの信号に再量子化します．このとき大きな量子化雑音が生じますが，ΔΣ変調器では量子化出力を入力に帰還することで可聴帯域内の量子化雑音を低減させ高い精度を実現しています．

▶ 当時のΔΣ D-Aコンバータのハイレゾ再生能力

当時最も利用されていた1ビット量子化器を使った2次ΔΣ変調器で得られるSN比S_{NR}[dB]は，

$$S_{NR} = 15L - 26 \cdots\cdots\cdots\cdots\cdots\cdots\cdots (1)$$

となります．

オーバーサンプリング比2^Lが256倍のとき（$L = 8$）のSN比は94 dB（= 15×8 − 26）です．

ディジタル回路と簡単な1ビットD-Aコンバータでこれだけの精度を得られるのは画期的で，コストの低減にもなりました．しかしこのときのクロック周波数は，256 fs = 11.29 MHzです．当時としてはかなり高いサンプリング周波数で，これ以上のオーバーサンプリングは困難でした．

1ビットΔΣ変調器を使ったD-Aコンバータではアナログ出力として1ビット，つまり0，V_{DD}のような電源電圧をスイッチングする信号を出力する必要があります．このサンプリング・レートが高い1ビット波形を正確に再現するには，大きなスルーレートのトランジスタが必要でしたが，当時のCMOSプロセスでは実現が困難でした．

現在は，3次以上のマルチ・ビットΔΣ変調器を用いてさらに高精度化しています．レーザ・トリミングを用いた4ビット3次ΔΣ変調器がアナログ・デバイセズ社から提案されるのは1986年です．レーザ・トリミングを使わない方法が世に出るのは1994年まで待たなければなりません．このようなことから，当時は16ビット精度程度を実現することが限界でした．

● パソコンがディジタル音源置き場に（2000年）

2000年になると，パソコンがオーディオ再生装置の一つになります．さらにフラッシュ・メモリやハー

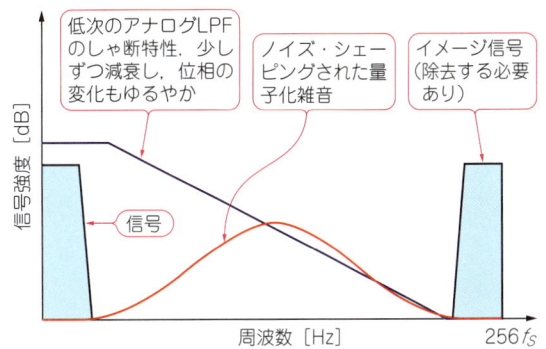

図7 オーバーサンプリング処理すると低次のアナログ・ロー・パス・フィルタでイメージ信号を除去できる
最も低いイメージ信号が128 fsの高い周波数に移動している．

ド・ディスクを内蔵した携帯型音楽プレーヤが発表されて次第に普及します．音源をパソコンに保存するようになり，パソコンがオーディオ・システムの中心になります．

DVDや地デジなどディジタル・ソースも急増し，ディジタル・インターフェースとしてこれまでの光ディジタルに加えて，ディジタル映像信号のインターフェース規格HDMIも誕生しました．DVDなどでは5.1チャネルのサラウンドがサポートされアンプをマルチチャネル化したAVアンプが出てきます．

2000年を前にしてDVDオーディオやSACDなどの規格が立ち上がりハイレゾ音源への期待は高まりましたが，実際にはあまり作品がリリースされない状態が続いていました．一方，メモリ・プレーヤ向けのインターネット配信が普及しはじめます．このころになると，ADSLなどの高速インターネット接続サービスに加えて光ファイバによるインターネット接続サービスも開始され，高速インターネット時代を迎えます．インターネットではメディアの規格に制限されません．また，インターネットを使う場合はパソコンが接続の中心となり，WindowsなどのOSがさまざまなビット数やサンプリング・レートの音楽ファイルをサポートしたことから，いよいよパソコンを中心としたハイレ

Column

オーバーサンプリングで生まれるイメージ信号を除去する「インターポレーション・フィルタ」

ΔΣ変調器を使うオーディオ・アプリケーションでは，オーバーサンプリング比が高いことから図Aに示す2段構成のフィルタが使われています．

1段目のフィルタには，直線位相特性を実現できることから図Bに示す急峻な特性のFIRフィルタを使ってf_s付近のイメージ信号を抑圧します．2段目は，高域の雑音を低減すればよいので，入力データが来ないときは前サンプリング時の値を保持する0次ホールド回路が用いられます．

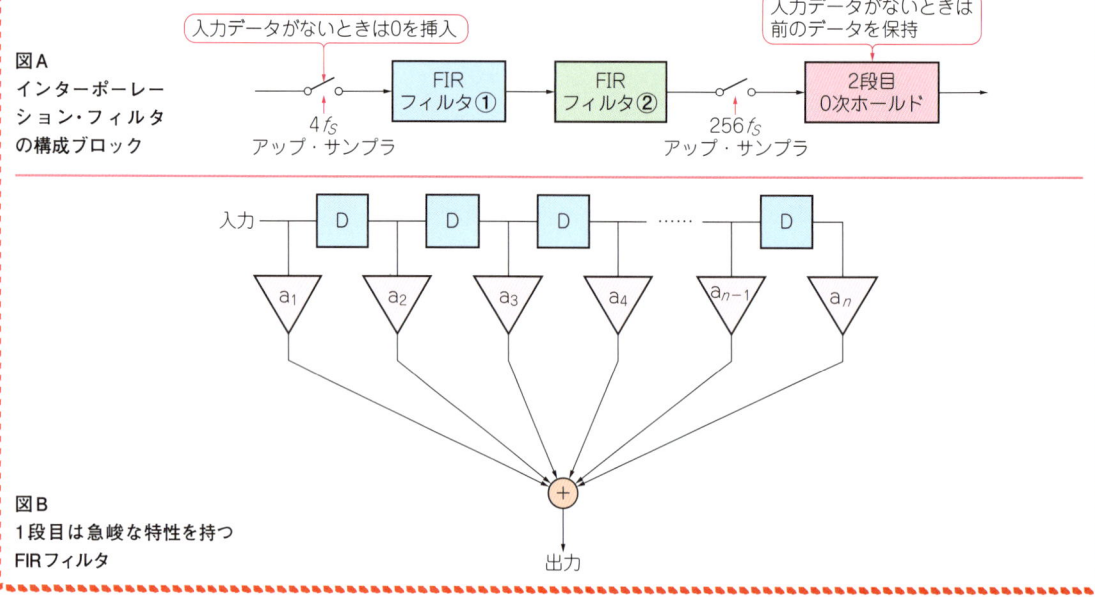

図A インターポレーション・フィルタの構成ブロック

図B 1段目は急峻な特性を持つFIRフィルタ

ゾ音源再生への環境が整いはじめます．

▶ マルチ・ビットΔΣ型D-Aコンバータが主流に

D-Aコンバータでは，内部のD-Aコンバータをマルチ・ビット化したマルチ・ビットΔΣ型のD-Aコンバータが開発され，高性能化が図られました．これにより，100 dBを超えるSN比やダイナミック・レンジが実現されます．マルチ・ビット化により帯域外の雑音が低減され，LPFへの要求もさらに緩和されました．この方式は，本書の中で紹介するPCM1795（TI社）などの120 dBを超えるD-Aコンバータの変換方式として発展していきました．

注目！これからのディジタル・オーディオ

● その1…PCオーディオとネットワーク・オーディオ

2000年代は，インターネット接続環境の向上で，音楽ソースを提供する方法はインターネット配信に移っていきました．写真4にネットワーク・オーディオ・プレーヤ（N-50，オンキヨー＆パイオニア）を示します．MP3などの圧縮系のソースだけでなく，24ビット，192 kHzのハイレゾ音源が配信されるように

写真4 ネットワーク・オーディオ・プレーヤ（N-50，オンキヨー＆パイオニア）

なり，パソコンがオーディオの中心になってきました．

ネットワーク配信されたオーディオ・データはパソコンのハード・ディスクなどに記憶されるようになり，メモリ・プレーヤにデータを転送して聴くスタイルが普及します．一方，ハイレゾ音源を再生するには，通常のパソコンがハイレゾに対応したアナログ・インターフェースを持っていないため，図8に示すように，ネットワーク・プレーヤや高精度USB D-Aコンバータなどでディジタル信号をアナログ信号に変換しアンプから出力しています．

ネットワーク環境が整備され，家庭内にもNAS（Network Attached Storage）やネットワーク・サーバがあることも珍しくありません．クラウド環境も普及して，このようなネットワークに接続されたストレ

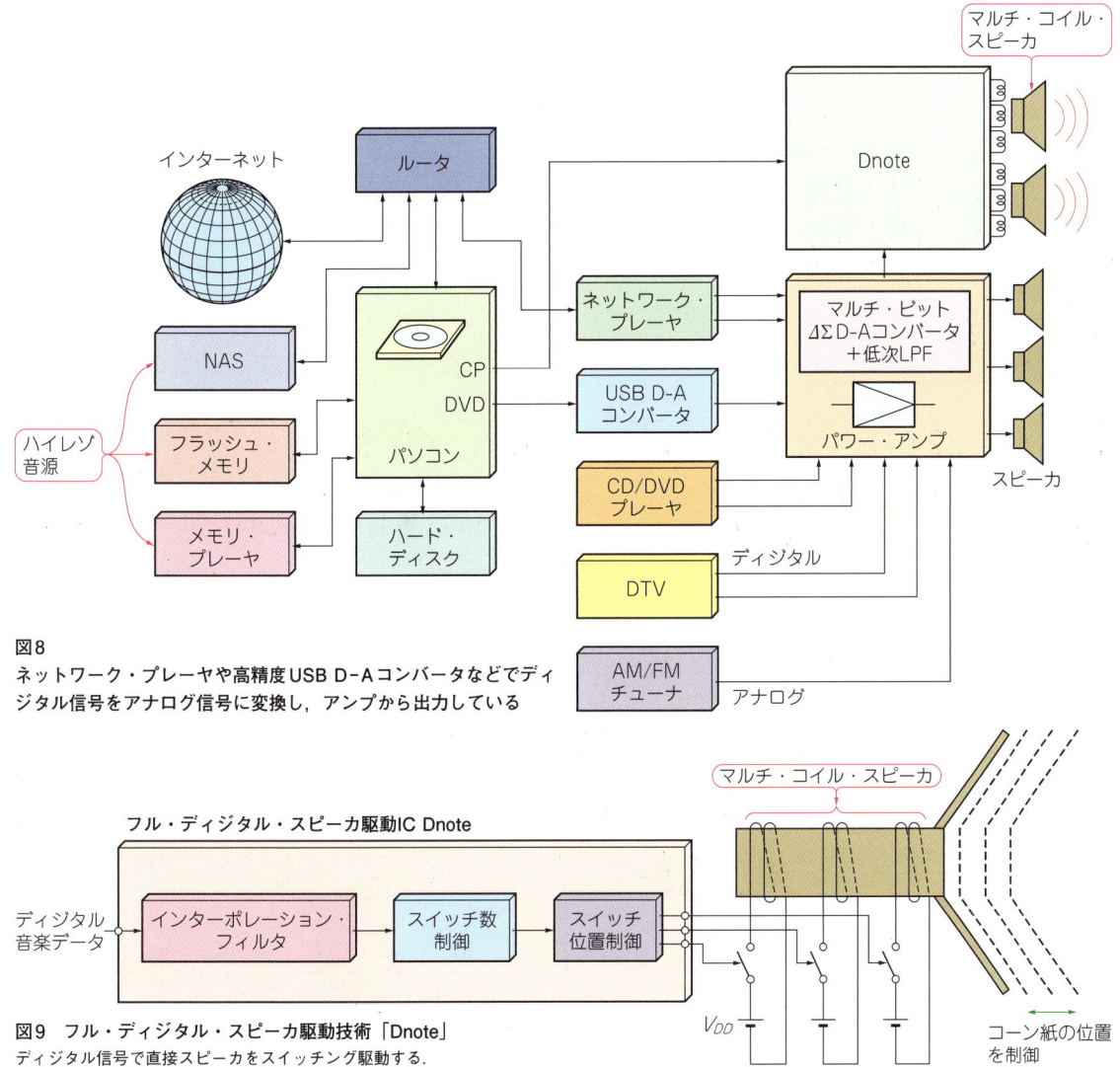

図8 ネットワーク・プレーヤや高精度USB D-Aコンバータなどでディジタル信号をアナログ信号に変換し，アンプから出力している

図9 フル・ディジタル・スピーカ駆動技術「Dnote」
ディジタル信号で直接スピーカをスイッチング駆動する．

ージにハイレゾ音源を保存し，家族で音楽データを共有することも増えています．

▶メーカ横断的にオーディオをつなぐ規格DLNA

ネットワークを介して異なる機器やメーカ間での相互接続を可能にする規格が生まれています．Digital Living Network Alliance（DLNA）と呼びます．ガイドラインがありこれに準拠した機器が増加しています．

ハイレゾ（24ビット，192kHz）に対応したNASやネットワーク・プレーヤ，コンポなどの機器も発売されてきており，ネットワーク越しにハイレゾをどこでも聴くことができる時代になってきました．

▶手のひらLinuxを使った手作りも面白い

数千円の手のひらサイズのパソコン・ボードにLinuxをインストールして，USB D-Aコンバータを接続すれば，自分だけの手作りネットワーク・オーディオが完成します．

● その2…スピーカもビット・データで駆動するフル・ディジタル・ワンチップIC誕生

図9に示すのは「Dnote（ディーノート）」と呼ばれる技術で，Trigence Semiconductor社と法政大学理工学部の半導体システム研究室が共同で開発したものです．

Dnoteにはアンプはなく，ディジタル信号で直接スピーカをスイッチング駆動します．マルチ・ビットで駆動するので，出力に応じて駆動するコイル数を動的に可変します．コイルを複数使っているので出力する音圧が高くなり，低電圧で駆動しても大きな音を再生できます（写真1）．詳細は第4章を参照してください．

（初出：「トランジスタ技術」2013年12月号　特集　第1章）

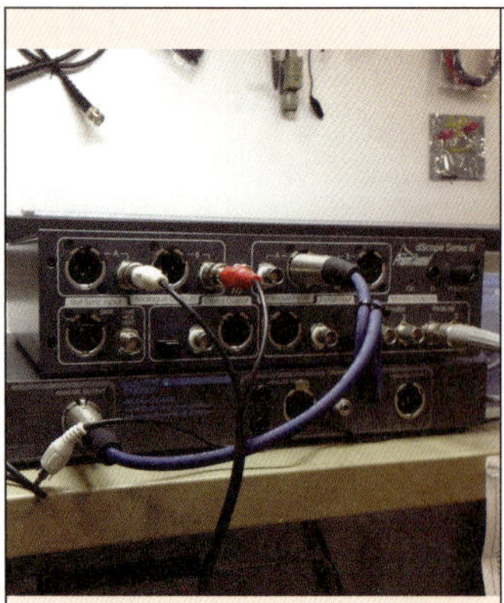

第2章　CDの1000倍以上！滑らかディジタル・オーディオ
24ビット・ハイレゾ音源の誕生とその実力

安田 彰／落合 興一郎

本章では，24ビット・ハイレゾを正しく理解するために必要となるサンプリングや量子化といった基礎技術について解説します．これらを使ってハイレゾ音源の波形を眺めてみましょう．そこからハイレゾの本質が見えてきます．

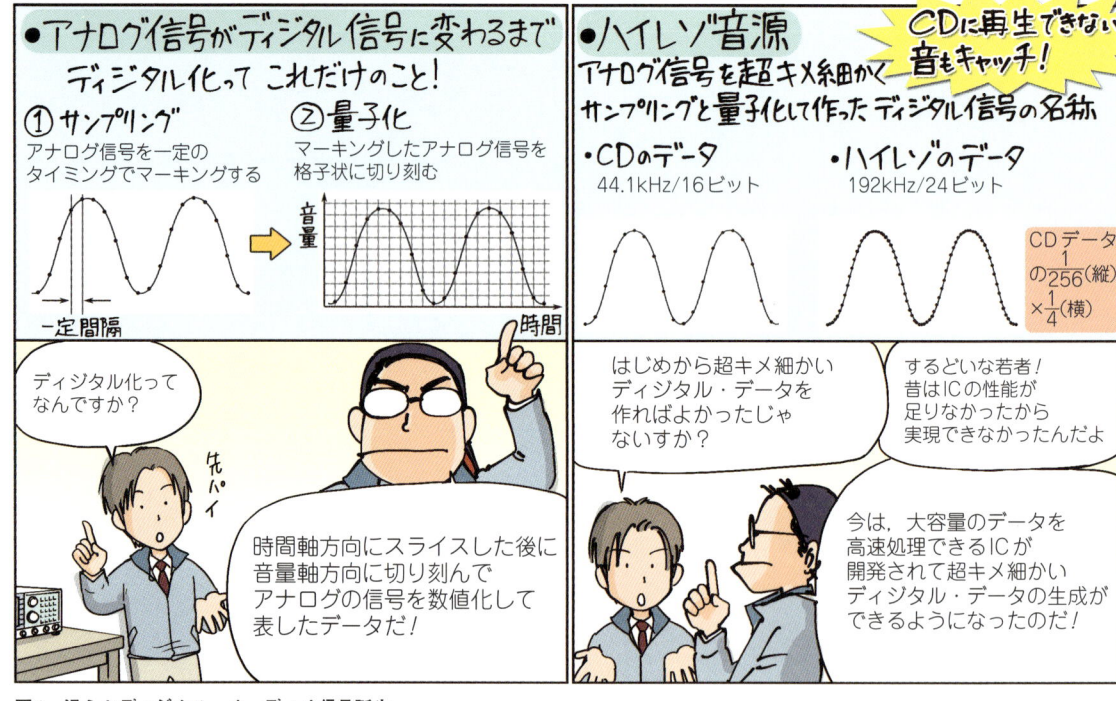

図1　滑らかディジタル・オーディオ信号誕生
24ビット，192kHzの音源はCD音源（16ビット，44.1kHz）より$2^{24-16} \times 192kHz/44.1kHz ≒ 1115$倍滑らか．

　オーディオ機器の購入を検討したり，雑誌を眺めたりすると，24ビット，96kHzやハイレゾといった数字やワードをよく見かけるようになりました．予備知識がないと，数字が大きいほど高性能なのかも…と感じるかもしれません．でも，ハイレゾと呼ばれている音源（24ビット，96kHzなど）は，従来のCD（16ビット，44.1kHz）と比べて具体的に何が違うのでしょうか？

　音質は，再生機器や環境など個人差が大きく，判断基準が明確ではありません．そこでオーディオ・アナライザ（オーディオプレシジョン社）を使って，24ビット，96kHzと16ビット，44.1kHzの信号波形や周波数スペクトルを実測して比較してみました．

　まずは，ディジタル音源を生成するA-D変換技術の復習から始めましょう．　　〈落合 興一郎〉

ディジタル音源が生まれて耳元に届くまで

　普段，何気なく聞いているヘッドホンから聴こえてくる音楽信号はどうやって誕生するのでしょうか？ここではその源流を訪ねてみます．

　最近は，インターネットや携帯電話／無線LANなど無線回線の通信速度の向上で，24ビットの高分解能ディジタル音源（ハイレゾ音源と呼ばれている）の配信サービスが始まりました．家電量販店でも「ハイレゾ（ハイ・レゾリューション）」という言葉を目にする

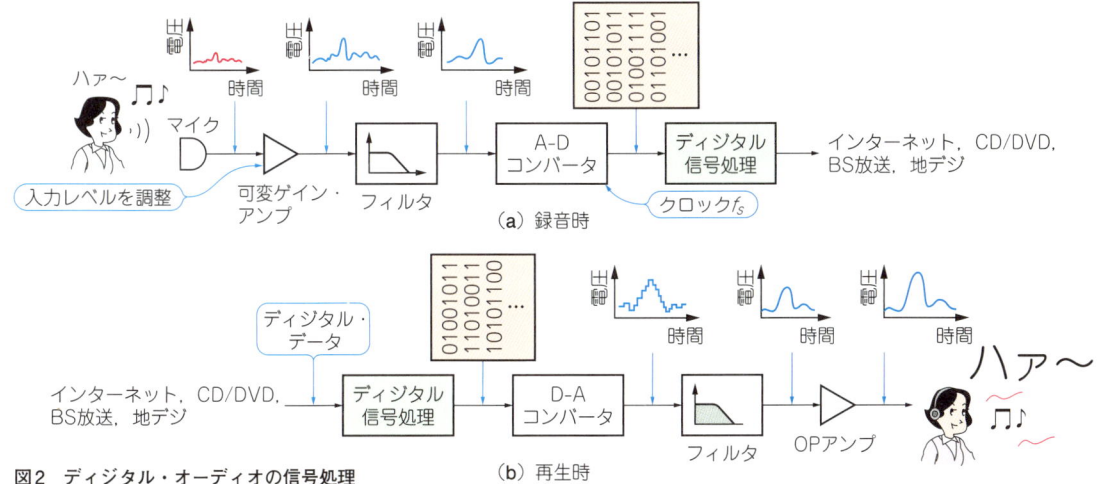

図2 ディジタル・オーディオの信号処理
マイクが出力する電圧はとても小さい．数mのケーブルを伝わるうちにすぐに雑音まみれになってしまう．

ようになりました．これらの音源はどのようなルートで耳元まで届けられるのでしょうか？

(1) アナログ信号をアンプで増幅する

図2に示すように，歌声や楽器の奏でる音はマイクでアナログ信号に変換されます．マイクが出力する電圧はとても小さく，数mのケーブルを伝わるうちにすぐに雑音まみれになってしまいます．そこでアンプでレベルを大きくして(増幅して)雑音に強くしてからマイク・ケーブルに出力します．

(2) アナログ-ディジタル変換

A-Dコンバータに，クロック周波数の1/2以上の周波数成分を入力すると雑音(折り返し雑音)が発生するので，フィルタ(アンチエイリアス・フィルタと呼ぶ)で高域の信号を除去します．A-Dコンバータは，まず，アナログ信号をクロックのタイミングで時間軸方向にばらすサンプリング処理を行います．続いてレベル方向にばらす量子化処理を行います．この二つの処理で，ディジタル音源が誕生します(図1)．

(3) 圧縮などの信号処理と配信

ディジタル信号プロセッサ(DSP)によって，ディジタル・データを圧縮したり，間引いたりして，CDやDVD，ハード・ディスクに記録し，また，インターネットを通じて配信されます．

(4) ディジタル・データからアナログ信号を復元する

インターネット経由で入手したディジタル音源は，MP3のように圧縮されているならディジタル信号処理で伸張してD-Aコンバータでアナログ信号に復元します．ディジタル音源の波形は階段状でガタガタしており，サンプリング周波数の1/2以上に雑音(イメージ信号とその高調波成分)がたくさん含まれているのでフィルタで除去します．その後，アンプで増幅してヘッドホンを鳴らします．

A-D変換の宿命…二つの雑音の発生

■ 時間軸方向にばらすときに発生する「折り返し雑音」

● サンプリングすると情報量が減る

音声信号は時間的に連続しているアナログ信号です．A-Dコンバータはこの連続信号ををクロック信号のタイミングでスライスして切り出し不連続な信号に変えます．これがサンプリング処理です(図3)．切り出すときに，アナログ信号の一部が失われます．

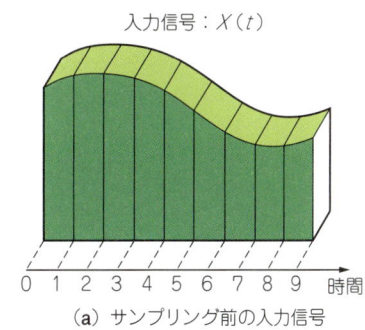

図3 サンプリング処理
連続信号ををクロック信号のタイミングでスライスして切り出し，不連続な信号に変える．

(a) サンプリング前の入力信号
(b) サンプリング後の信号

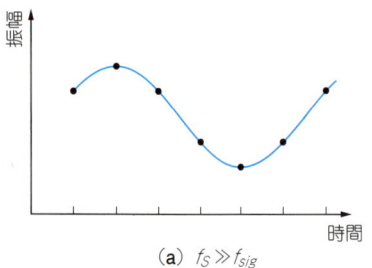
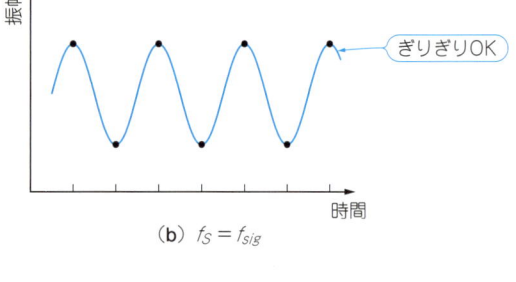
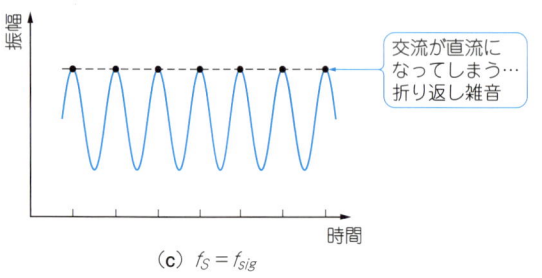
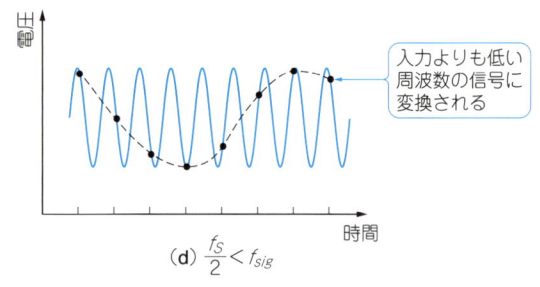

図4　波形とサンプリング点との関係
サンプリング周波数一定のまま入力信号周波数を高くしていった場合．

　サンプリングに使うクロックの周波数をサンプリング周波数，サンプリングする前の信号を連続時間信号，サンプリング後の信号を離散時間信号と呼びます．

● サンプリングすると雑音が出る

　サンプリングするときは，サンプリング周波数(f_S)と入力信号の周波数(f_{sig})の間に次の関係(サンプリング定理)が成立していることが重要です．

$$f_{sig} \leq f_S/2 \cdots\cdots\cdots\cdots\cdots\cdots\cdots (1)$$

　もしサンプリング周波数f_Sが，入力信号の2倍以下になると雑音が発生します．

　入力信号とサンプリング周波数との関係をもう少し詳しく見てみましょう．図4に示すのは，サンプリング周波数一定のまま入力信号周波数を高くしていった

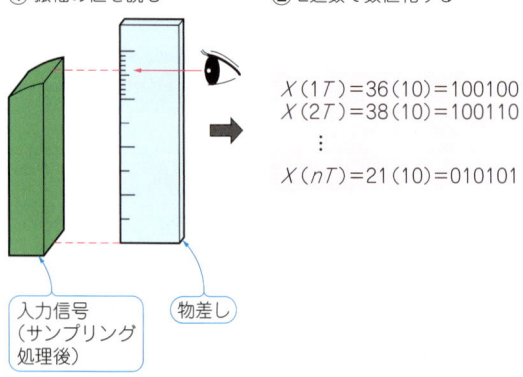

図5　量子化処理
アナログ信号をレベル方向にばらして，1と0の2値データに変換．

ときの波形とサンプリング点との関係です．青線が入力信号，黒い丸がサンプリング点です．

　図4(a)では，入力周波数が$f_S/2$よりも十分低いため元の正弦波がほぼそのままサンプリング後も保持されています．図4(b)では，入力周波数が$f_S/2$になってもぎりぎり元の信号周波数は保持されています．入力周波数がf_Sと等しくなると，図4(c)のようにサンプリングされた波形は直線(直流)になります．

　図4(d)に示すのは，入力信号が$f_S/2$を超えたときを示しています．サンプリング点を結ぶと，入力信号の周波数よりも低い信号(破線)が見えます．これがサンプリングの定理を守らずにA-D変換したことによって生じる折り返し雑音と呼ばれる信号です．

■ 振幅方向にばらす量子化時に発生する「量子化雑音」

● 量子化するときも雑音が出る

　A-Dコンバータは，サンプリング処理に加えて量子化処理を行います．図5は量子化処理の様子です．入力されたアナログ信号をレベル方向にばらし，大きさを1と0の2値データ(ディジタル・データ)に変換します．分解能が16ビットのCDは，入力最大振幅(2V)の$1/2^{16}$が最小電圧で，2^{16}個の階調があります．

　量子化は，物体の長さを測るときに物差しを使って値を読み取るのに似ています．読み取った値は112mmというふうに数値化されます．物差しには最小目盛りがあり，これより細かい値を読み取れません．

　アナログ信号の電圧または電流の大きさを量子化するときも，何らかの物差しで測る必要があります．図

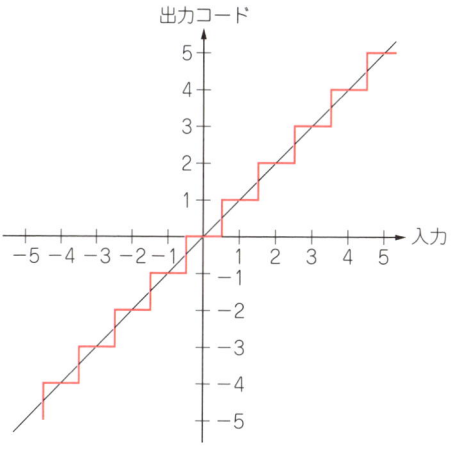

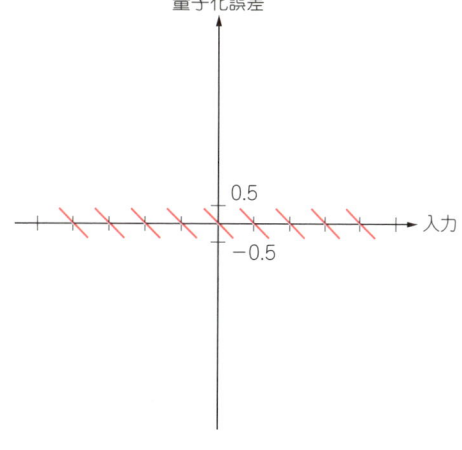

(a) 入力電圧の大きさと出力コード　　　(b) 入力電圧の大きさと量子化誤差

図6　入力電圧と量子化で生成されるコードの関係と量子化誤差

6(a)は，入力電圧と量子化で生成されるコードの関係です．入力電圧に対応して出力コードが決まります．出力コードは，測定できる最小単位（ここでは1）ごとに変化します．目盛りに最も近い値を出力すると，誤差は図6(b)のように－0.5から0.5の値をとります．これを量子化誤差または量子化雑音といいます．

● 量子化雑音の大きさ

　最小目盛り幅がΔVの量子化器で入力電圧をディジタル化するとき，入力電圧がΔVよりも十分大きければ，量子化誤差V_eは－$\Delta V/2$から$\Delta V/2$に均一に分布すると見なせます．最小目盛りが1mmの物差しで数mm以上の物の長さを測る場合，測定誤差は－0.5mmから0.5mmの間でほぼ均等になると考えて問題ありません．

　量子化雑音は電力で評価します．V_eを2乗して誤差の値を－$\Delta V/2$から$\Delta V/2$まで積分し，積分区間ΔVで割って時間平均を求めると次式が得られます．

$$V_{e(\text{RMS})}^2 = \frac{1}{\Delta V}\int_{-\frac{\Delta V}{2}}^{+\frac{\Delta V}{2}} V_e^2 \, dV_e \quad \cdots\cdots\cdots\cdots (2)$$
$$= \frac{1}{\Delta V}\left[\frac{V_e^3}{3}\right]_{-\frac{\Delta V}{2}}^{+\frac{\Delta V}{2}} = \frac{\Delta V^2}{12}$$

これが量子化雑音の電力です．

● 量子化雑音は周波数によらず一定

　入力信号と無相関に発生する量子化雑音は，周波数によらず大きさが一定の白色性を示します．図7に示すように，－$f_s/2$から$f_s/2$の周波数に均一に分布します．ディジタル・オーディオで雑音を減らすにはこの量子化雑音を十分に下げる必要があります．

〈安田　彰〉

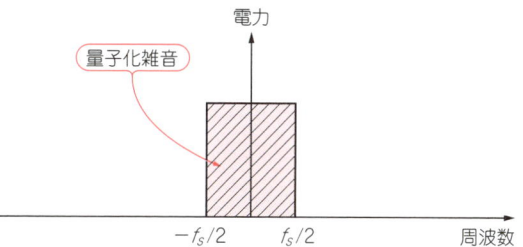

$$V_{e(\text{RMS})}^2 = \frac{1}{\Delta V}\int_{-\frac{\Delta V}{2}}^{+\frac{\Delta V}{2}} V_e^2 \, dV_e$$
$$= \frac{1}{\Delta V}\left[\frac{V_e^3}{3}\right]_{-\frac{\Delta V}{2}}^{+\frac{\Delta V}{2}} = \frac{\Delta V^2}{12}$$

図7　量子化雑音電力の周波数分布
ディジタル・オーディオで雑音を減らすには量子化雑音を十分に下げることが重要．

CD（16ビット，44.1kHz）vs ハイレゾ音源（24ビット，96kHz）

　さまざまなメディアに書かれていることから，24ビット，96kHzは16ビット，44.1kHzよりも振幅（量子化ビット）と時間（サンプリング周波数）の分解能が細かく，情報量が豊富といわれています．図8に示すようなイメージ図を使って高性能・高音質であるというニュアンスを伝える記述を目にすることもあります．

　連続（アナログ）信号を離散（ディジタル）信号として扱うことは標本化と量子化を行うことであり，ディジタル・オーディオの世界ではサンプリング周波数とビット長という言葉に置き換えられます．実際にその違いを聴きとれるかどうかは別にして，信号処理の世界では24ビット，96kHzは，16ビット，44.1kHzと比

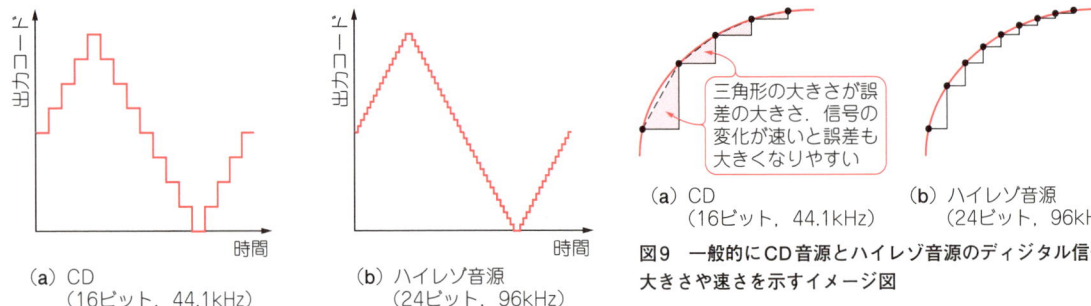

（a）CD
（16ビット，44.1kHz）

（b）ハイレゾ音源
（24ビット，96kHz）

図8 CD音源とハイレゾ音源のディジタル信号の違いを示すイメージ図

（a）CD
（16ビット，44.1kHz）

（b）ハイレゾ音源
（24ビット，96kHz）

図9 一般的にCD音源とハイレゾ音源のディジタル信号の大きさや速さを示すイメージ図

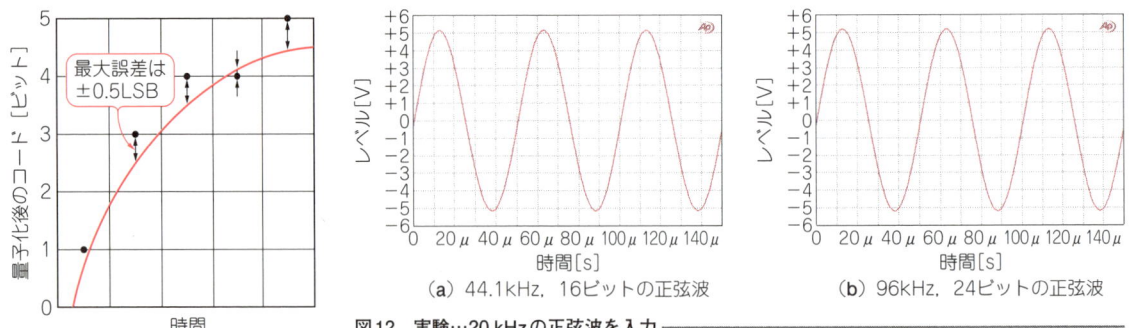

（a）44.1kHz，16ビットの正弦波

（b）96kHz，24ビットの正弦波

図12 実験…20kHzの正弦波を入力

CD：$1\text{LSB} = \dfrac{1}{2^{15}}$

ハイレゾ音源：$1\text{LSB} = \dfrac{1}{2^{23}}$
（24ビット）

図10 アナログ信号とディジタル信号の誤差
16ビットであっても24ビットであっても最大±0.5 LSBの誤差が出る．

図10に示すように，無限のビット情報を持つアナログ信号と有限のビット長を持つディジタル信号の間には，16ビットであっても24ビットであっても最大±0.5 LSBの誤差が出ます．ただし，最大振幅を-1から1とすると1 LSBの大きさが16ビットは$1/2^{15}$，24ビットは$1/2^{23}$なので誤差の絶対値は24ビットのほうが小さいです．

● 実測

図11に示すように，ダイナミック・レンジ110 dBのΔΣ型D-Aコンバータの出力を，アナライザ（オーディオプレシジョン社）に入力します．入力信号は，24ビット，96 kHzと16ビット，44.1 kHzの正弦波，矩形波，のこぎり波です．どのような差が出るか観測してみましょう．

▶20 kHzの正弦波を入力

音源のサンプリング周波数の1/2近辺の信号は，データ数が少なく奇麗に信号が再生できないとよく言われているので，20 kHzの正弦波を入力してみました．結果を図12と図13に示します．

信号波形を確認するだけでは大きな違いは認められませんが，周波数スペクトルでは16ビット，44.1 kHzの場合［図13（a）］に信号成分以外の周波数成分が認められます．波形に大きな違いが認められないのは，オーバーサンプリング補間フィルタの効果でしょう．

較して，周波数の高い入力信号を正確に再生できる，入力信号を正確に再生できる，非常に小さい入力信号を再生できる，というメリットがあります．

● 24ビットのほうが量子化後の誤差が小さい

図9に示すように，アナログ信号と量子化後の信号の間には誤差が出ます．誤差の大きさは三角形ぶんの違いに相当します．周波数の高い信号ほど電圧レベルの変化が速く，誤差である三角形の面積が大きくなります．つまり24ビットのほうが，周波数の高い信号に対して量子化誤差が小さくなります．

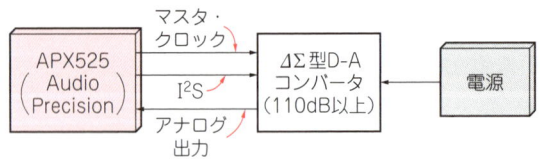

図11 出力波形と周波数スペクトラムの測定環境
ダイナミック・レンジ110 dBのΔΣ型D-Aコンバータの出力を，アナライザ（オーディオプレシジョン社）に入力して，出力に差が出るか観測．

▶800 Hzと16 kHzの矩形波を入力

結果を図14と図15に示します．

18　第2章　24ビット・ハイレゾ音源の誕生とその実力

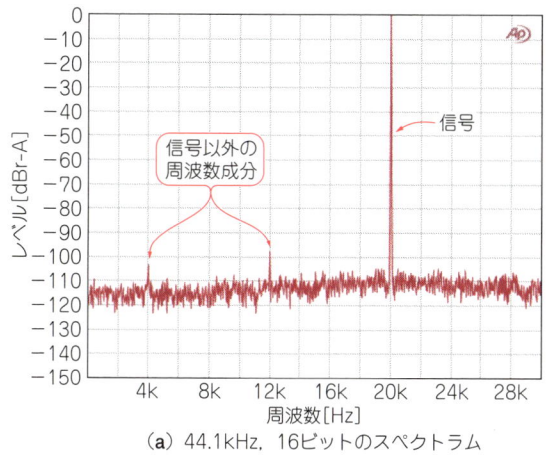
(a) 44.1kHz, 16ビットのスペクトラム

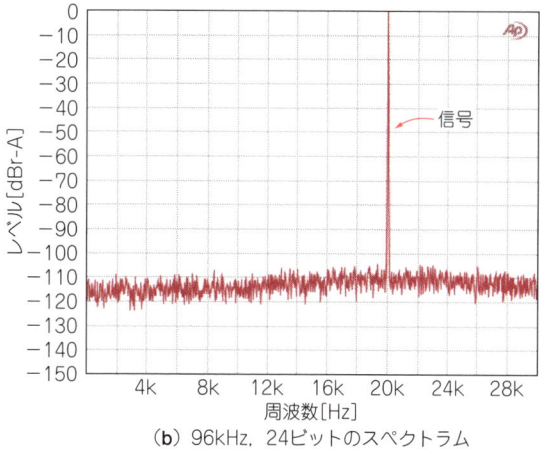
(b) 96kHz, 24ビットのスペクトラム

図13 実験…20kHzの正弦波を入力

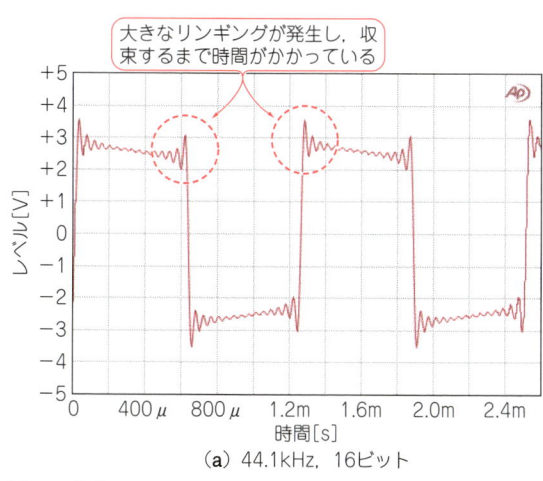
(a) 44.1kHz, 16ビット

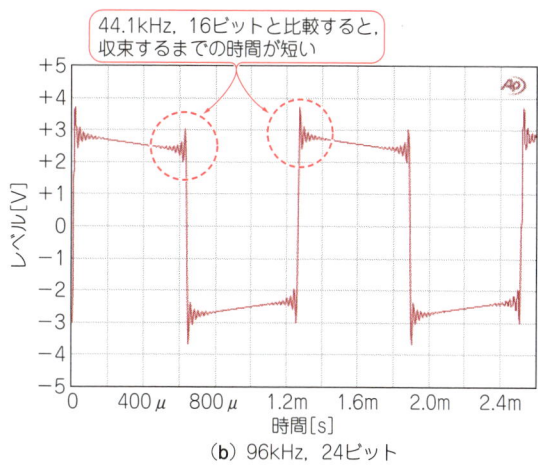
(b) 96kHz, 24ビット

図14 実験…800Hzの矩形波を入力

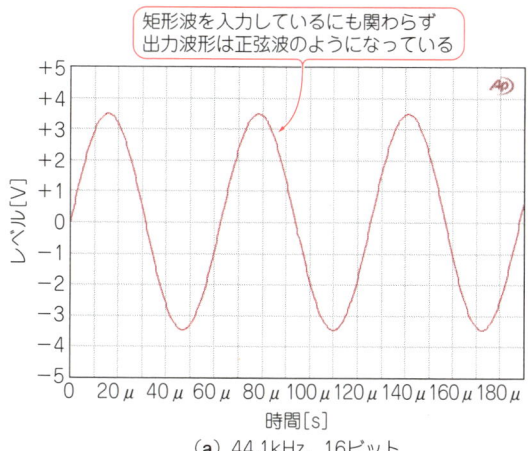
(a) 44.1kHz, 16ビット

(b) 96kHz, 24ビット

図15 実験…16kHzの矩形波を入力

図14に示すように，信号が急激に変化するとリンギングが発生します．24ビット，96kHzと16ビット，44.1kHzでは，形や大きさにも違いが出ています．

同じように800Hzと16kHzののこぎり波を入力した結果を図16と図17に示します．
ディジタル信号処理でフィルタなどの処理を行うと，

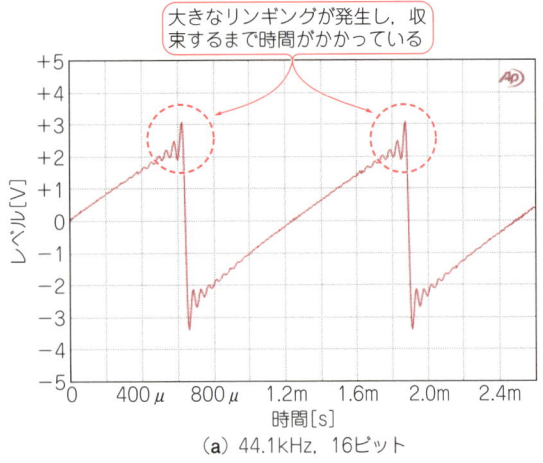
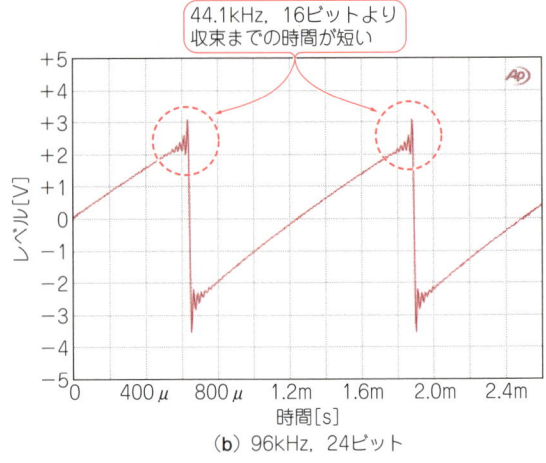

図16 実験…800 Hzののこぎり波を入力

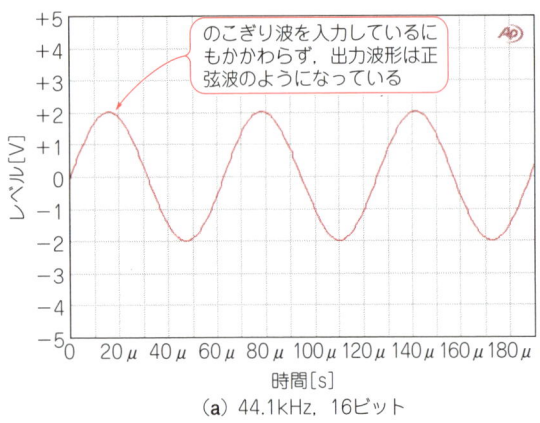
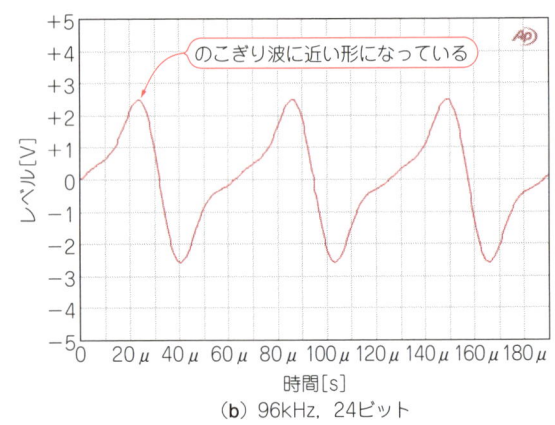

図17 実験…16 kHzののこぎり波を入力

　図14と図16の800 Hzの波形のように，リンギングが収束するまでに一定の時間が必要です．演算語長や係数の数を増やせば小さくできますが，回路規模が大きくなりコストと消費電力が増大するだけでなく，入力から出力されるまでの遅延（レイテンシ）も長くなります．

　入力信号の周波数が高くなると，図15(a)，図17(a)の16 kHzの波形に示すように，元の波形を維持できなくなっていますが，24ビット，96 kHzの場合はどうにか矩形波を保っています．

▶−96 dBと−110 dBの1 kHzの正弦波を入力

　次のレベルの44.1 kHz，16ビットと96 kHz，24ビットの1 kHz正弦波を入力してみます．

- −60 dB
- −96 dB（16ビットの限界条件）
- −110 dB

　図18と図19にスペクトラムを示します．

24ビット，96 kHzでは信号成分以外の高調波はほとんどありませんが，16ビット，44.1 kHzの場合は高調波成分が認められます．少ないビット数で小信号を再生すると，このような違いが出ます．もちろん，このような小さな信号が，アナログ回路やパワー・アンプを通過してスピーカに入力された際に，音として私たちが認識できるかどうかは別問題です．

● 音源データの劣化を最小限に抑えることが大事

　同じ周波数や振幅の信号を入力し出力波形を観測すると，全く同じ回路を通過しているにもかかわらず入力信号の周波数や入力条件により，最終的な出力に違いが生じる可能性があることが分かります．これらの違いは処理する回路の演算回路や係数のビット数，フィルタおよび実現方式に依存します．今回の結果がすべての製品で発生するわけではありません．

▶信号の劣化は発生する

　音楽信号は音源からスピーカに入力されるまで，さまざまなディジタル信号処理，アナログ回路および受動素子（抵抗，キャパシタ，インダクタ）を通過しています．これらの処理において何らかの誤差や劣化は必ず発生し，元の音楽信号を少しずつ劣化させ，何かを引いたり足してしまいます．同じように音源を録音す

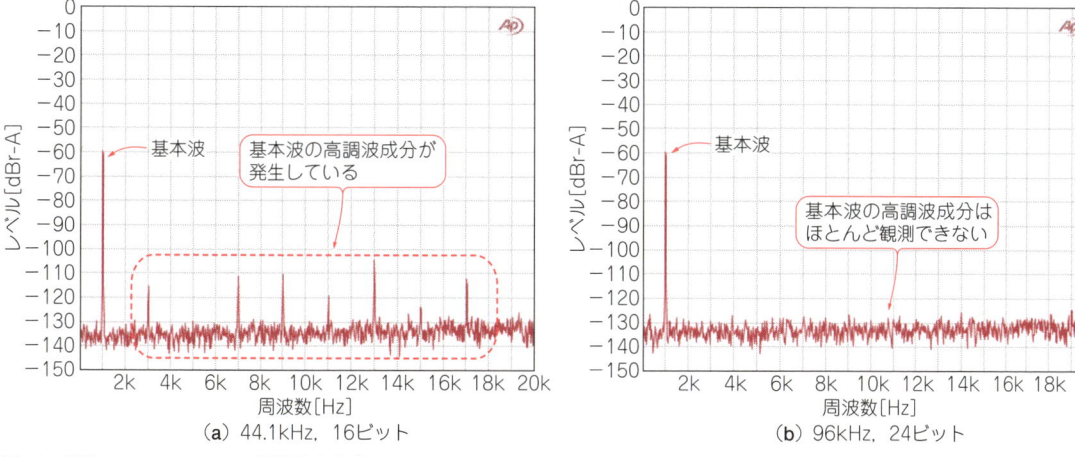

図18 実験…−60dBの1kHz正弦波を入力

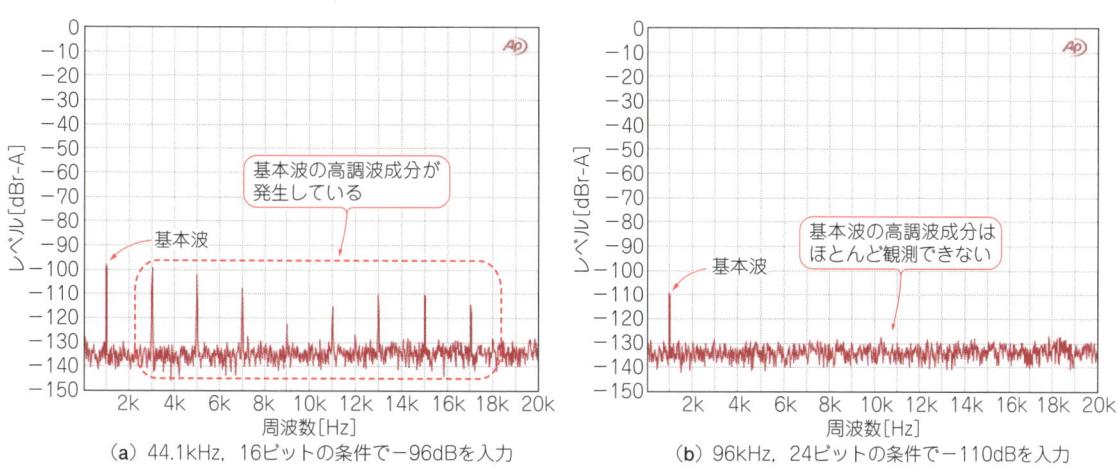

図19 実験…−96dBと−110dBに1kHzの正弦波を入力

る際にも，A-Dコンバータとダウン・サンプリングのためのデシメーション・フィルタを通過させるため，少なからず信号の劣化が発生します．

▶D-Aコンバータから出力されるアナログ信号は劣化しやすい

このように説明すると，インターポレーションやデシメーションを行わないDSD（Direct Stream Digital）方式が最も信号の劣化が少ないように感じます（第6章）．しかし，1ビットの信号を高い周波数で扱うとクロック・ジッタの影響でD-Aコンバータから出力されるアナログ信号は劣化しやすくなります．多くのD-AコンバータではDSD-PCM変換，1ビット-マルチ・ビット変換，アナログFIRフィルタなどで，DSD信号をインターフェースしているようです．

▶普段聴いているディジタル・オーディオは信号が劣化している

私たちが普段聴いているディジタル・オーディオは，さまざまなディジタル信号処理やアナログ回路を通過することで信号の劣化が発生します．今回の測定での違いが実際の音として，どのような音に聴こえるかは，パワー・アンプやスピーカの特性や個人の感性に依存します．図8～図10に示した24ビット，96kHzと16ビット，44.1kHzのイメージ図に書かれていることからは想像しにくい違いがあると思います．

＊

● 最後に…興味深い信号処理の世界

24ビット，96kHzと16ビット，44.1kHzのどちらの音源であったとしても，その音源の劣化は最小限であるべきです．ディジタルであるがゆえに，ビット数やサンプリング周波数などの数字が良いほど高性能であると思いがちですが，実際にどのような処理が行われて，どのような信号が出力されているかを考えることが大切です． 〈落合　興一郎〉

◆参考文献◆
(1) 安田彰，和保孝夫；ΔΣ型アナログ/ディジタル変換器入門，丸善．

（初出：「トランジスタ技術」2013年12月号　特集　第2章）

第3章 ICの見分け方とマニアの定番品チェック
24/32ビット・ディジタル音源対応 D-AコンバータICの研究

西村 康

今日のオーディオ用D-AコンバータICは，産業用のD-AコンバータICとは設計思想がかなり異なります．ここでは，技術的変遷に商業的変遷も交えて，その一部を紹介します．

● 1990年代ごろまでの分解能競争の実体

▶オーディオ専用のD-AコンバータICが作られるようになった理由

　CD（Compact Disc）の登場以来，オーディオ用D-AコンバータICは日々進化してきました．

　初期のCDプレーヤでは，産業用D-Aコンバータを使った製品が作られていましたが，民生用機器としては，これではコストが高く普及の妨げになることから，専用のオーディオ用D-AコンバータICが作られるようになりました．

　オーディオ用は，音を聴いてもよく分からない絶対精度を重視する必要があまりなかったため，絶対精度の仕様を緩くすることによってICの歩留まりを上げ，コストを下げることが可能でした．

　初期のオーディオ用16ビットD-Aコンバータの多くは，16ビット精度とは名ばかりで，その実力（精度）は13～14ビットが当たり前，よくても15ビットでした．

同時にビット数競争が起こりました．実際の精度ではなく回路が何ビットで構成されているかだけが宣伝されたのです．しかし，16ビットの実力を持った20ビットD-Aコンバータも生まれ，当時のビット数競争は一概に無意味とはいえないようです．

　図3に示すレーザ・トリミングによって精度を向上させるのは常套手段でしたが，16ビットの精度を確保するには不十分でした．それに加え選別という手法が用いられました．同じ型名のICでも写真1に示す末尾の記号で選別グレードを表したり，写真2に示す選別品専用マークを印刷して区別し，最終製品では，高級機と汎用機で選別されたICを使い分けることによって，トータルでのコスト・ダウンを図っていました．

● 90年代後半…1ビットD-AコンバータICが普及

　90年代後半から，図4，図5のような1ビットD-AコンバータICが普及しはじめます．マルチ・ビット

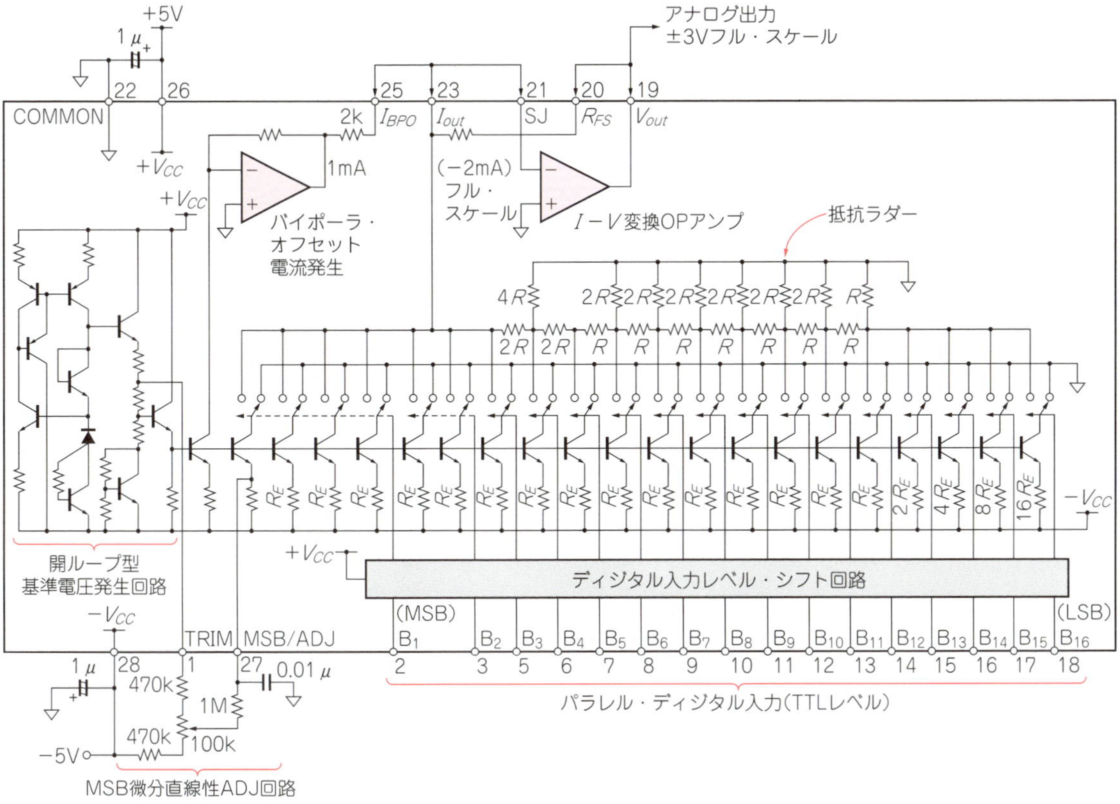

図1 CD誕生から1990年代の定番だったD-AコンバータIC PCM54の内部回路（テキサス・インスツルメンツ）

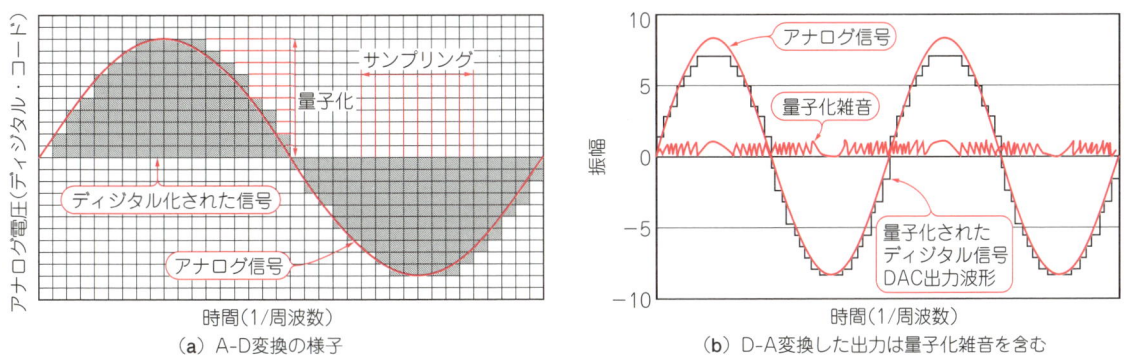

(a) A-D変換の様子

(b) D-A変換した出力は量子化雑音を含む

図2 マルチ・ビットD-Aコンバータの出力信号

D-AコンバータICが振幅をビット数分の電圧で表現しているのに対して，1ビットD-AコンバータICでは，出力は0か1というロジック・レベルのPWMまたはPDM出力であり，分解能はパルスの粗密で表現されます．つまり，分解能は時間軸精度で決まります．

マルチ・ビットD-AコンバータICは，分解能がラダー抵抗の精度に依存してしまうのに対し，1ビット

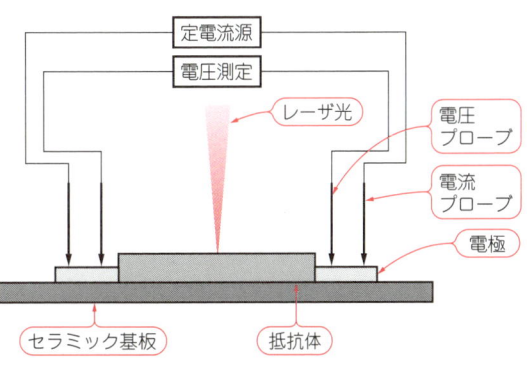

▶**図3**[3] **D-A変換の精度を上げるレーザ・トリミングの技術**
CD誕生時のD-Aコンバータはチップ上に用意された調整用の抵抗体群の一部を焼き切って分解能を上げていた．

業界最高分解能は32ビット　　23

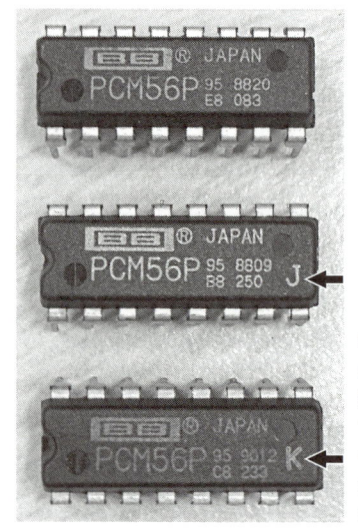

写真1
半導体の製造技術が未熟だった1990年代までは選別によってグレード分けし，パッケージに記号を印刷していた

写真2　王冠マークでグレード分け

D-AコンバータICは，分解能は外部のクロック精度でほぼ決まるため，ICのばらつきを気にする必要がなくなりました．また，コストの掛かるラダー抵抗やレーザ・トリミングを使わずに済むことによって大きな価格メリットがあります．その結果，低価格なオーディオ製品には1ビットD-AコンバータICが瞬く間に普及しました．

業界最高分解能は32ビット

● マルチ・ビットと1ビットのハイブリッド！ D-AコンバータIC PCM1795

24ビット精度も実際には，半導体のノイズ・レベル以下の分解能であるため，これで打ち止めかと思わ

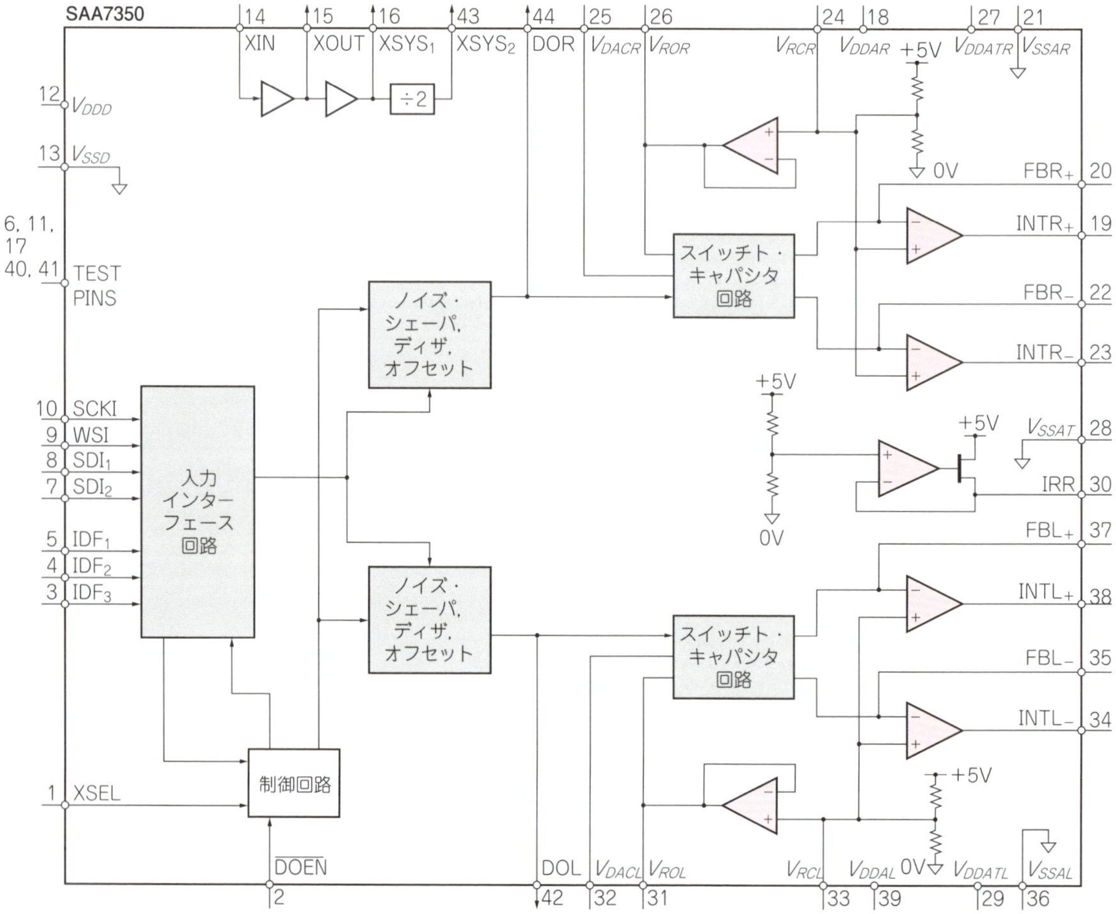

図4　1990年代後半に増えてきた1ビットD-AコンバータICの定番 SAA7350の内部回路(フィリップス)

第3章　24/32ビット・ディジタル音源対応D-AコンバータICの研究

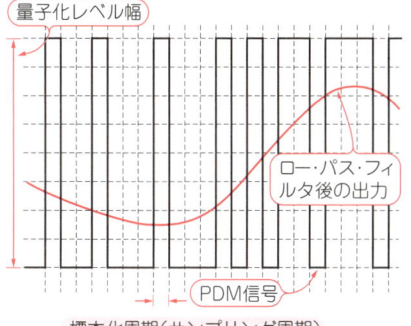

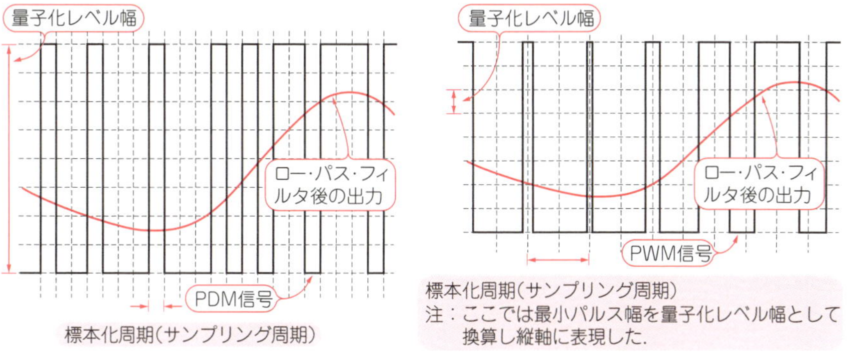

図5　1ビットD-AコンバータICの出力波形
(a) PDM信号の例
(b) PWM信号の例

れていたところに，テキサス・インスツルメンツ（以下TI社）がPCM1795，旭化成エレクトロニクス（以下，AKM）は32ビットD-AコンバータICのAK4397を製品化しました．AKMは3種類，ESS Technology社は3種類の製品を持っています[9]．

1ビットD-AコンバータICの詳しいしくみについては述べませんが，実質的な分解能を上げようとすると，回路的な工夫だけでは限界があり，使用するクロックのジッタを減らす必要も出てきます．その結果，クロック回路は高価なものになります．そのようなわけで，汎用的なマルチ・ビットD-AコンバータICも1ビットD-AコンバータICも，24ビット精度を実現するのは難しいものがあります．そこで考え出されたのが，両者の良いとこ取りをした方式です．

PCM1795は，図6に示すアドバンスト・セグメント方式と呼ばれるマルチ・ビット変換と1ビット変換を組み合わせて高分解能を実現しています．

分解能の誤差を振幅軸と時間軸に上手く分散し，精度を向上させている点がミソです．

● 32ビット，192 kHz対応のD-AコンバータICの特性を検証

PCM1795（TI社）は，32ビット，192 kHzディジタル・オーディオ・データ対応のD-AコンバータICです．

市販されている24ビットD-AコンバータICの中には，ダイナミック・レンジが120 dB以上あるものも存在し，ロー・ノイズなロー・パス・フィルタとの組み合わせではノイズ・レベルは1 µV以下になり，もはや回路全体での性能の限界に近づいています．また，ビット数から計算した理論上のダイナミック・レンジは146.26 dBなので，現状の24ビットD-AコンバータICの分解能は性能的に十分といえます．そのような中で32ビットは本当に意味があるのかが問われてしまいます．

▶ 24ビットD-AコンバータICと比較

オーディオ製品のカタログ仕様競争でこのようなICが製品化されているのは想像に難くないところですが，32ビット対応がノイズに埋もれた部分の再現ということで音質に寄与しているのであれば，それも許されるところが計測器とは違うオーディオ・エンジニアリングの世界です．

実際に，32ビットD-AコンバータICのPCM1795がTI社の最高性能のD-AコンバータICかというと，表1の仕様を見ると，24ビットD-AコンバータのPCM1792A，PCM1794Aの方が性能がよいことが分かります．

(a) マルチ・ビット型

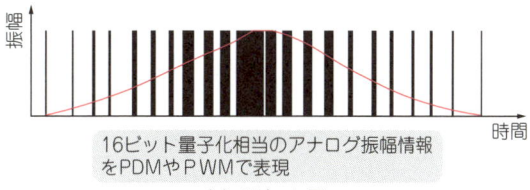

(b) 1ビット型

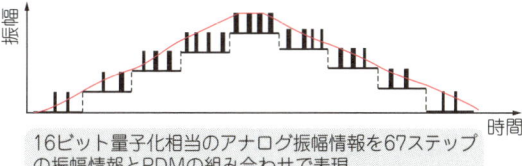

(c) アドバンスト・セグメント型

図6　アドバンスト・セグメント型D-AコンバータICの特徴

表1 マルチビット変換と1ビット変換を組み合わせて分解能を向上させているD-AコンバータIC（アドバンスト・セグメント技術）

モデル	ダイナミック・レンジ [dB]	THD+N [%]	入力対応ビット数	最高サンプリング・レート [kHz]	コントロール方法
PCM1791A	113	0.001	24	192	SPI/I²C
PCM1792A	127	0.0004	24	192	SPI/I²C
PCM1793	113	0.001	24	192	ハードウェア
PCM1794A	127	0.0004	24	192	ハードウェア
PCM1795	123	0.0005	32	200	SPI/I²C/TDMCA
PCM1796	123	0.0005	24	192	SPI/I²C
PCM1798	123	0.0005	24	192	ハードウェア

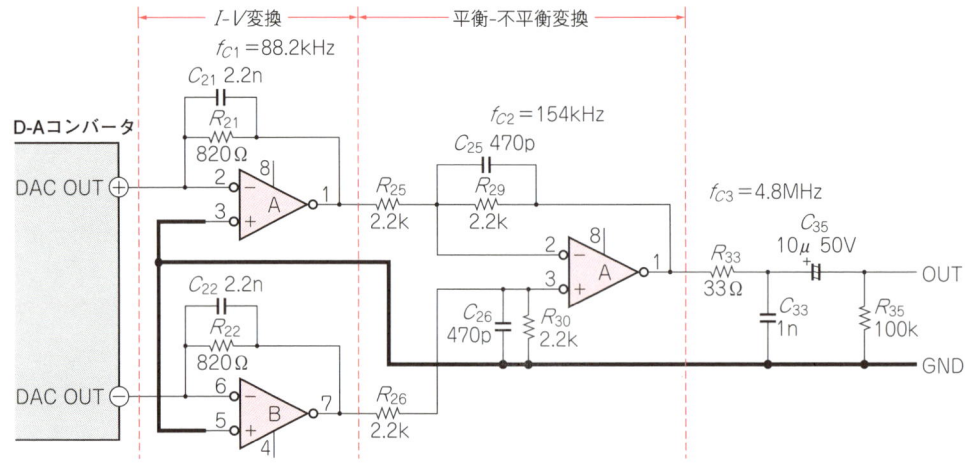

図7 LV1.0, D-Aコンバータ・モジュールの出力回路

市販価格を比べてもPCM1792Aの方が高いことから，PCM1795は入力対応ビット数を増やすために，ディジタル・フィルタの性能を落とした（回路を単純化）ものでしょう．チップ・サイズの制約かコスト的な制約か分かりませんが，商業的な判断が大きく関与しているのでしょう．

アドバンスト・セグメントD-Aコンバータとしては古い製品であるPCM1792Aで，オーディオ用D-A

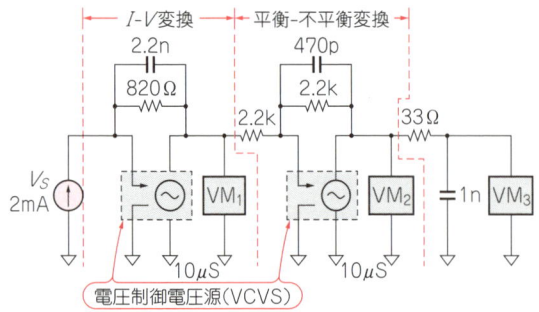

図8 LV1.0, D-Aコンバータ・モジュールのロー・パス・フィルタ部の簡略化等価回路
理想OPアンプ等価回路を使っているので，実際の回路より性能は良くなる．どの程度の特性か目安として知りたいときは，等価回路でも実用できる．

コンバータとしての性能は最高レベルに達しています．

● LV1.0, D-Aコンバータ・モジュールのロー・パス・フィルタ部の構成

ロー・パス・フィルタ部は，PCM1795の出力が電流であることから，OPアンプを使ったI-V変換器で電圧に戻し，また，差動出力をシングルエンド出力に戻すために，ここもOPアンプを使った平衡-不平衡変換器で構成されています．

PCM1795が差動出力になっている理由は，二つの出力に含まれる同相の電源ノイズのキャンセルによってSN比を改善できるからです．多くのHi-Fi用オーディオD-AコンバータICでは同じように差動出力を持っています．

▶ OPアンプ回路…帯域外ノイズを低減

図7に示す各OPアンプ回路は，ロー・パス・フィルタとしても機能しており，PCM1795内蔵のディジタル・フィルタと合わせて十分な帯域外ノイズの低減を行っています．図8は，ロー・パス・フィルタ回路を理想OPアンプを使い簡略化した等価回路です．

▶ ディジタル・フィルタの特性

PCM1795は内蔵ディジタル・フィルタの性能が良く，また1ビットD-AコンバータICほどは高周波ノ

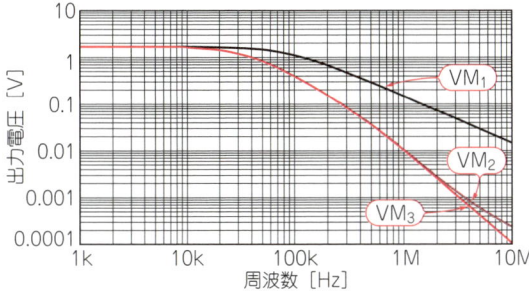
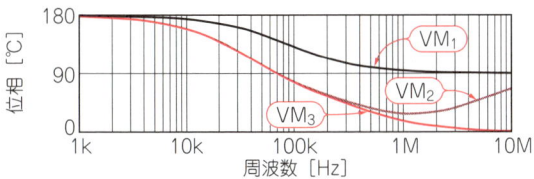

図9 LV1.0, D-Aコンバータ・モジュールのアナログ出力フィルタの周波数特性(近似値)

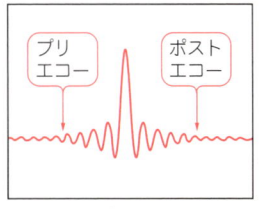
(a) シャープ・ロールオフ方式

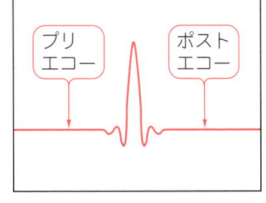
(b) スロー・ロールオフ方式

図11 ディジタル・フィルタによる出力波形の違い
PCM1795をはじめとする最近のD-Aコンバータはインパルス応答の波形に影響の小さいスロー・ロールオフ特性のディジタル・フィルタを採用している.

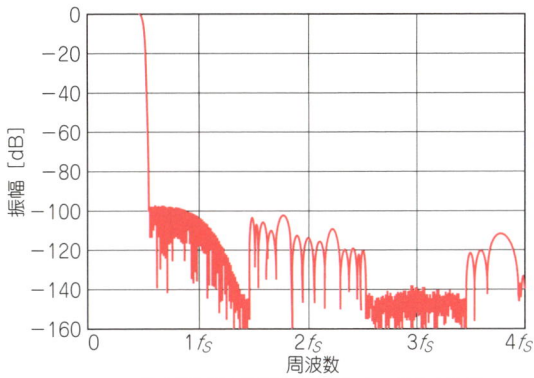

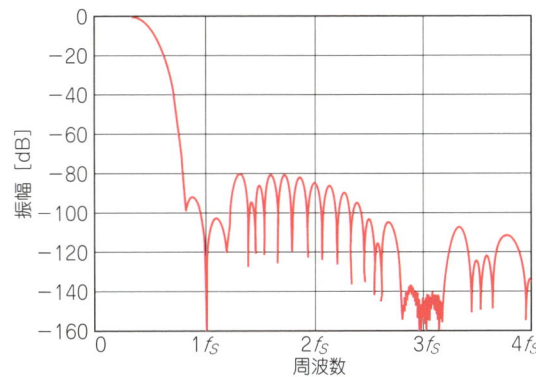

図10 PCM1795の内蔵ディジタル・フィルタ特性
2種類のディジタル・フィルタを切り替えられる.

イズも出ません．図9に示すアナログ・フィルタ部は，1 MHzで約-40 dBの減衰量で全く問題ありません．

図10はディジタル・フィルタの特性です．

PCM1795は，ディジタル・フィルタのON/OFFに加え，ディジタル・フィルタの特性を2種類持っており，外部コントロールで切り替えることが可能です．

阻止帯域の減衰量を重視した特性で，ディジタル・オーディオ誕生時には，この方式が主流でした．しかし図11に示すように，インパルス信号を観測した場合は，プリエコー/ポストエコーと呼ばれるリンギングが元波形の前後に発生します．スロー・ロールオフと呼ばれるインパルス応答で波形ひずみの少ないフィルタが開発され，今では多くのセットで採用されています．

＊

電流出力のD-AコンバータICでは，一般的にOPアンプを使った電流-電圧変換回路によって電圧信号に変換されますが，自作マニアの中には，D-AコンバータICの出力に抵抗1本だけ付けて電圧に変換する方もいます．

TI社のD-AコンバータICの電流出力端子には保護用ダイオードが入っているので，0.6 V以上の大きな振幅は取れませんし，出力端子に電圧を立たせることはリニアリティ面で良いとは言えません．しかし，音質的には，どうなのでしょうか？実験は簡単にできるので，気になる方は試してみてください．

■ トランジスタ技術2012年2月号で開発したUSBオーディオ LV-1.0にも採用

トランジスタ技術誌の2012年2月号の特集企画で開発されたUSBオーディオ・アンプLV-1.0は，各機能ブロックがモジュール化されています．ここではD-Aコンバータ・モジュールを紹介します．

● LVDS伝送で確実にデータを転送

図12に示すブロック図のように，LV-1.0のUSBインターフェース基板からは，I²S信号がLVDS方式で出力されています．これは，LV-1.0だけを考えた場合は，USBインターフェース基板とD-Aコンバータ基板は両隣に配置されているので，LVDS伝送する

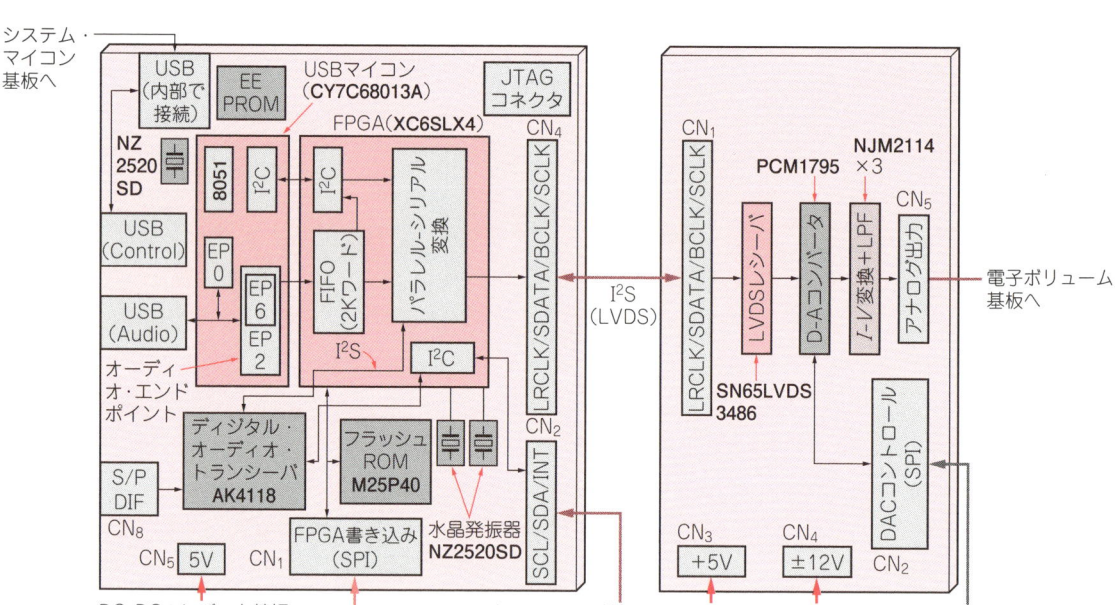

図12 LV-1.0のディジタル信号処理部ブロック図
(a) USB-FPGA基板
(b) D-Aコンバータ基板

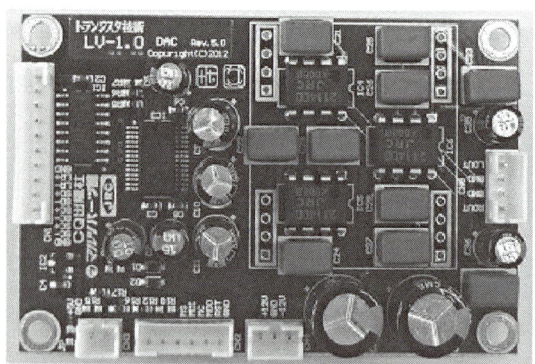

写真3 トランジスタ技術誌で開発したDAC基板「LV1-DACM」
ロー・パス・フィルタ部分は別回路に置き換えられるように，基板にはロー・パス・フィルタ入出力端子穴を設けている．

のは大げさです．しかし，LV-1.0は，各モジュール基板を自由に利用してもらいたいとの思いから，配線を引き伸ばしたときにも確実なデータ転送を実現できるLVDS伝送を採用しています．

● PCM1795のマイコン制御

D-AコンバータのPCM1795は，ホスト・マイコンによってSPI接続でコントロールされていますが，LV-1.0では特に変わった使い方はしていません．

しかし，LV-1.0のファームウェアを変更すれば，PCM1795内蔵のディジタル・フィルタをパスしたり，内蔵のボリュームをコントロールしたりできます．

● 別基板に組んだロー・パス・フィルタを使う方法

LV-1.0では，外付けのアナログ・ロー・パス・フィルタ部分は別回路に置き換えられるように，**写真3**に示す基板にはロー・パス・フィルタ入出力端子穴を設けてあります．ここにピンヘッダを立て，既存のパーツを外せば，別基板に組んだロー・パス・フィルタが使えるようになります．

◆参考文献◆
(1) 限界性能への挑戦と音質へのこだわり，日本テキサス・インスツルメンツ．
(2) PCM1795データシート，日本テキサス・インスツルメンツ．
http://www.tij.co.jp/jp/lit/ds/symlink/pcm1795.pdf
(3) レーザートリミングの原理．
http://www.laserfront.jp/learning/oyo8.html
(4) オーディオ用D-A変換回路の性能と音質
http://techon.nikkeibp.co.jp/article/LECTURE/20110803/194310/
(5) ディジタル用語の基礎知識．
http://www2.117.ne.jp/~vision/paf/term_d1.htm
(6) 浅田邦博；アナログ電子回路，VLSI工学へのアプローチ，昭晃堂．
(7) 本田潤；D級/ディジタル・アンプの設計と製作，CQ出版社．
(8) トランジスタ技術SPECIAL No.16 特集 A-D/D-A変換回路技術のすべて，CQ出版社．
(9) AV/ホームシアター ファイル ウェブ．
http://www.phileweb.com/review/closeup/akemd-ak4399/
(10) グローバル電子ホームページ．
http://www.gec-tokyo.co.jp/global-news/ess-technology_sabre_2m_series_32-bit_2ch_audio_dac

（初出：「トランジスタ技術」2013年12月号 特集 第3章）

Appendix 1　D-AコンバータとパソコンをつなぐインターフェースIC
ハイレゾ対応USB I²Sコンバータのいろいろ

河合 一

192 kHz対応の定番 TE8802L

24ビット 192 kHz

TE8802L(写真1)は，Galaxy Far East Corporation社のUSB I²Sコンバータです．図1にブロック図を示します．USBインターフェースを含む基本動作はUSBホストが実行し，CPUがIC全体をコントロールしています．

USBホストで受信したオーディオ・データ(PCMデータ)は，FIFO機能を持つPDMA(Peripheral Direct Memory Access)制御部でI²S信号に変換されます．PLLはPCMデータに同期したマスタ・クロックを生成します．PCMデータは，S/PDIFフォーマットでも出力できます．I²SおよびS/PDIFでの受信もできます．MIDIやUARTフォーマットのインターフェースを持ちます．

▶ 主な仕様

- USB 2.0(ハイ・スピード)，オーディオ・クラス2
- アダプティブ同期モード，アシンクロナス同期モード(ハイ・スピードのとき)，アダプティブ同期モード(フル・スピードのとき)
- 量子化分解能 16，24ビット
- 最大サンプリング・レート 192 kHz
- 基準クロック周波数 12 MHz(PLL内蔵)
- S/PDIFトランスミッタ/レシーバ内蔵
- I²S入出力
- SPI，I²C制御回路内蔵
- 電源電圧 1.8 V，3.3 V

写真1　24ビット，192 kHz対応のUSB I²SコンバータIC TE8802

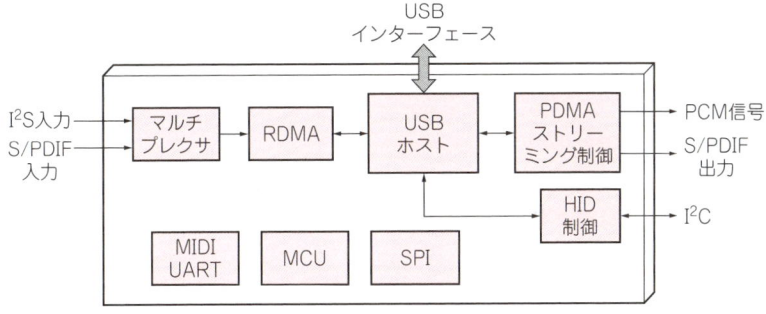

図1　TE8802の内部ブロック図

---

480 Mbps USB 2.0のハイ・スピード規格に対応するULPIインターフェース　**Column**

ULPI(UTMI + Low Pin Interface)は，USBの物理層(PHY)と論理(制御)層とをつなぐインターフェースの規格です．伝送クロックは60 MHzと高速で，USB 2.0のハイ・スピード伝送(480 Mbps)に対応するために制定されました．図Aに示すように12本の信号線で構成されています．

- DATA[7:0]：8本のパラレル・データ
- CLK　　　：60 MHzのリファレンス・クロック
- STP，DIR，NXT：制御信号を伝送する
　　　　　　　　　3本のデータ線

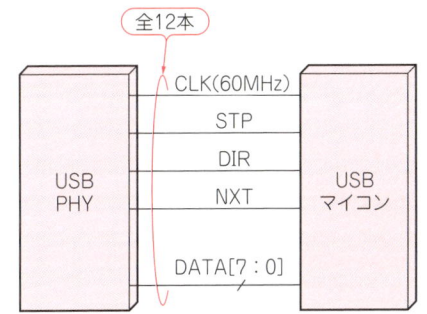

図A　USB 2.0の物理層と論理層をつなぐインターフェース規格 ULPIの接続

Appendix 1　ハイレゾ対応USB I²Sコンバータのいろいろ　29

モジュールが入手しやすいCM6631A

32ビット 192 kHz

USB I²Sコンバータ(**写真2**, C-Media Electronics社)です. **図2**にブロック図を示します.

USB 2.0トランシーバ部は, USBコア・ロジック部にオーディオ・データを転送します. USBコア・ロジック部とPDMA & FIFO部はPCMデータの復調し, オーディオ・インターフェース回路はPCM信号をI²Sなどのフォーマットで出力します. S/PDIF信号も出力可能です. PCM信号のオーディオ・インターフェースは2系統あります. クロックは, 12 MHz水晶発振とPLLによる内部クロック, または, 外部クロック入力を選べます. 外部クロックは次の周波数に対応しています.

- 24.576 MHz, 49.152 MHz (サンプリング周波数48 kHz)
- 22.5792 MHz, 45.158 MHz (サンプリング周波数44.1 kHz)

推測ですが, 外部入力時はPLLを使用せず外部クロックをそのまま用いる構成のようです. ベンダIDとプロダクトIDはファームウェアでプログラミング設定できます.

▶主な仕様

- USB 2.0(ハイ・スピード), オーディオ・クラス2対応
- 量子化分解能32ビット

実績十分の超定番USB D-AコンバータPCM2704シリーズ
16ビットだけど現役バリバリ！

PCM2704は, 約10年前に開発された量子化16ビット, サンプリング・レート最大48 kHzのワンチップUSB D-Aコンバータです. ベンダIDをデフォルトで使うなら外部にROMは必要なく, 周辺にCR部品と12 MHzの水晶振動子を付けるだけで動作します.

USB 1.1規格対応で, アイソクロナス転送のアダプティブ同期モードに対応しています. バス・パワーとセルフ・パワー動作を自身で選んで動きます. THD + Nは0.006 %, ダイナミック・レンジは98 dBです. S/PDIF信号出力機能を持っています. 次のようなラインアップがあります.

- PCM2704：外部ROM対応
- PCM2705：SPIプログラム制御
- PCM2706：I²S出力付き, 外部ROM対応(**写真A**)
- PCM2707：I²S出力付き, SPIプログラム制御

I²S出力を持つPCM2707のブロック図を**図B**に示します. I²S出力はS/PDIFと排他です.

USBインターフェース(XCVR/USBSIE)部はデータを送受信し, USBプロトコル制御部でPCM信号を復調します. 動作基準クロックの12 MHzをPLLで96 MHzに上げて, 内部回路の基準周波数とします. クロック・トラッキング機能とアナログPLLを組み合わせたクロック生成回路(SpAct)で, PCM信号に同期したオーディオ・マスタ・クロックを作り出しています. 復調されたPCM信号は, ΔΣ型オーディオD-AコンバータとS/PDIFエンコーダ部に転送されます. D-Aコンバータは, 16Ωのヘッドホンを直接駆動できます.

HIDエンド・ポイントはボリュームとミュートとして利用できます. 例えば, プッシュ・スイッチでボリュームの上げ下げを制御できます.

EEPROMインターフェースはユーザがベンダIDやプロダクトIDを書き込むときに利用します. PSEL = "H"に設定すると, バス・パワー・モードで動作し, HID端子にスイッチをつなぐとボリュームも制御できます.

パソコン側のドライバとPCM2704との間は標準リクエスト情報を交換し, 初期設定が自動的に実行されます. あとはパソコンで音楽ファイルを再生すれば, オーディオ信号が出力されます.

写真A
実績十分の超定番USB D-AコンバータPCM2706

写真2 32ビット，192 kHz対応の ワンチップD-AコンバータIC CM 6631A

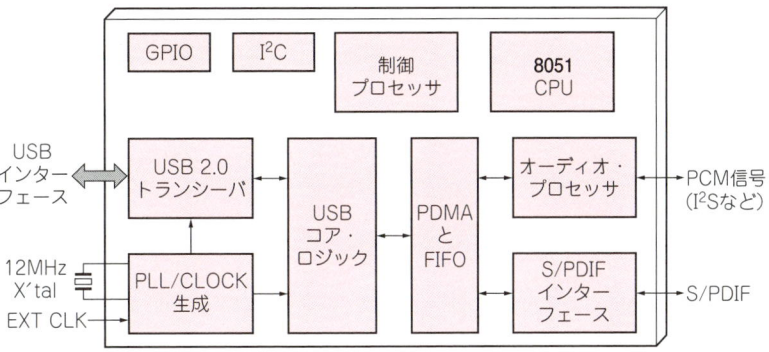

図2 CM6631Aの内部ブロック図

- 最大サンプリング・レート 192 kHz
- アシンクロナス同期モード対応
- 基準クロック 12 MHz
  （PLL内蔵，水晶発振または外部クロック入力）
- バス・パワー，セルフ・パワー
- ファームウェアでディスクプリタ変更OK
  （8051CPU搭載）
- S/PDIFトランスミッタ/レシーバ内蔵
- I^2S入出力
- 電源電圧 3.3 V

Column

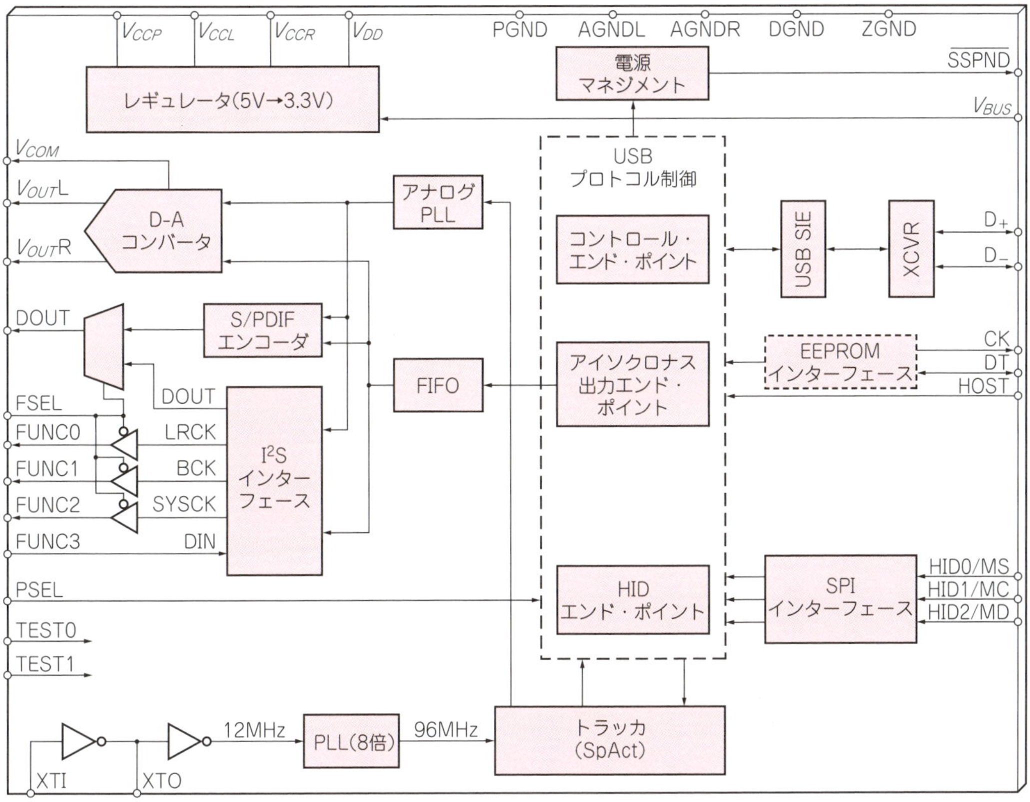

図B　PCM2707Cの内部ブロック

Appendix 1 ハイレゾ対応USB I^2Sコンバータのいろいろ　　31

Linuxでの活用例が多いXMOS

24ビット 192 kHz

XMOSは，XMOS社によって開発された特殊なプロセッサのシリーズ名です．その中の一つ，XS1-L1の応用として192 kHz対応のUSB I²Sコンバータがあり，回路図，ソフトウェアおよび評価基板（**写真3**）がUSB AUDIO 2.0 REFERENCE DESIGNとして提供されています．評価基板は，そのままUSB D-Aコンバータ，あるいはUSB I²Sコンバータとして使えます．

▶ **主な仕様**
- USB 2.0 オーディオ・クラス2
- 24ビット，192 kHz
- アシンクロナス同期モード

▶ **組み合わせるUSB PHYチップ USB 3300**

XS1-L1と組み合わされることが多いUSBトランシーバ（SMSC社）です．**図4**にUSB 3300のブロック図を示します．

HS XCVRは，USB 2.0 ハイ・スピード対応のトランシーバ，FS/LS XCVRはフル・スピード/ロー・スピード対応のトランシーバです．内部基準クロックはXTAL&PLL部で生成していますが，24 MHzの水晶から240 MHzを生成しています．送受信制御は，ULPIディジタル部で実行し，外部のUSBオーディオ・デバイスとULPIでインターフェースします．データは8本のパラレルで通信します．オプションとしてOTG（On-The-Go）モジュールも内蔵しています．

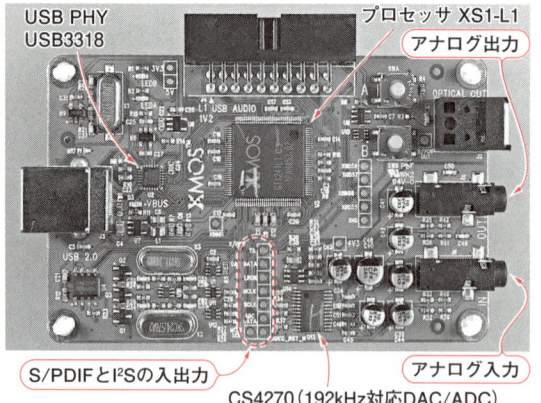

写真3 XMOSを搭載したUSBオーディオ評価基板 XR-USB-AUDIO-2.0

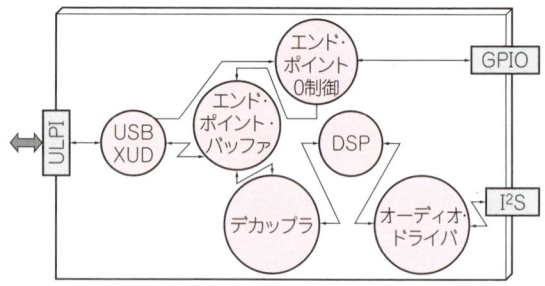

図3 XS1-L1の内部ブロック

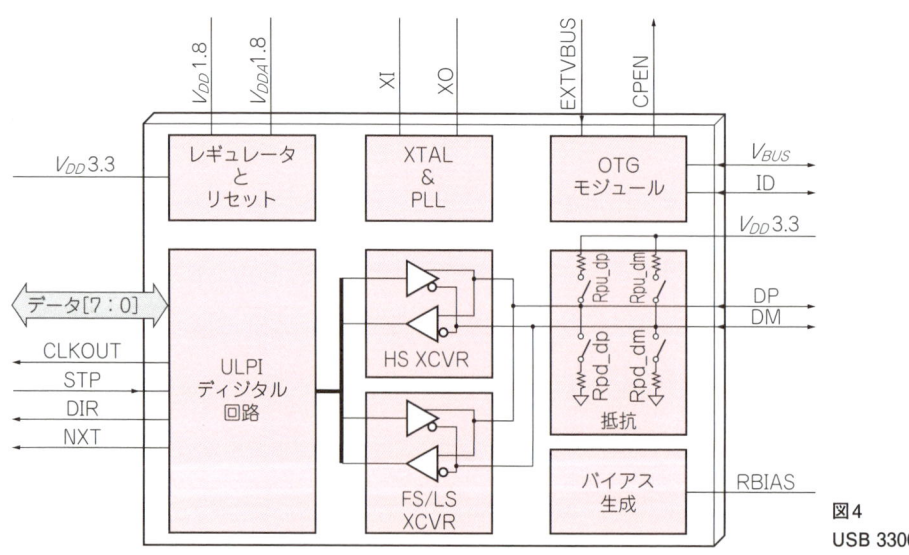

図4 USB 3300の内部ブロック

Appendix 2 高分解能D-Aコンバータの性能を引き出すクロック同期技術

黄金の組み合わせはアイソクロナス転送×アシンクロナス同期方式

岡村 喜博

ハイレゾ再生のためのその① アイソクロナス転送×USB 2.0 ハイ・スピードの選択

■ ディジタル・オーディオ信号に向くアイソクロナス転送

USBの規格は4種類の転送方式が定義されています．

(1) コントロール転送
(2) インタラプト転送
(3) アイソクロナス転送 ← オーディオで使われる
(4) バルク転送

オーディオやビデオのデータを転送するときは，帯域が保証された低遅延転送方式「アイソクロナス転送」が利用されます．遅延は小さいのですが，その代わり何らかの外的要因でデータが化けても再送はしません．

USBでオーディオを扱う場合にアイソクロナス転送方式が利用される主な理由は，次の3点です（図1）．

(1) OSが用意しているドライバはアイソクロナス転送にだけ対応している

アイソクロナス転送以外の方式を使用する場合にはデバイス・ドライバを開発する必要があります．

(2) クロック同期方式が規格で定義されている

オーディオ信号が途切れないように安定に再生するには，USB D-Aコンバータはパソコンがデータを送り出すクロック・タイミングに合わせてデータを取り込む必要があります．USBではクロックは転送されませんが，アイソクロナス転送を使えば，ターゲット側で，パソコン側のクロックと同期をとることが可能です．

(3) 帯域が保証される

帯域が保証されていない転送を使うと，最初は上手く転送できていたとしても，途中で他の優先しなければならない転送が発生すれば帯域が圧迫されて，十分な量のデータが転送されません．これでは音が途切れるという致命的な問題が発生します．

■ USBの転送速度とオーディオ転送

USBの規格では，次の4種類のスピード・クラスが定義されています．

(1) ロー・スピード（1.5 Mbps）
(2) フル・スピード（12 Mbps）　USB 2.0
(3) ハイ・スピード（480 Mbps）

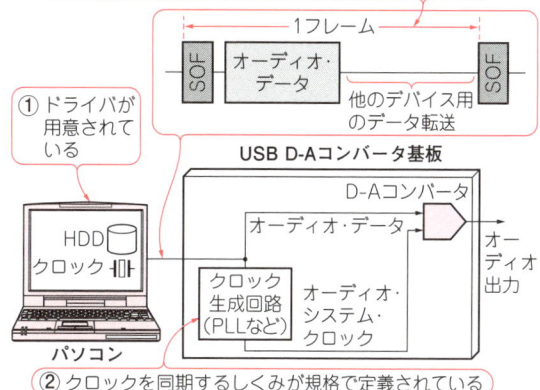

図1 USBでオーディオを扱う場合にアイソクロナス転送方式が利用される三つの理由

(4) スーパ・スピード（5 Gbps，10 Gbps）　USB 3.1

なお，アイソクロナス転送はロー・スピードで利用できません．

● パソコンは1フレームに1回，1 ms分のオーディオ・データをD-Aコンバータに送る

USBは，フレームという論理的な単位でデータを転送します．フル・スピードのUSBデータ転送は，USBバスがアクティブな間は，フレームの始まりを示すSOF（Start Of Frame）という目印パケットが1 msごとに絶えずホストから送信されます．

オーディオ・データは，1 ms分を一つのパケットとして1フレームに1回送信されます．アイソクロナス転送で帯域が確保されるということは，このフレームの中で一定の帯域がオーディオ・データの転送専用に割り当てられるということです．

転送が開始される際には，あらかじめ必要な帯域が確保されるため，転送が始まれば後からUSBバスに対して大量の転送要求が発生してもアイソクロナス転送が途切れることはありません．もしアイソクロナス転送を開始しようとした時点で十分な帯域が確保されない場合は，転送は開始できずエラーになります．

● フル・スピードがサポートできるのは最大96 kHz, 24ビット，ステレオ

表1は，オーディオ・フォーマット（ビット数，チャネル，サンプリング周波数）と1 ms分のデータを転

送するために必要なデータ量の関係です．ハイ・スピード-ハイ・バンド幅の場合を除き，アイソクロナス転送では，1フレームに1パケットだけデータを送信できます．1パケットの長さは，

- フル・スピード　　　　：1023バイト
- ハイ・スピード以上：1024バイトまで

と規定されています．

フル・スピードでは，1フレームが1msと規定されているので，フル・スピードのUSB D-Aコンバータは最大96kHz，24ビット，ステレオまでしかサポートできません．一方，ハイ・スピードの1フレームは125μsです．

アイソクロナス転送方式では，1フレームの時間内に消費(再生)されるデータは，1フレームに1回，一つのパケットとして送信されます．フル・スピードの場合，1フレームにパソコンから送られるデータは1ms分のオーディオ・データです．サンプリング周波数96kHzの場合，1ms分のオーディオ・データは96サンプルになります．1サンプルは24ビットの場合3バイトになります．ステレオですとLチャネルとRチャネルのペアになります．このことから，96(サンプリング周波数)×3(24ビット)×2(ステレオ)=576バイトが1ms分のオーディオ・データになります．

192kHz，24ビット，ステレオの場合は192×3×2=1152バイトになり，規定の1023を超えます．

ハイ・スピードでは125μs分のオーディオ・データを送ります．サンプリング周波数が96kHzの場合，16サンプル分を送ればよいことになります．同様に計算すると，96kHz，24ビット，ステレオの場合72バイト(=12×3×2)となります．192kHz，24ビット，ステレオの場合でも144バイト(=24×3×2)になりますので，規定の1024を超えません．

表1の網掛けの部分はフル・スピードでサポートできません．フル・スピードでは1パケットで扱えるデータは1023バイト以下と規定されているため，1023を超える計算結果に網掛けをしています．

通常，アイソクロナス転送では1フレーム中に1回だけ送信できるのですが，ハイ・スピードでかつハイ・バンド幅のデバイスでは1フレーム中に3回まで送信できます．フル・スピードにハイ・バンド幅は定義されていないので使えません．ハイ・スピードであれば，ハイ・バンド幅でなくとも現在一般的に使用されるハイレゾ音源のデータは十分にサポートできます．現時点で，ハイ・スピード-ハイ・バンド幅は，オーディオにとっては利用価値があまりありませんが，高品位ビデオの転送での利用が想定されます．

● **ハイ・スピード対応D-Aコンバータが増えている**

現在はフル・スピード対応のUSBオーディオ製品が主流ですが，HD-7A192(Phase Tech社)をはじめとするハイエンド製品を中心にハイ・スピード対応のUSBオーディオ製品が製品化されつつあります．

ハイ・スピード製品は，遅延(レイテンシ)が小さくでき，あらゆるハイレゾ・データに対応できます．しかし高サンプリング周波数に対応するハイ・エンド製品では，Windowsの専用ドライバが用意されることが多く，ドライバの開発やサポートに大きなコストがかかります．このため普及価格帯の製品にハイ・スピード対応のものはほとんど見当たりません．

ハイレゾ再生のためのその② 低ジッタ・クロック同期技術

ディジタル・オーディオ・データを転送するとき，クロック信号のジッタ性能が問題になります．D-Aコンバータのアナログ性能に大きく影響するからです(図2)．ジッタ以外にもシステム・クロックの偏差も問題になることがあります(図3)．

システム・クロックの偏差は再生スピードの偏差と言い換えることができ，ピッチの変化となって現れます．極端な例を挙げると，33回転のLPレコードを45回転で再生するイメージです．ジッタはクロックの周期の揺れです．全体としてクロックの周期は一定でも個々のクロックの周期を局所的にみると揺れが発生し，これが音をひずませます．

● **二つのクロック同期方式**

(1) アダプティブ同期方式

USBオーディオICで最も広く利用されている同期方式です．定番のPCM2000シリーズ(テキサス・インスツルメンツ)にも採用されています．

ホストとデバイスの間でビット・レートが明示的に

表1 現在のオーディオ・フォーマットとパケット・サイズ

サンプリング周波数 \ ビット数,チャネル	16ビット,2チャネル	16ビット,6チャネル	16ビット,8チャネル	24ビット,2チャネル	24ビット,6チャネル	24ビット,8チャネル
48 kHz	192	576	768	288	864	1152
96 kHz	384	1152	1536	576	1728	2304
192 kHz	768	2304	3072	1152	3456	4608

グレー部分はフル・スピードがサポートできないフォーマット

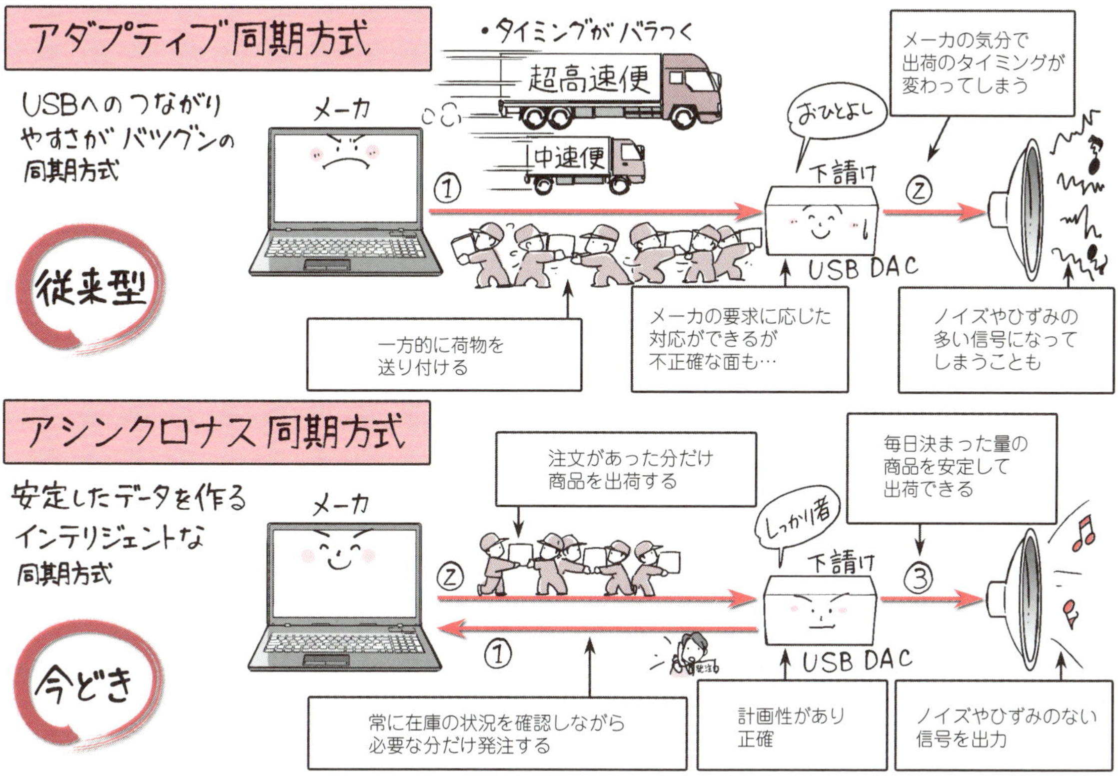

図2 採用するならアシンクロナス同期方式がいい

通知されることがありません．送られるデータ転送量に合わせて，デバイス側のシステム・クロックを生成する必要があります（図4）．フレームはホストが生成するので，フレームの長さ（SOFの間隔）は，ホスト側の基準クロックにおける1msです．

ホストから送られてくるデータ量の平均値は，再生するデータのサンプリング周波数に一致します．例えば，サンプリング周波数が48kHzのオーディオ・データならば48サンプル分のパケットが1フレームごとに送られます．これが暗黙の相対ビット・レートとなり，デバイス側は，ホストから送られてくる平均のデータ量と自身の基準クロックで1msの間に再生できるデータ量との差を使ってシステム・クロックを調整します（図4）．

この方式はホスト側のフロー制御が不要で，ホスト

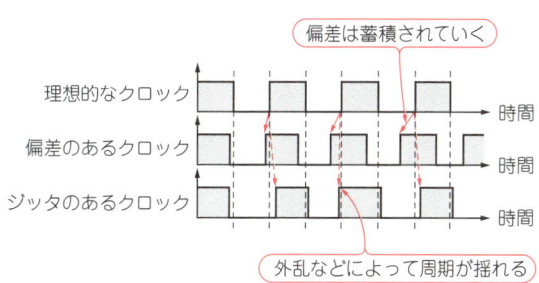

図3 ジッタとシステム・クロックの偏差はD-Aコンバータのアナログ性能に大きく影響する

は自身のマスタ・クロックに基づいたデータ・レートで一方的にオーディオ・データを転送できます．映像データとオーディオ・データの同期をとる場合やストリーミング配信されているオーディオ・データを再生

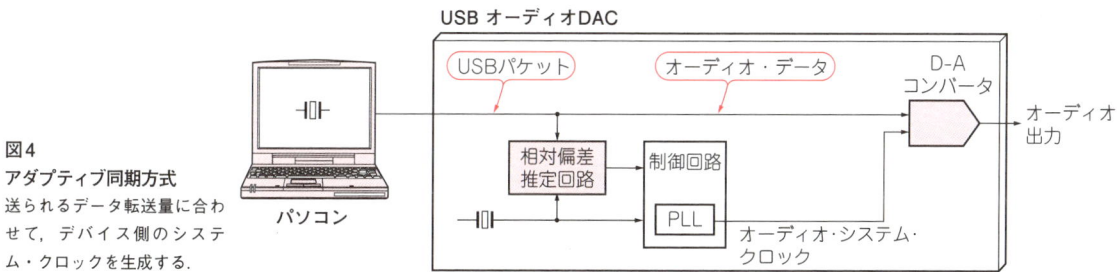

図4
アダプティブ同期方式
送られるデータ転送量に合わせて，デバイス側のシステム・クロックを生成する．

Appendix 2 高分解能D-Aコンバータの性能を引き出すクロック同期技術

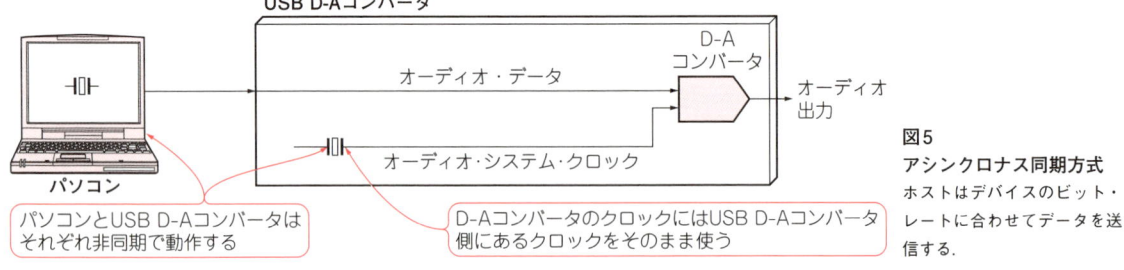

図5 アシンクロナス同期方式
ホストはデバイスのビット・レートに合わせてデータを送信する．

する応用に向いています．

　反面，デバイス側ではホスト側のデータ・レートに合わせてシステム・クロックを調整(トラッキング)するため回路が複雑になります．一般にトラッキング・システムはPLL(Phase Locked Loop)などで構成されるため，ジッタ性能が問題になります．

(2) アシンクロナス同期方式

　アダプティブ同期方式とは逆に，ホストはデバイスのビット・レートに合わせてデータを送信します(図5)．

　アダプティブ同期方式のようにデバイスのビット・レートをホストが間接的に知る方法はないので，アシンクロナス同期方式ではデバイスから明示的に相対ビット・レートを通知します．これを受けてホストはデバイス側で過不足なくデータが再生できるようにデータ量を調節します．

　この方式では，デバイスは自身のシステム・クロックに合わせるようにホストに要求するため，デバイス側でクロックを調節する必要がなく，システム・クロックに水晶発振器を直結できます．このためハイエンドのUSBオーディオ・デバイスで採用が広がっています．

　相手側のクロックに追従するしくみであるトラッキング・メカニズムが不要なので，クロック周りの回路が非常にシンプルです．

　反面，ホスト側ではオーディオ・データに対するフロー制御が必要です．一つの音楽ファイルを再生するような場合には問題ありません．ビデオ映像を再生する場合やストリーミング配信されているオーディオ・データを再生する場合のように，複数のマスタ・クロックが存在する場合には，同期をとるためにサンプリング周波数コンバータを通すなどの工夫が必要です．

　一般に流通している音楽ソースには44.1 kHz系と48 kHz，96 kHz系のものが存在します．システム・クロックを水晶の精度にするには，サンプリング周波数の系統ごとに少なくとも2系統の水晶発振器が必要です．

■ 実験！二つのクロック同期方式とアナログ性能

● 実験の条件

　同期方式の違いがアナログ性能にどのように影響するかを検証します．実験条件は次の二つです．

(1) アダプティブ同期方式：USB D-AコンバータPCM2707CからI²S信号を取り出して，D-AコンバータPCM1792A(TI)に入力(図6)
(2) アシンクロナス同期方式：FPGA USBオーディオ・アダプタからUSB D-AコンバータPCM1792Aに入力(図7)

▶ PCM1792A(D-Aコンバータ)

　表2に示すのは，D-AコンバータPCM1792Aのデータシートから抜粋した4.5 V_RMSのときのアナログ性

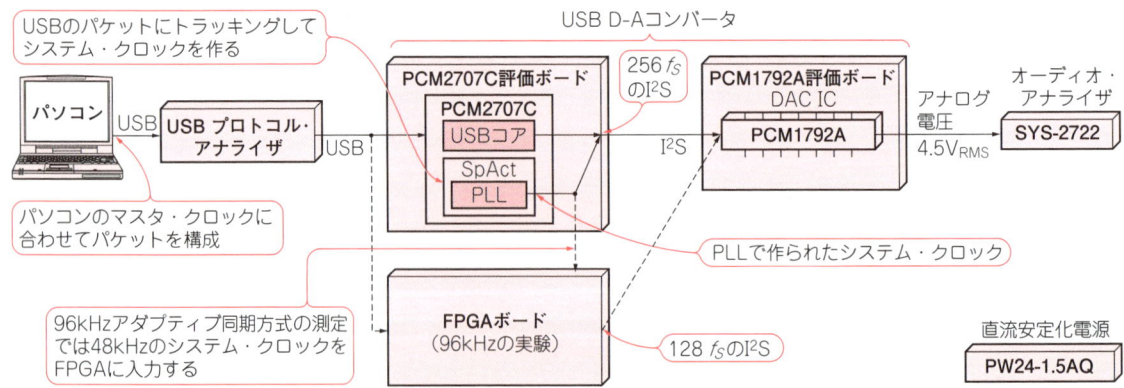

図6 アダプティブ同期方式とアシンクロナス同期方式で動かしたときのUSB D-Aコンバータのアナログ性能を調べる実験回路①
(アダプティブの場合)

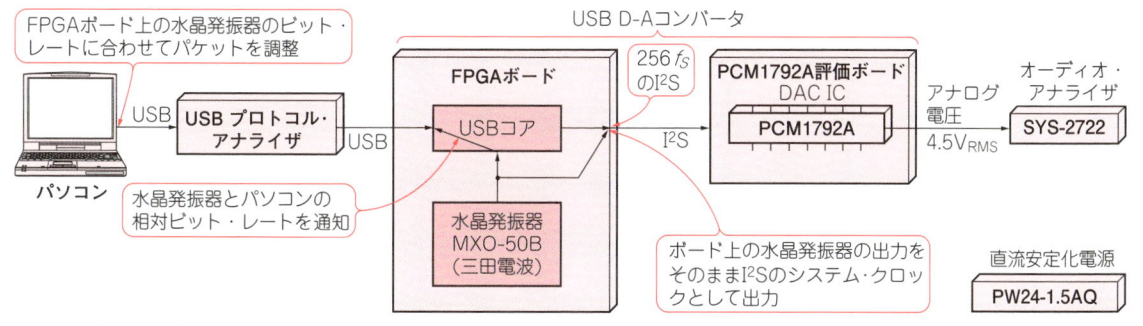

図7 アダプティブ同期方式とアシンクロナス同期方式で動かしたときのUSB D-Aコンバータのアナログ性能を調べる実験回路② (アシンクロナスの場合)

表2[3] PCM1792Aのアナログ性能(24ビット, 4.5 V_RMS)
PCM1792Aのデータシートから抜粋した4.5 VRMSのときのアナログ性能．

項　目	値など	
サンプリング周波数	44.1 kHz	96 kHz
$THD+N$	0.0004%	0.0008%
SN比	129 dB	129 dB
ダイナミック・レンジ[dB]	129 dB	129 dB

能です．純正の評価ボード(写真1)を使っているのでほぼ同じ性能を期待できます．PCM1792Aのレジスタはすべてデフォルトです．

▶PCM2707C(USB D-Aコンバータ)

PCM2707Cには，SpAct(エスパクト)と呼ばれるトラッキング・システムが搭載されています．SpActは，相対ビット・レート推定回路とユニークな制御アルゴリズムをディジタル回路で実装し，最終的にアナログPLLによってシステム・クロックが生成されています．対応するサンプリング周波数は32 k/44.1 k/48 kHzで，量子化分解能は16ビットです．

▶FPGAボード

オリジナルのUSBコントローラをCyclone Ⅲ(アルテラ)に実装したものです．このUSBコントローラはDnote(第4章)にも採用されており，USB認証テストにも合格した実績があります．今回は水晶には特別なものは使用せず，民生用のメタル缶入りの水晶発振器(MXO-50B，三田電波)を使っています．

▶オーディオ・アナライザと電源

SYS-2722(Audio Precision)を使いました(写真2)．オーディオ用のD-AコンバータやA-Dコンバータ，CODECなどのICやオーディオ回路の設計現場でよく使用されている定番測定器です．実験用直流安定化電源にはPW24-1.5AQ(TEXIO)を使用しました．

▶オーディオ・フォーマット

(1) 44.1 kHz, 16ビット(CD品質)
(2) 96 kHz, 24ビット(ハイレゾ)

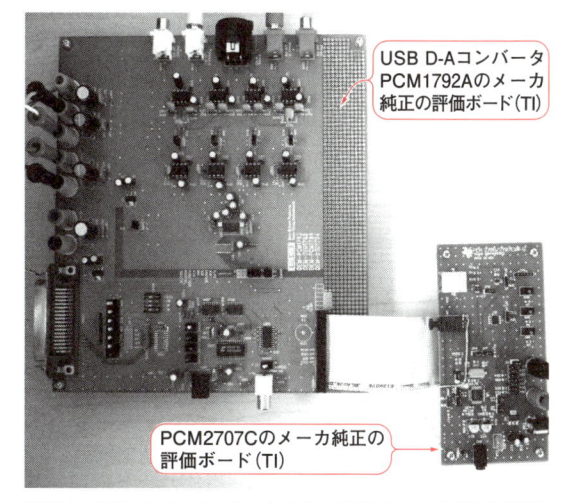

写真1 USB D-AコンバータPCM1792Aのメーカ純正の評価ボードを使って実験

▶そのほか

44.1 kHz, 16ビットの評価では，PCM2707CとFPGAボードのI^2S出力をそのままPCM1792Aに入力しています．PCM2707Cは96 kHz, 24ビットに対応していないため，48 kHzで再生して256f_SのI^2Sのシステム・クロックだけを取り出します．それをFPGAボードで受けて96 kHzの128f_SとみなしてI^2Sのタイミングを作ってPCM1792Aに入力しています．FPGAは，96 kHz, 24ビットに対応しているので，そのままPCM1792Aに入力しています．

● 測定結果と考察

表3に測定結果を示します．いずれの性能もアダプティブ同期方式の場合に比べて，アシンクロナス同期方式のほうが良い値が得られます．比較的ジッタに強いPCM1792Aでも同じ結果です．

図8は，96 kHz, -60 dBを再生したときのアダプティブ同期方式とアシンクロナス同期方式のFFT解析結果です．アダプティブ同期方式よりもアシンクロナス同期方式でノイズ・フロアが改善されています．

Appendix 2　高分解能D-Aコンバータの性能を引き出すクロック同期技術

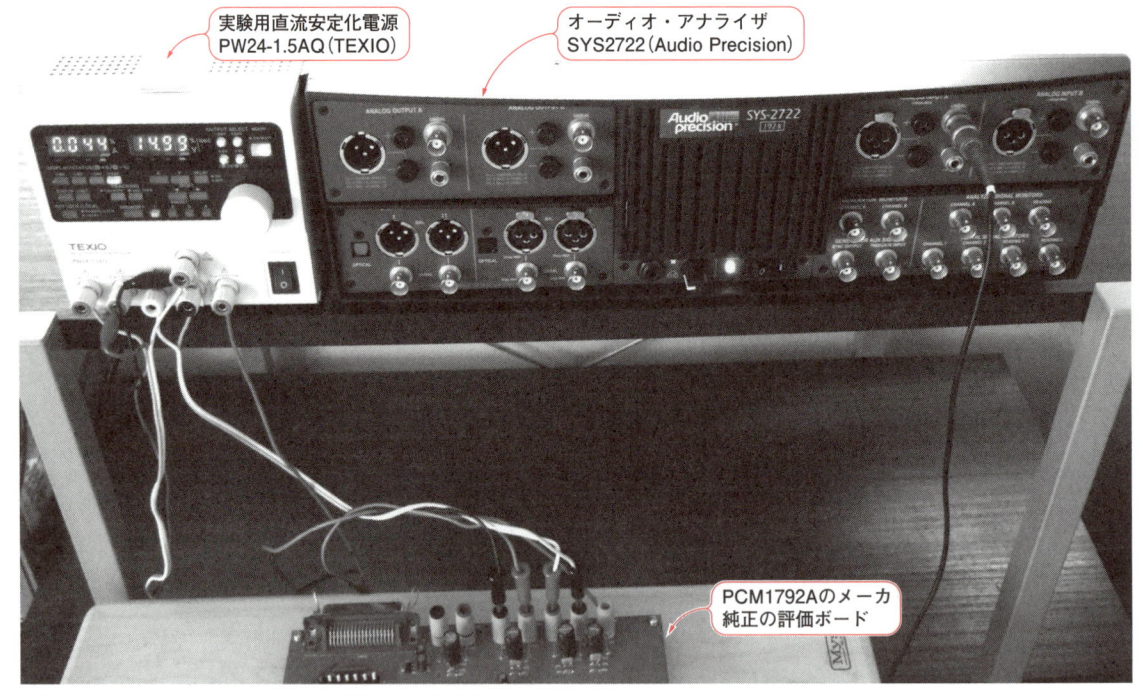

写真2 USB D-Aコンバータのアナログ性能の測定環境
ひずみ，SN比，ダイナミック・レンジなどをアダプティブ同期とアシンクロナス同期で比較．実験用直流安定化電源はPW24-1.5AQ（TEXIO），オーディオ・アナライザはSYS2722（Audio Precision）．協力：コーンズ テクノロジー．

表3 測定結果
いずれの性能もアダプティブ同期方式よりアシンクロナス同期方式の方が良い値が得られた．

測定項目 \ 条件	44.1 kHz, 16ビット アダプティブ同期	44.1 kHz, 16ビット アシンクロナス同期	96 kHz, 24ビット アダプティブ同期	96 kHz, 24ビット アシンクロナス同期
THD + N [%]（0 dB入力）	0.002	0.001	0.00089	0.00085
THD + N [%]（−60 dB入力）	1.71	1.06	0.29	0.06
SN比 [dB]	111	127	114	127
ダイナミック・レンジ [dB]	98	102	115	128

- THD + N：22 Hz HPF ON，20 kHz LPF ON，聴感補正フィルタなし
- SN比：22 Hz HPF ON，20 kHz LPF ON，A-weighted
- ダイナミック・レンジ：22 Hz HPF ON，20 kHz LPF ON，A-weighted

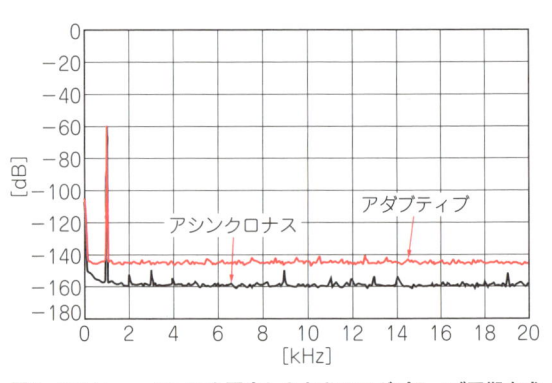

図8 96 kHz，−60 dBを再生したときのアダプティブ同期方式とアシンクロナス同期方式のFFT解析結果

*

　水晶の精度でD-Aコンバータが動くアシンクロナス同期方式は，D-Aコンバータの性能を引き出しやすく，良質のオーディオ信号再生を可能にしてくれます．しかもわずかなディジタル回路だけでクロック同期のしくみが実現できるため，今後ロー・エンドを含めたあらゆる製品に採用されていくと思われます．

◆参考・引用＊文献◆

(1) Universal Serial Bus Specification，USB Implementers Forum．
(2) Universal Serial Bus Device Class Definition for Audio Devices，USB Implementers Forum．
(3) PCM1792Aデータシート，テキサス・インスツルメンツ．
(4) PCM2707Cデータシート，テキサス・インスツルメンツ．
(5) DEM-PCM1792 EVM Board User's Guide，テキサス・インスツルメンツ．
(6) PCM2707EVM-U Evaluation Module User's Guide，テキサス・インスツルメンツ．

（初出：「トランジスタ技術」2013年12月号　特集　第3章 Appendix 2）

Appendix 3　イイ音を手に入れる！
24ビット・ハイレゾ音源の入手先調査

田力 基

> 本章では，ダウンロード販売の環境が整いつつあるハイレゾ音源の入手先を紹介します．〈編集部〉

24ビット音源もダウンロードできる時代に！

　CDは，どう頑張っても16ビット，44.1 kHzのデータが最高解像度です．そのうえ，リッピングにも手間がかかります．ディスクの指紋や汚れを落とし，ほこりがつかないように注意深くドライブに挿入して待つこと数分から数十分，場合によっては数時間かかることもあります．

　CDを購入するより最初からデータをダウンロード購入した方が楽だと考える方も多いでしょう．

　ただし，iTunes Music StoreなどのメジャーなレーベルがメジャーなアーティストのCDアルバム相当の音楽データをダウンロードで販売する場合は，非可逆圧縮された楽曲データを販売しているケースが多いようです．

　クラシック音楽に限っていえば，ドイツ・グラモフォンというメジャーな老舗レーベルがダウンロード・サイトを立ち上げており，過去から現在までの有名な指揮者，ソリストと名門オーケストラによるCDと同じタイトルを可逆圧縮（FLAC）されたデータで販売しています[注]．また，物理メディアのCDでは入手しにくいタイトルでも適切な価格で入手できます．

　ハイレゾの黎明期には，CDよりも高解像度な楽曲データは（SACDを除いて）DVD-Rで供給されるケースもありましたが，最近ではダウンロード販売サイトを利用して入手するのが一般的になりました．

　表1に，可逆圧縮フォーマットでエンコードされた楽曲（主にハイレゾ）のダウンロード販売サイトをいくつか紹介します．

注：2015年2月現在日本からは入手できなくなっている．AmazonやiTunesに移動して，ACCやMP3のみ購入できるようになっているようである．

（初出：「トランジスタ技術」2013年12月号　特集　イントロダクション）

表1　可逆圧縮楽曲のダウンロード販売サイト（2015年2月現在）

サイト名	URL	特徴
Hdtracks※	http://www.hdtracks.com/	ハイレゾ音源をダウンロード販売するサイトとしては，世界的草分けのひとつ．メジャー・レーベルのアーティストからマイナ・レーベルまで適正価格で販売している．日本からはPayPalのアカウントを使って購入できる
Linn Records	http://www.linnrecords.com	ハイレゾ音源をダウンロード販売するサイトとしては，世界的草分けのひとつ．オーディオ・メーカが運営する高品質なハイレゾ・データのダウンロード販売サイト
Deutsche Grammophon	http://www.deutschegrammophon.com/	ドイツ・グラモフォンだけでなくDECCAレーベルのタイトルも見つけることができる
CHANNEL CLASSICS RECORDS	http://www.channelclassics.com/	FLAC，DSDのタイトルが充実している．マルチ・チャネルDSD音源もある．物理メディア（SACD）よりもDSDやハイレゾ（FLAC）音源の方が価格が高いのが奇妙である
e|classical	http://www.eclassical.com/	FLACとMP3音源による高音質なクラシック音楽の楽曲販売サイト
Blue Coast Records	http://bluecoastrecords.com/	アコースティック録音音源が充実している．DSDにも早いうちから取り組んでいる
e-onkyo music（日本）	http://www.e-onkyo.com/	日本の大手ハイレゾ楽曲データ販売サイト．最近取り扱い楽曲がすべて「ハイレゾ・DRMフリー」になった．海外のメジャーなレーベルのハイレゾ音源の種類も充実しているが，海外のサイトが販売する同一タイトルの価格と比較すると総じて高め．
HQM STORE（日本）	http://hqm-store.com/	配信データが192 kHz，24ビットまたは96 kHz，24ビットの録音データからダイレクトにマスタリングされた，96 kHz，24ビットのFLAC形式で統一されている．マイスタ・ミュージックのタイトルが加わったのが個人的にはうれしい
OTOTOY（日本）	http://ototoy.jp/music/	DSD音源の配信に意欲的
mora（日本）	http://mora.jp/	13/10/17より，メジャー・レーベルのタイトルをハイレゾのFLACファイルで配信開始．松田聖子の24/96 FLACファイルなどあり

※　一部のメジャーなレーベルのタイトルは，版権元の要請により日本のIPからは注文の決済ができない．そのためVPNを使って米国のサーバからアクセスしている人も一時期存在したらしい

第4章 アンプも内蔵！入口から出口まで完全ディジタル
フル・ディジタル・スピーカ駆動IC Dnote7U

安田 彰

本章では，近年開発されたディジタル・スピーカの基本動作原理を説明します．続いて世界で初めてこの技術を1チップ化したTrigence Semiconductor社のDnote7の特性および使用方法を紹介します．このチップは，実験キットDNSP1‐TGKIT（CQ出版社）にも搭載されています．

本章で紹介するのは，スピーカをビット・データで直接駆動することに挑戦した，フル・ディジタル・スピーカ駆動IC Dnote（Digital Signal Proecssing for Digital Speaker）です．USBまたはI^2SインターフェースでPCMオーディオ・データを入力すると，複数のボイス・コイルを持つマルチ・コイル・スピーカにディジタル・データをそのまま供給します．DSPを内蔵しているためイコライザをはじめとするさまざまなディジタル・フィルタ処理が可能です．もちろん24ビット，96 kHzのハイレゾ音源にも対応しています．〈編集部〉

スピーカとパワー・アンプをディジタル化する検討

● スピーカまで…完全ディジタル化を目指して

▶残るはパワー・アンプとスピーカ

図1は，現在のオーディオ装置のブロック図です．入力ソースであるCDにはPCMコードで，スマホにはMP3などの圧縮コードのディジタル・データとして音楽信号が保存されています．一方，出力につながる負荷であるスピーカやヘッドホンは，アナログ信号で駆動しているため，ディジタル・オーディオ・データは，途中，D‐Aコンバータでアナログ信号に変換しています．

D‐Aコンバータは，出力が小さいのでスピーカを直接駆動することができません．そこで，小信号アンプで信号の電圧増幅し，さらにパワー・アンプで電力を増幅してスピーカを力強く駆動します．

大きな出力の電力を得るには，電源電圧を高くする必要があります．パワー・アンプの電源電圧には，5～20 Vまたはそれ以上が使われます．パワー・アンプにはAB級が広く使われてきましたが，最近では電力効率の高さからD級やG級が使われています．

▶オーディオ・システムは1982年から変わっていない

この構成は，1982年にCDが生産開始されてから今まで，ほとんど変わっていません．

せっかくデータがディジタル信号として保存されるようになり，信号の劣化を最小限に抑えられるようになったのに，スピーカとそれを駆動する回路がアナログ回路のままです．もしディジタル信号でスピーカを直接駆動できれば，アナログ回路を一切使わないで再生系を実現できます．

● 検討1…4ビット・ディジタル・スピーカ

CDが実現された当時，既にスピーカをディジタル化する考え方がありました．図2に示すように，スピーカをサブ・ユニットに小分けして，振動板の大きさの比率を，1：1/2：1/4：1/8というふうに2のべき乗にします．そして，対応する2進コードの各ビットで駆動します．

▶製造技術が追い付かない

16ビット分解能を再現できるディジタル・スピーカを作るには，サブ・ユニットの振動板の大きさの比率精度を0.0015%（≒1/256）以下にする必要がありますが，コストが見合わず非現実的です．

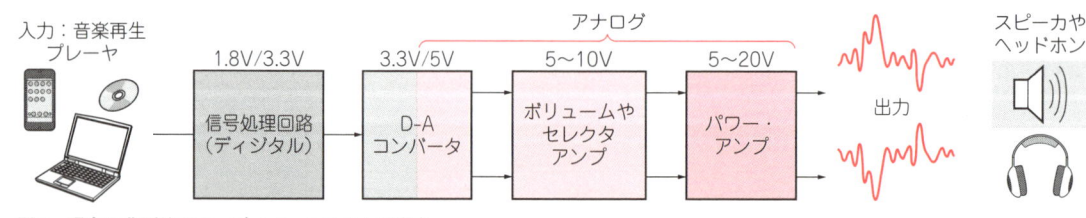

図1 現在の典型的なオーディオ・システムの構成

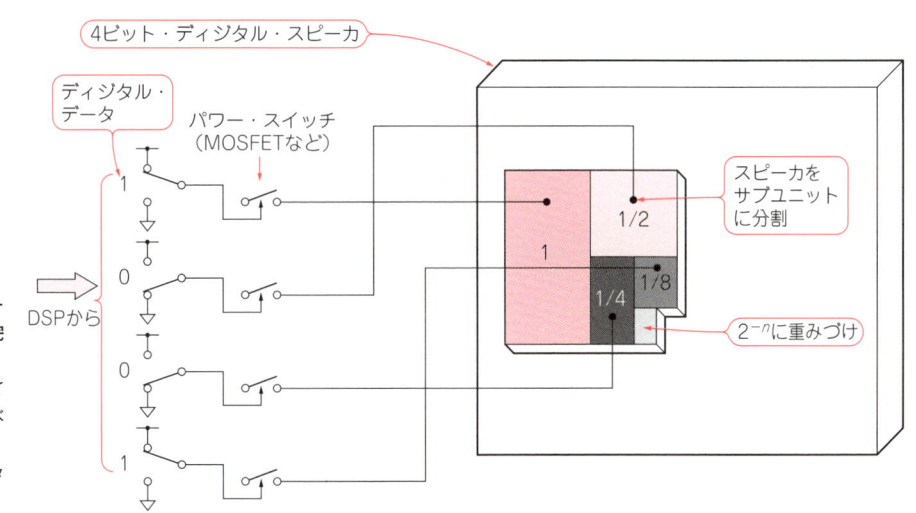

図2
マルチ・ビット・アンプ＋ディジタル・スピーカで完全ディジタル化
CD誕生のころに考案されていた．振動版の面積が2のべき乗に重み付けされている．図は4ビット版のディジタル・スピーカ．

● 検討2…1ビットPDMアンプ＋1スピーカ

図3のように，1ビット信号に応じて出力を電源電圧（$+V_{DD}$または$-V_{DD}$）で駆動する方法も考えられました．これならスピーカの振動板は一つで済みます．

アナログ信号を$\Delta\Sigma$変調器[1]を使って1ビット信号に変換し，この1ビット信号の電力を増幅してそのままスピーカに供給します．D-A変換した信号をPWM変調器（Pulse Width Modulation）で2値化するD級アンプ（PWMアンプ）も1ビット・アンプです（図4）．

▶量子化雑音除去用のフィルタでアナログになってしまうのでディジタル駆動は無理

図3に示すパワー・スイッチをON/OFFするPDM信号は，16ビットや24ビットのPCMデータをPDM

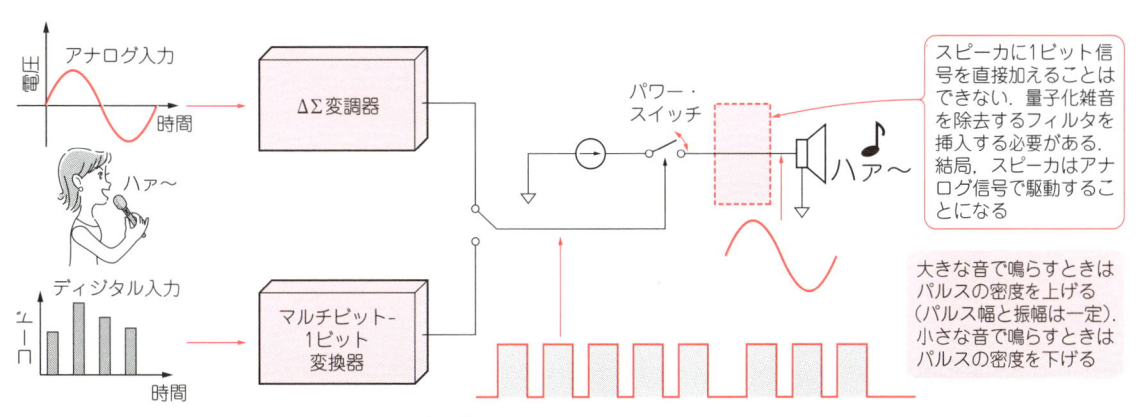

図3 1ビットPDMアンプ＋1スピーカでフル・ディジタル化
振動板が一つの通常のスピーカで実現できる．

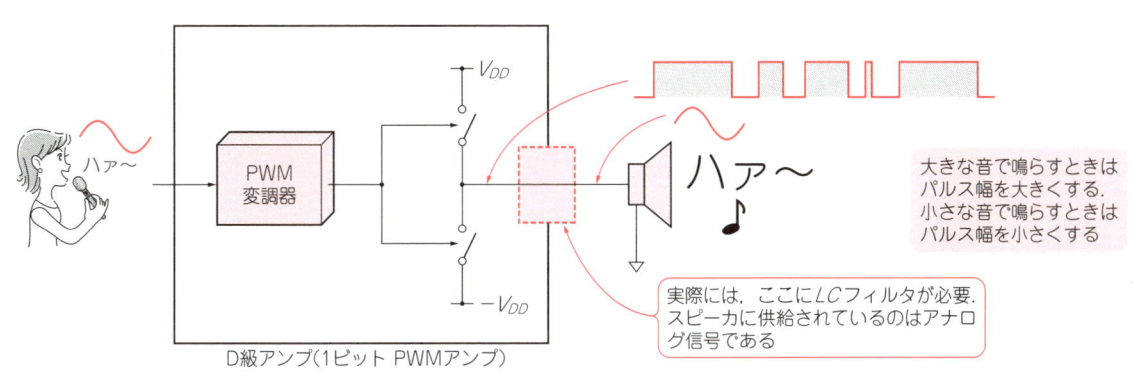

図4 1ビットPWMアンプ（D級アンプ）＋1スピーカでフル・ディジタル化

データに変換するマルチ・ビット-1ビット変換器やアナログ信号を1ビットPDM信号に変換するΔΣ変調器で生成します.

マルチ・ビットを1ビットに変換するとき大きな白色雑音(量子化雑音)が発生し，入力信号と差分の大きな信号に変わり果てます．そこでΔΣ変調器は，フィードバックをかけて雑音を高域側に偏らせ，可聴帯域内の雑音を減らす工夫をしています．

この雑音がスピーカを破壊したり大きなEMIの問題を引き起こすなどの問題があるので，大きくなった可聴帯域外の雑音をそのままスピーカに加えることはできません．アナログ・フィルタで量子化雑音を除去する必要があります．このときディジタル信号はアナログ信号に戻ってしまうので，結局，スピーカをディジタルで駆動することはできません．

PWMアンプ(D級アンプ)も同様です．可聴帯域外のキャリア信号をアナログ・フィルタで除去します．スピーカを駆動する信号はアナログであり，ディジタル駆動は実現できません．

でも完全ディジタル化まであと少しです．

半導体の進化で高速化したDSPによる信号処理で対応

アナログ・フィルタを使わずに，量子化雑音やキャリア信号を大幅に低減できれば，入力信号の劣化を最小限に抑えることができます．この課題にTrigence Semiconductor(トライジェンス セミコンダクター)と法政大学理工学部の半導体システム研究室が共同で取り組みました．

● 工夫①…面積の等しいサブ・スピーカなら作れる

前述の振動板の面積比を高精度に重み付けするには高い製造技術が必要ですが，図5に示すようにすべての振動板の大きさを均一にそろえることならできそうです．ただし16ビットの分解能で再生するには，65535個のサブ・スピーカを組み合わせる必要があり，これも現実的ではありません．

● 工夫②…1スピーカ＋複数のボイス・コイルを持つスピーカ

では分割数を四つに減らしてみましょう．

図6は，四つの1コイル・スピーカを並べてディジタル信号を直接入力できるようにしたディジタル・スピーカです．

作り方は少し複雑になりますが，図7に示すように四つのボイス・コイルを一つの駆動軸に巻いて一つのコーン紙を駆動しても実現できます．各コイルの長さは等しく，各コイルに対する重み付けは等しくなっています．しかし音量を5段階にしか変えられません．

各ボイス・コイルを正方向(+1)，逆方向(-1)，移動なし(0)の3状態で駆動すれば，コーン紙の位置を9段階にできますが，16ビット分解能(65535個)には全く及びません．16ビットPCMデータを忠実に再生するには何か工夫が必要です．

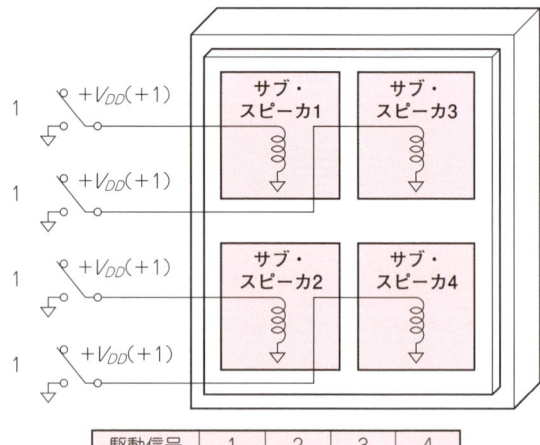

図5 図2より面積の等しいサブ・スピーカを組み合わせる方が簡単
でも65535(=2^16)個ものサブ・スピーカを組み合わせるのは無理.

16ビット分解能を実現するには，スピーカ・ユニットを1/65535に分割する必要がある

駆動信号	1	2	3	4
0,0,0,0	OFF	OFF	OFF	OFF
0,0,0,1	ON	OFF	OFF	OFF
0,0,1,1	ON	ON	OFF	OFF
0,1,1,1	ON	ON	ON	OFF
1,1,1,1	ON	ON	ON	ON

図6 図5のサブ・スピーカを減らすことを考える
四つの1コイル・スピーカを並べてディジタル信号を直接入力できるようにしたディジタル・スピーカ.

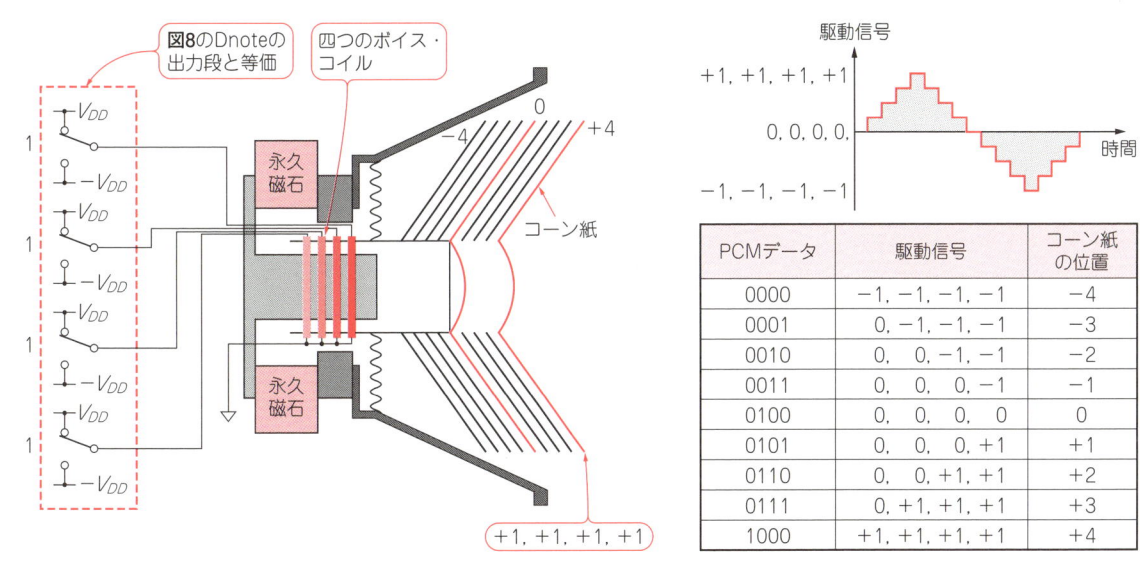

PCMデータ	駆動信号	コーン紙の位置
0000	−1, −1, −1, −1	−4
0001	0, −1, −1, −1	−3
0010	0, 0, −1, −1	−2
0011	0, 0, 0, −1	−1
0100	0, 0, 0, 0	0
0101	0, 0, 0, +1	+1
0110	0, 0, +1, +1	+2
0111	0, +1, +1, +1	+3
1000	+1, +1, +1, +1	+4

図7 四つのボイス・コイルを一つの駆動軸に巻いて一つのコーン紙を駆動しても図6と同じことができる
各コイルを正方向(+1), 逆方向(−1), 移動なし(0)の3状態で駆動してもコーン紙の位置を9段階にしか変えられない. 16ビット再生は無理.

3〜8コイル・スピーカを信号処理で 24ビット駆動するDnoteテクノロジ

■ Dnoteの信号処理技術

● スピーカを選ぶ回路DEMがかぎを握る

図8に示すのは，4コイルのスピーカを4ビット・データで駆動するDnote ICのブロック図です．

入力信号(PCMデータ)は，ディジタル・ボリュームでレベルを調整したあと，$\Delta\Sigma$変調器に入力されます．ディジタル・ボリュームは，音量を下げたときに最下位ビット(LSB)側の信号が切り捨てられないように処理しています．小音量レベルまでデータが失われにくいようにしています．

$\Delta\Sigma$変調器のダイナミック・レンジ(120 dB以上)は入力ソースより広く，120 dB以上のSN比を確保しています．$\Delta\Sigma$変調器でコイルの数にレベルを減少させ，ミスマッチ・シェーパDEM(Dynamic Element Matching)という技術で四つのボイス・コイルに供給し，コイル長などに起因する誤差の影響を減らします．これにより，再生信号のSN比の劣化を小さく抑えることができます．終段にはHブリッジ回路が4組あり，DEM

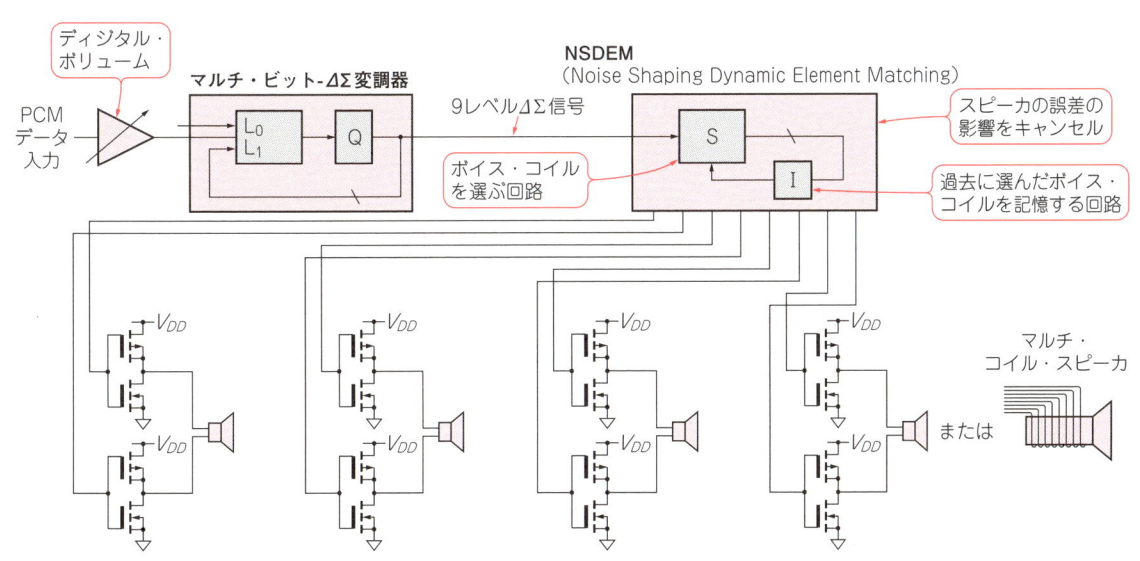

図8 3〜8コイル・スピーカを直接ビット駆動するDnote ICのブロック図
96 kHz, 24ビットのハイレゾ音源に対応している．

の出力に応じて駆動されます．

● 信号処理のようすをもう少し詳しく

　図8に示すようにパソコンからUSB経由で受信した16ビットまたは24ビットのディジタル・オーディオ信号（PCM）は，$\Delta\Sigma$変調器でボイス・コイル数に対応したレベル数に変換されます．レベル数は$2M+1$（Mはマルチ・コイルの数）で計算します．つまりボイス・コイルが4本あるときは9レベルです．

　16ビットから9レベル（約3ビット）に変換すると，16ビットを1ビットに変換する$\Delta\Sigma$変調器と同じように再量子化誤差が生じます．この誤差はとても大きいのですが，$\Delta\Sigma$変調器はこの量子化雑音の周波数分布を変え，可聴域より高い周波数に雑音を集めることができます．この技術をノイズ・シェーピングと呼びます．Dnoteの信号処理回路では120 dB以上のダイナミック・レンジを確保しています．

● ボイス・コイルのばらつきを信号処理でならす

　Dnoteは$\Delta\Sigma$変調の後段にあるNSDEMは，$\Delta\Sigma$変調器の$2M+1$レベルの出力データを受けてボイス・コイルを選びます．

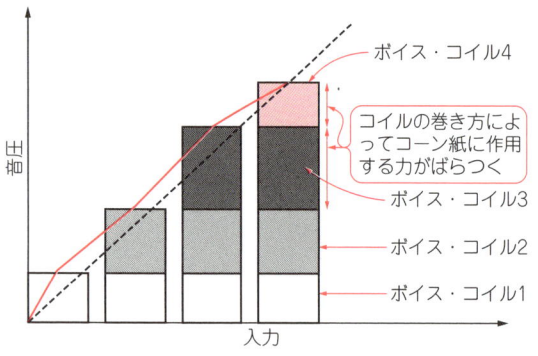

図9 マルチ・コイル・スピーカのボイス・コイルの特性ばらつきは信号をひずませる

▶コイルの特性ばらつきはひずみの要因になる

　ボイス・コイルは上手に選ばないとひずみや雑音が増大します．なぜなら，ボイス・コイルの長さや抵抗値は必ずばらついており，駆動するコイル数と出力が比例関係にならないからです．

　図9は，ボイス・コイルの巻き方のばらつきがひずみに影響することを示すイメージです．長方形の高さがボイス・コイルがコーン紙に作用する力に相当します．図のように，入力信号の大きさに合わせてコイルを順番に選ぶだけだと，出力は直線にならずでこぼこになります．コイル同士の間に1%の誤差があるだけで，SN比は40 dB程度にまで劣化する可能性があります．

▶ダイナミック・エレメント・マッチング技術

　図10に示すのは，ミスマッチ・シェーパが四つのボイス・コイルを選ぶ様子です．①は音量が小さいときで，ミスマッチ・シェーパは四つのうち一つのボイス・コイルを順繰りに選んでいきます．音量を2倍にすると（②），四つのボイス・コイルのうちから常に二つを選び，順繰りと6通りの組み合わせで音を鳴らします．音量①と音量②の面積の平均値を比べてみてください．ちょうど1：2になっています．

　同様に入力レベルに応じてボイス・コイルを選ぶパターンをすべて順繰りに切り替えていけば，出力の平均値を1：2：3：4にできます．これをシャッフリング法またはダイナミック・エレメント・マッチング法（DEM：Dynamic Element Matching）と呼びます．

　入力レベルと出力音圧の関係を図11に示します．音量ゼロのときは選ばれるボイス・コイルは0個です．最大のときは4個です．それ以外では，選択するボイス・コイルの組み合わせは複数あり，その平均値は直線に乗ります．

　出力したい音量が2.5のときは，ボイス・コイル3とボイス・コイル2が半分ずつ交互に選ばれるように信号が出力されます．前段の$\Delta\Sigma$変調器が選ばれるボ

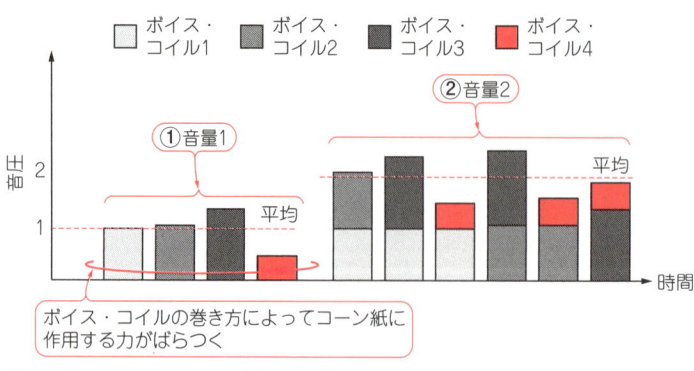

図10 ミスマッチ・シェーパ（NSDEM）は誤差が小さくなるようにボイス・コイルを選んで駆動する

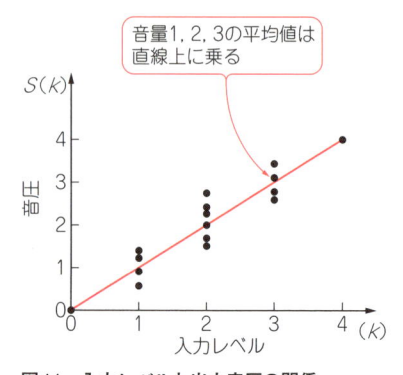

図11 入力レベルと出力音圧の関係
音量ゼロと最大のとき以外は複数のボイス・コイルが選ばれる．音圧の平均値は直線に乗る．

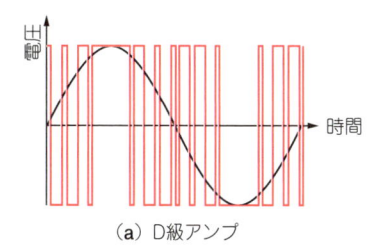

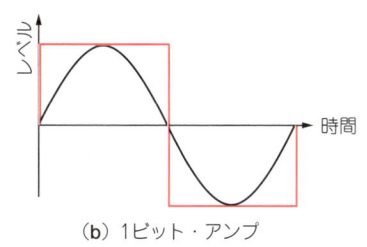

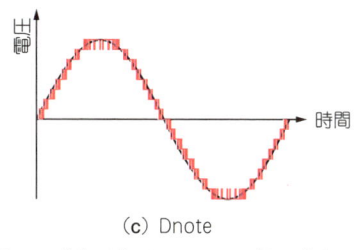

(a) D級アンプ　　　　　　　　　(b) 1ビット・アンプ　　　　　　　　(c) Dnote

図12 Dnote IC が出力する1ビット信号とアナログ信号との差は，1ビットPWMアンプ（D級アンプ）や1ビットPDMアンプより小さい
Dnote は雑音電力が小さいのでアナログ・フィルタを介さずディジタル信号を直接スピーカに加えられる．

イス・コイルの数が整数になるようにレベル数を調整します．

▶ ミスマッチの影響低減方法

　図8の回路Sは，駆動するボイス・コイルを選ぶ出力セレクタ，回路Iは過去に選んだボイス・コイル情報を記憶保持する回路です．回路Sは，回路Iが出力する過去の選択数やタイミングと目標値を比較して，誤差が最も小さくなるボイス・コイルを選び続けます．

従来の信号処理技術との違い

● 1ビット・アンプやD級アンプとの違い

　図12(a) に示すように，D級アンプに正弦波を入力するとPWM信号が出力されます．正弦波がPWMに変換されるときに，とても大きな誤差（雑音）である可聴帯域外のキャリア信号が加えられ，そのエネルギーはとても大きなものです．
　図12(b) に示すように，ΔΣ変調を使った1ビット・アンプも同様です．正弦波が1ビットのPDM波に変わるときに，大きな誤差（雑音）が加わります．この雑音はノイズ・シェーピング処理によって信号帯域以上で急激に増大します．
　D級アンプも1ビット・アンプも可聴帯域外の成分は後置された LC フィルタで除去します．
　この誤差成分は，理想的には帯域外に存在しますが，Hブリッジを構成するトランジスタのスイッチング・スピードが十分でないなど，実際には出力波形が理想からずれるため，可聴対域内に誤差が生じます．
　図12(c) に示すのは，Dnote IC に8個のボイス・コイルを接続したときの入出力信号波形です．8個のボイス・コイルに加わる信号の和を示しています（実際には矩形波を切り替える周波数はずっと高い）．元のアナログ信号とスピーカを駆動する1ビット信号との誤差が小さいことが分かります．Dnote では帯域外の誤差成分が小さいので，波形のエッジが崩れたときの影響を減らせます．ΔΣ変調回路の出力信号の立ち上がりに0.1秒かかる場合を考えます．
　クロック周波数を1秒として二つの出力パターンで考えます．一つのデータの時間幅は理想的には1秒です．

(a) 0, 1, 0, 1：立ち上がり2回
(b) 0, 1, 1, 0：立ち上がり1回

上記四つの出力の平均値は，理想的には 2/4 = 0.5 です．現実的には次のようになります．

(a) (0 + (1 − 0.1) + 0 + (1 − 0.1))/4 = 1.8/4
(b) (0 + (0 + (1 − 0.1) + 1 + 0)/4 = 1.9/4

　データ・パターンによって出力値が異なり，雑音やひずみが発生することが分かります．長い時間の平均値は直流になるので，オーバーサンプリングしているときの帯域内の信号成分は上記の平均値で表せます．
　従来のD級や1ビット・アンプはトランジスタをスイッチング動作させるため1ビット（ON/OFF信号）に変換しています．この信号は再生したいオーディオ信号と同程度以上の雑音またはPWM変調のキャリア信号を含んでいます．フィルタがないと，スピーカで熱になったり，一部は電磁波となって輻射されます．小信号出力時でもこの大きな電力が出力されているので，これを LC フィルタで減衰させスピーカを熱破壊から守りこのエネルギーを回収する必要があるのです．
　Dnote は図12(c) に示すように，出力のスイッチングされた電圧が入力信号に応じて変化するマルチ・レベルのPDM信号のようになるため，ノイズ電力が非常に小さいという特徴を持っています．アナログ・フィルタがなくてもスピーカを直接駆動できます．

*

　高精度なオーディオ用 D-A コンバータの主流は，1ビットΔΣ型からマルチ・ビットΔΣ型に移行しました．1ビット・アンプとDnoteの関係はこれと同じです．

その他の特徴

● ボイス・コイルを並列接続するのでインピーダンスが低く低電源電圧でも大出力

　同じ電源電圧ならコイルが4個あれば，1コイルのときの4倍の出力が得られます．ボイス・コイルのインピーダンスを8Ωとすると，4個並列で2Ωです．電源電圧が3.3Vのときの最大出力は，ボイス・コイ

ルが1個のとき1.4 W($≒ 3.3^2/8$),4個並列のとき5.5 W($≒ 3.3^2/8/4$)です.

● 効率も高い

Hブリッジ出力段を構成するパワー・トランジスタは,ON(電圧0 V)かOFF(電流0 A)のどちらかの状態しかとらないので原理的に発熱はすごく小さくなります.

D級アンプも同じ出力段を構成していて高い効率を得ています.D級アンプと通常のスピーカの組み合わせでは,最大出力に耐えられる大電流容量のパワー・トランジスタで構成されたHブリッジが一組あり,無信号や小信号出力時のときも常にPWM信号によってフルスイング駆動されています.大電流容量のパワー・トランジスタを駆動する回路(ゲート・ドライバ)は,駆動に無視できない大きな電力を消費します.

Dnoteの場合は,Hブリッジが4組あり負荷を分けあっているので,D級アンプより小容量のパワー・トランジスタで構成されています.しかも音量が小さい間は,多くのHブリッジがスイッチング動作を完全に止めるため(図13),ドライバが消費する電力が小さく抑えられます.

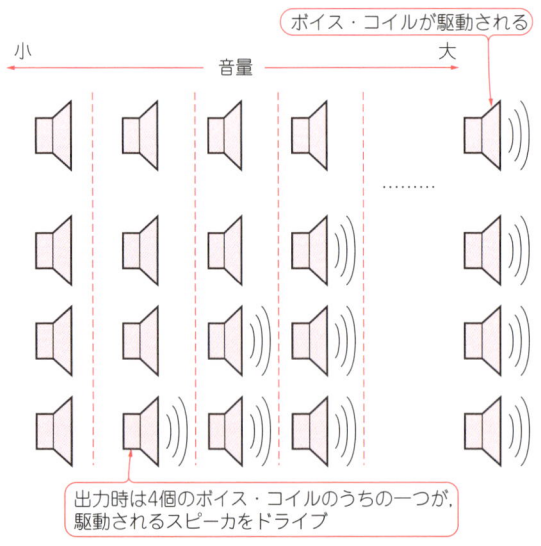

図13 音量が小さい間はHブリッジの動作が完全に止まるので常にフルスイング動作しているD級アンプより消費電力が小さく抑えられる

写真1 スピーカをビットで直接駆動するフル・ディジタル・オーディオIC Dnote7U(トライジェンス)
24ビット,96 kHzハイレゾ音源対応.

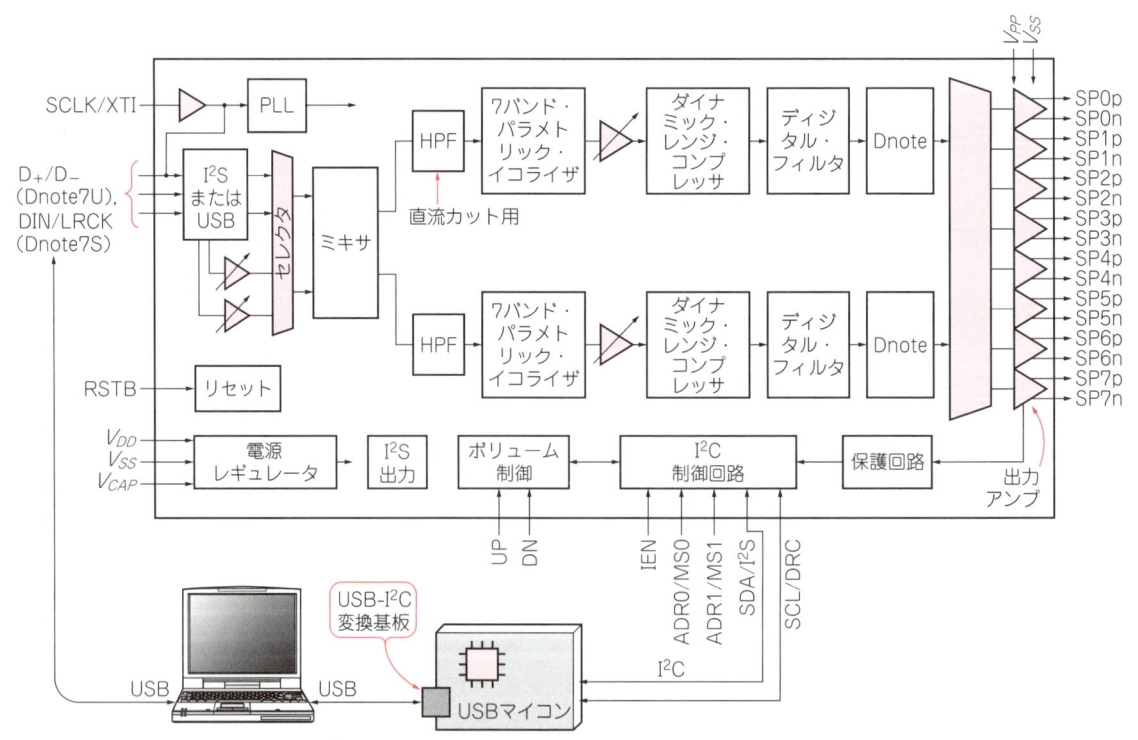

図14 Dnote7U(USB版)とDnote7S(I^2S版)の内部ブロック図

24ビット，96 kHzハイレゾ音源対応！Dnote7UとDnote7S

● 仕様

図14に示すのは，Dnote7U（USB版，写真1）とDnote7S（I²S版）の内部ブロックです．

Dnote7Uは，パソコンとUSBケーブルで接続するだけで，PCMディジタル音源を再生できます．WindowsXP/7/8とMacOSの標準ドライバで動作するので，ドライバのインストールの必要もありません．Dnote7Uはアシンクロナス同期モードで動くので，ローカルに置く水晶発振器の低ジッタ・クロックで動作させることができます．

図15に示すように，スピーカのコイル数を増やせば最大出力が増します．4Ωの抵抗値を持つコイルを8個使うと，電源電圧3.3 Vで5.5 Wの出力が得られます．

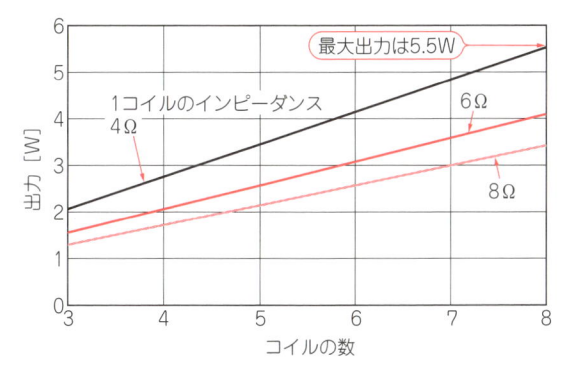

● ワンチップでいろいろなシステムを組める

Hブリッジを8回路内蔵しています．専用のマルチ・コイル・スピーカをつないでも，通常のスピーカを複数つないでもOKです．

図16に示すように，5～8個のボイス・コイルを持つマルチ・コイル・スピーカを駆動すればモノラルで

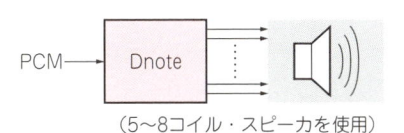

図15 Dnote ICのボイス・コイルの数と出力の関係
スピーカのコイル数を増やせば最大出力が増す．

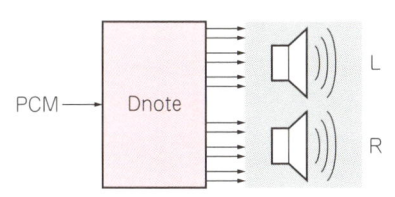

図16 Dnote IC 1個で作るモノラル大出力アンプ
（5～8コイル・スピーカを使用）

（a）ステレオ駆動（3コイル・スピーカを使用）

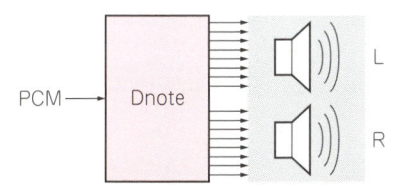

（b）ステレオ駆動（4コイル・スピーカを使用）

図17 Dnote IC 1個で作るステレオ・アンプ

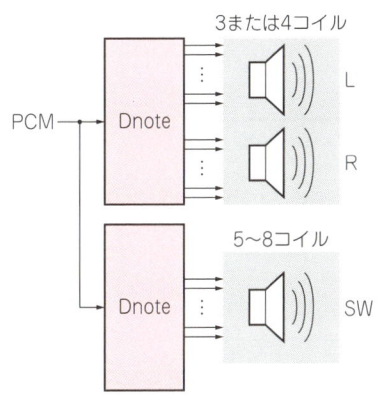

図18 Dnote IC 2個で作る2ウェイ・アンプ・システム

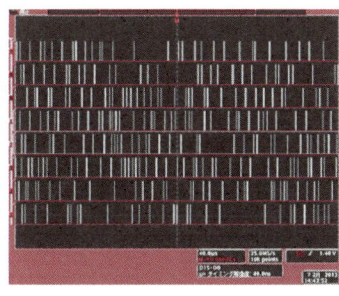

（a）出力小 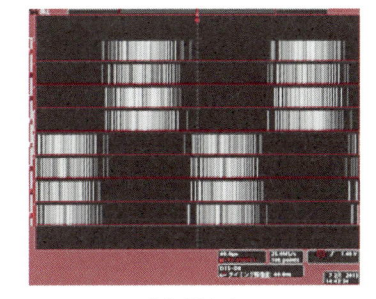　（b）出力中 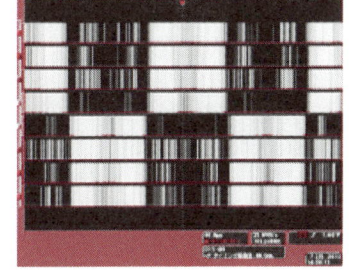　（c）出力大

写真2 正弦波入力時のDnote ICの出力波形（40 μs/div，3.3 Vロジアナ・モード）
Dnoteは出力レベルに合わせて駆動するコイル数を増やしたり減らしたりする．さらに全コイルの出力の加算値が正弦波になり，各コイルのミスマッチ誤差が0に近づくように四つのボイス・コイルを選ぶ．

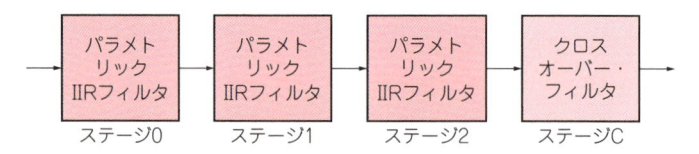

(a) IIRフィルタ（3段）+クロスオーバー・フィルタのブロック構成

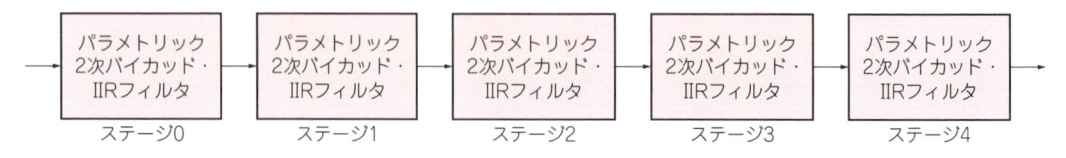

(b) バイカッド・フィルタのブロック構成（全5段）

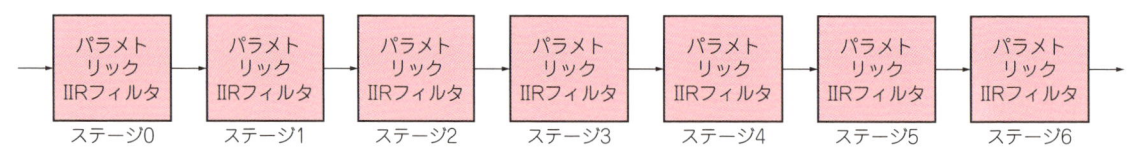

(c) イコライザのブロック構成

図19　Dnote7が持つ四つのディジタル・フィルタ・ブロック

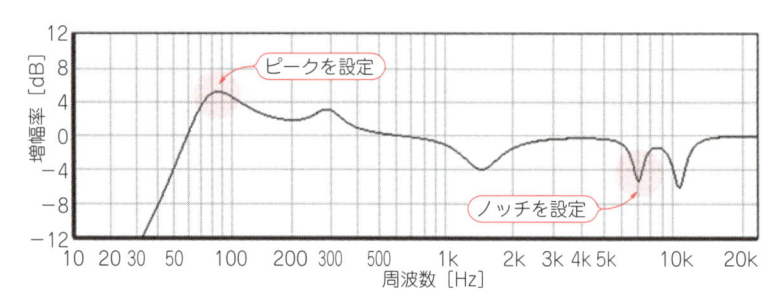

図20　図19(a)のパラメトリックIIRフィルタを使って実現したイコライザの周波数特性

図21　ダイナミック・レンジ・コンプレッサの入出力特性
平均音圧を上げたり出力のクリッピングを防ぐ．

表1　サンプリング周波数とシステム・クロック周波数の対応表

サンプリング周波数	システム・クロック	
	256 fs	512 fs
32 kHz	8.1920 MHz	16.3840 MHz
44.1 kHz	11.2896 MHz	22.5792 MHz
48 kHz	12.2880 MHz	24.5760 MHz
96 kHz	24.5760 MHz	−

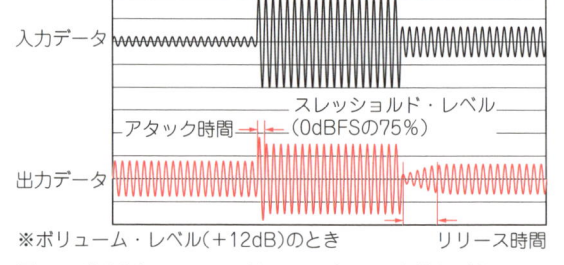

図22　ダイナミック・レンジ・コンプレッサを使えばゲイン可変時のアタックやリリース時間を設定できる

大出力が可能です．図17に示すように，3～4個のボイス・コイルを持つマルチ・コイル・スピーカを2個使ったステレオ構成も可能です．

▶ワンチップで2.1チャネルのシステムも

　図18のように，2コイル・スピーカを3個使って，2個をLとRチャネルに，1個をスーパーウーハに割り当てると，ワンチップで2.1チャネルのシステムを構築することもできます．Dnote ICは，ロー・パス・フィルタを内蔵しているので，ディジタル・フィルタでスーパーウーハへの信号帯域をコントロールできます．

● 実際の出力波形

　写真2に示すのは，Dnote ICを使って4コイル・スピーカ2個を正弦波で駆動したときの，一つのコイルに加わっている電圧波形です．コイルは4個ですが，Dnoteは差動出力なので8本の波形が写っています．

　低出力時は，駆動されるコイル数が減ります．

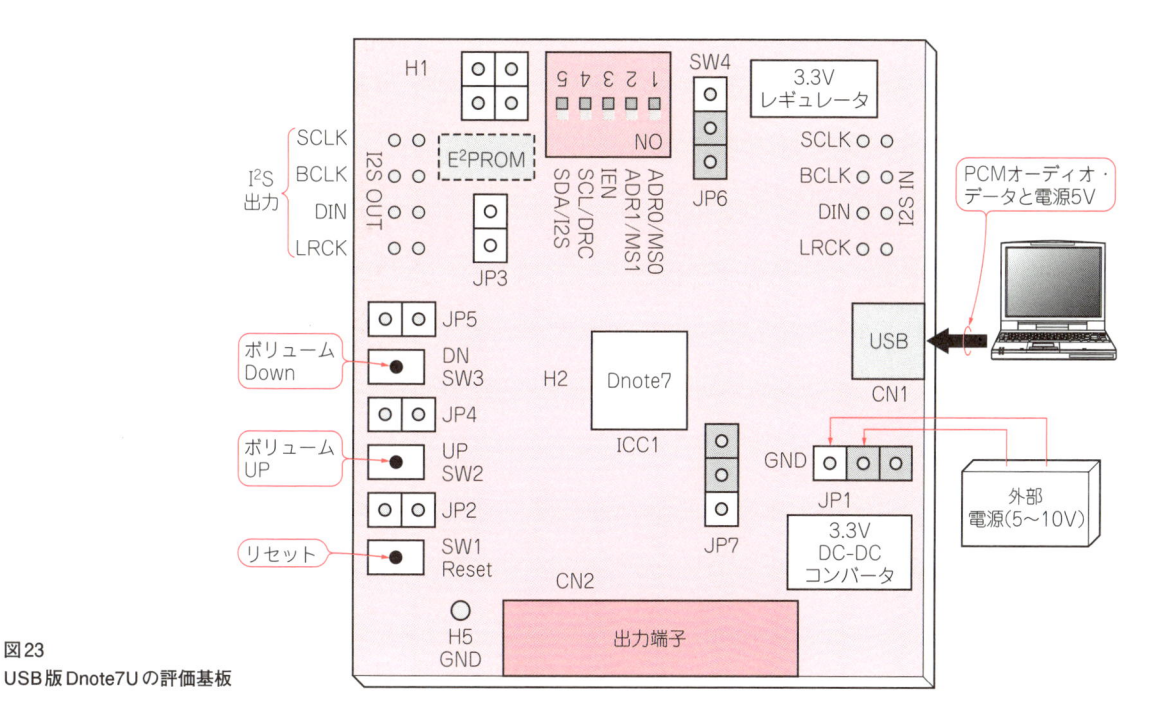

図23
USB版Dnote7Uの評価基板

NSDEMは，全コイルの出力を加算したときに正弦波になるように，かつ各コイルのミスマッチ誤差が0に近づくように，四つのボイス・コイルを選んでいます．

● 内部の信号処理機能
▶ インターポレーション・フィルタ

通常のFIR（Finite Impulse Response）フィルタかスロー・ロールオフ特性を選べます．スロー・ロールオフ特性では，帯域外雑音が増えますが，矩形波などを入力した際の出力レスポンスを改善できます．

▶ 96 kHz，24ビット・ハイレゾに対応

表1のように，音源のサンプリング周波数に応じて自動的にシステム・クロックが設定されます．パソコンとUSBで接続するだけでハイレゾ音源を再生できます．

▶ イコライザ用のディジタル・フィルタを内蔵

図19に示すディジタル・フィルタ・ブロックを内蔵しています．各フィルタの特性は内部レジスタで設定できます．図20は，7バンド・イコライザで周波数特性を設定した例です．各バンドのゲインを上げるとピークが，ゲインを下げるとノッチが生成されます．

▶ 直流カット用のハイ・パス・フィルタ

図14に示すように，直流電圧成分や低周波成分をカットできるハイ・パス・フィルタを内蔵しています．小口径のスピーカを使う場合は，再生できない周波数成分を抑圧することで，消費電力を削減できます．

▶ ダイナミック・レンジ・コンプレッサ

平均音圧を上げて迫力のあるサウンドを実現したり，出力がクリッピングするのを防ぐことができます．図21は入出力レベルの関係です．図22のようにゲイン可変時のアタック時間やリリース時間を設定できます．

USB版Dnote7Uの評価基板で初体験

● 評価基板とマルチ・コイル・スピーカを組み合わせてDnoteを体験

USB版のDnote7Uを搭載した評価基板（p.40のタイトルカット写真）を利用すればすぐにDnoteテクノロジを体験できます．なお，評価基板とマルチ・コイル・スピーカの実験キットをCQ出版社で発売中です（DNSP1 - TGKIT，台数に限定あり）．

図23に基板の実装図を，図24に回路図を示します．電源は，外部電源またはUSBのバス・パワーを利用できます．USBから取り出せる最大電流（500 mA）を超えないようにしてください．USB規格上は，500 mAが最大ですが，実際にはもっと電流を出力できる機種もあります．また，USB端子が2本あるUSBパワー・ケーブルを使うと倍の電流を引き出せます．Windowsで電流オーバが検出されると，そのドライバの動作が停止して，音が出なくなります．復帰させるには，USB端子を一度抜いて再度差し込みます．

▶ 基板設定の手順

（1）JP1でバス・パワーか外部電源かを選択します．
（2）CN2にスピーカを接続します．
（3）SW4を図23のように設定します．

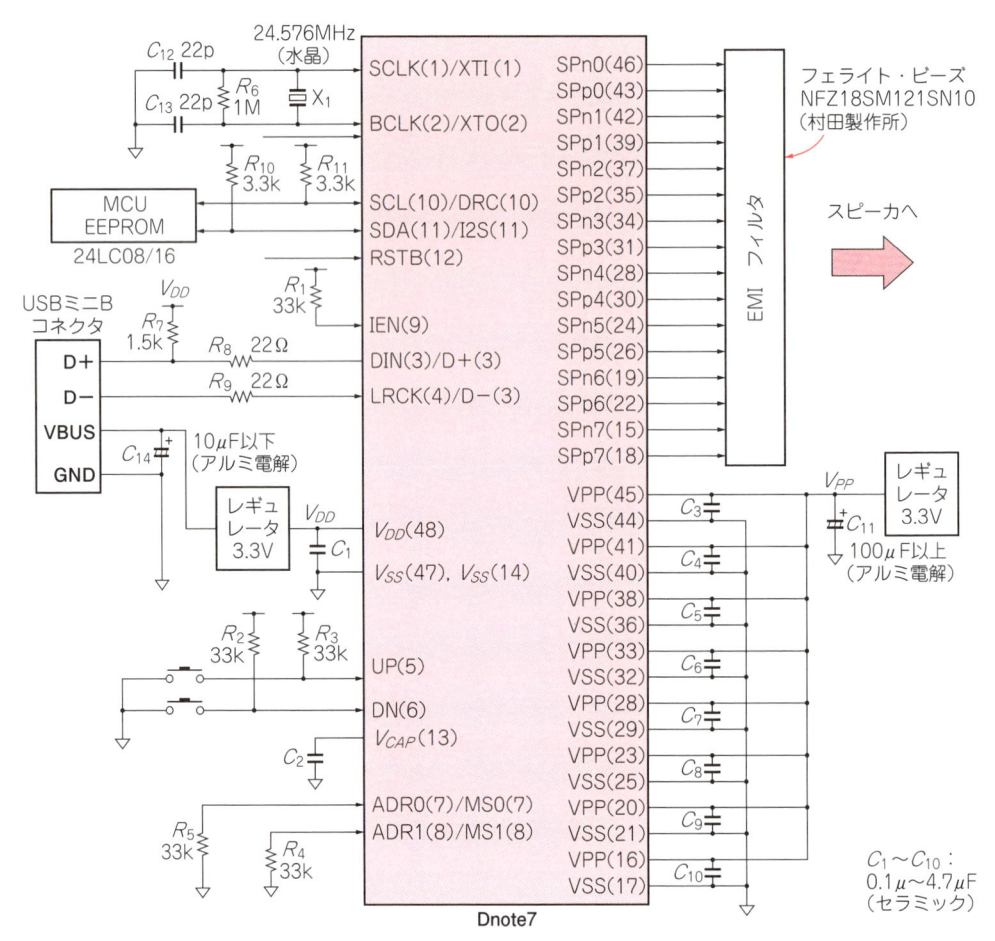

図24 USB版Dnote7U評価基板の回路図

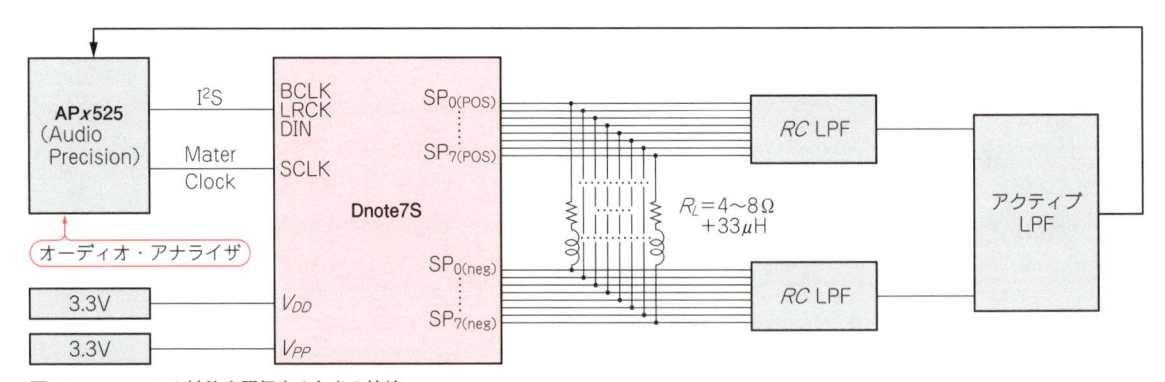

図25 Dnote ICの性能を評価するときの接続

(4) JP₃をショート・ピンで短絡させると，設定データがEEPROMに書き込まれ，電源起動時に読み込まれます．
(5) USBミニ・ケーブルを使ってパソコンと接続します．

2線インターフェース(I^2C)をH₁に接続すると，内部レジスタを設定できます．

● Dnote7 ICの性能

図25に示す測定回路で，システムでDnote ICのひずみなど特性を測ってみます．

Dnoteの出力は，複数のスピーカの出力を足し合わせたものになります．これを模擬するため，抵抗とインダクタで作った疑似負荷を用意して，RCフィルタで帯域外雑音を低減したあと加算して出力電圧を測ります．電源電圧は3.3Vです．

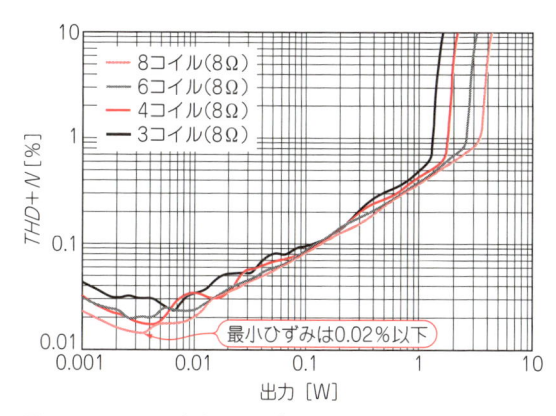

図26　Dnote IC の全高調波ひずみ率＋ノイズ
ダイナミック・レンジは 116 dB 以上ある．

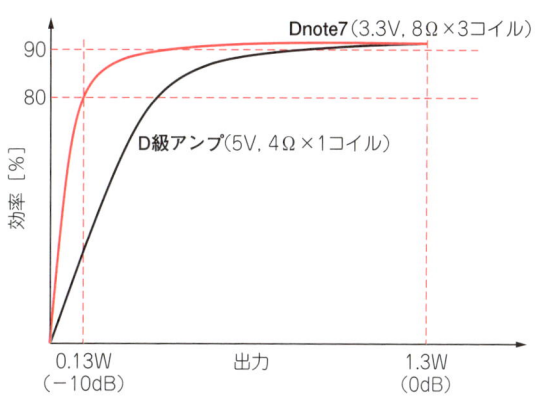

図27　Dnote IC の出力-効率特性
最大出力から低出力まで高い効率が得られる．

▶全高調波ひずみ率＋ノイズ

　図26 に，出力電力を変えながら測った全高調波ひずみ率＋ノイズ特性（1 kHz）を示します．8 コイル・スピーカ（各コイルは 8 Ω）を使ったときの最小ひずみ率は 0.02 % 以下です．

　出力電力はコイル数の増加とともに増し，8 コイル・スピーカでは 1 % ひずみ率で 3.5 W 得られています．0.001 W 出力時の $THD+N$ が 0.02 % であるので，ダイナミック・レンジは 109 dB 以上得られています．ダイナミック・レンジ D は次式で計算できます．

$$D = -(THD+N) + (0\,\mathrm{dB} - S) \quad \cdots\cdots\cdots (1)$$

　ただし，信号振幅/最大出力振幅が S [dB]

　このときの SNDR を $THD+N$ [dB]（通常，$S=-60$ dB で測定）とすると，

$$S = 0.001\,\mathrm{W}/3.5\,\mathrm{W} = -35.4\,\mathrm{dB},$$
$$THD+N = 0.02\,\% = -74.0\,\mathrm{dB} \quad \cdots\cdots (2)$$

から，ダイナミック・レンジ D を求めると次のように求まります．

$$D = 74.0 + 35.4 = 109.4\,\mathrm{dB} \quad \cdots\cdots\cdots (3)$$

▶効率

　図27 に出力-効率特性を示します．出力電力が最大出力の 1/10 程度まで，効率の低下が少なくなっています．これは Dnote の特徴の一つです．最大効率（主に出力トランジスタの ON 抵抗で決まる）は約 90 % で D 級アンプと同等です．

　D 級アンプは小出力時，出力トランジスタのゲートを駆動する電力が出力に対して大きくなるため効率が下がりやすくなります．アナログ用高耐圧プロセスは，ゲート容量が大きくなりやすく，出力段トランジスタの ON 抵抗も高くなりやすいので効率がさらに低下します．一方 Dnote は，電源電圧を低く抑えられるので，

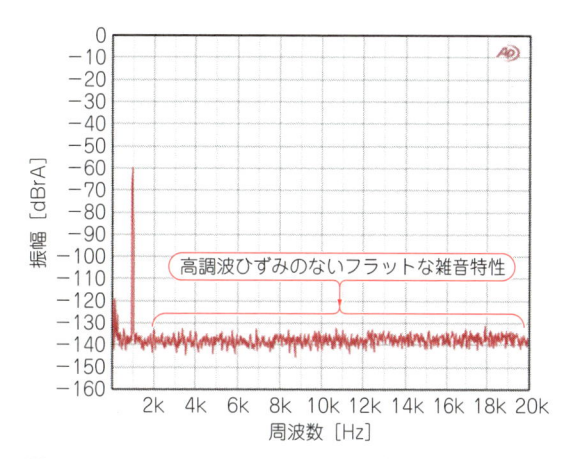

図28　Dnote IC でフルスケールの－60 dB（1 kHz）を出力したときの出力信号スペクトル
高調波ひずみは見られず雑音レベルもフラット．

最大出力から低出力まで高い効率を維持できます．

▶雑音

　図28 にフルスケールの－60 dB を出力したときの出力信号のスペクトルを示します．高調波ひずみは見られず雑音レベルもフラットです．

▶4 コイル・スピーカで大音響再生

　疑似負荷を取り外し 4 コイル・スピーカをつないで，1 メートル離れた場所の音圧レベル（SPL）を測ると，85.6 dB でした．3.3 V 電源ですから，高音圧な結果が得られました．一般的なスピーカの音圧レベルは約 79 dB です．

◆参考文献◆

(1) 安田 彰，和保 孝夫；ΔΣ型アナログ/ディジタル変換器入門，丸善．
(2) Trigece Semiconductor Inc.：www.trigence.co.jp

（初出：「トランジスタ技術」2013 年 12 月号　特集　第 4 章）

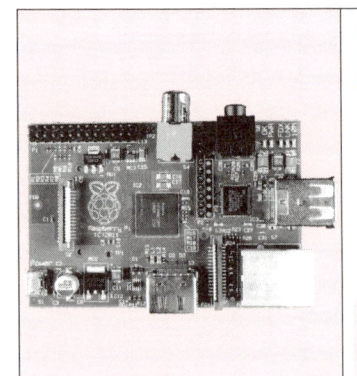

第5章 5,000円の手のひらLinuxボードと0円ハイレゾ対応OSで手軽に

Raspberry Piで作る24ビット・ネットワークJukeBox

中田 宏

本章では，Raspberry PiとUSB DACの組み合わせで，コンパクトな音楽再生システムを作りました．また，使い勝手を向上するために，ソフトウェアの設定で機能を追加します．

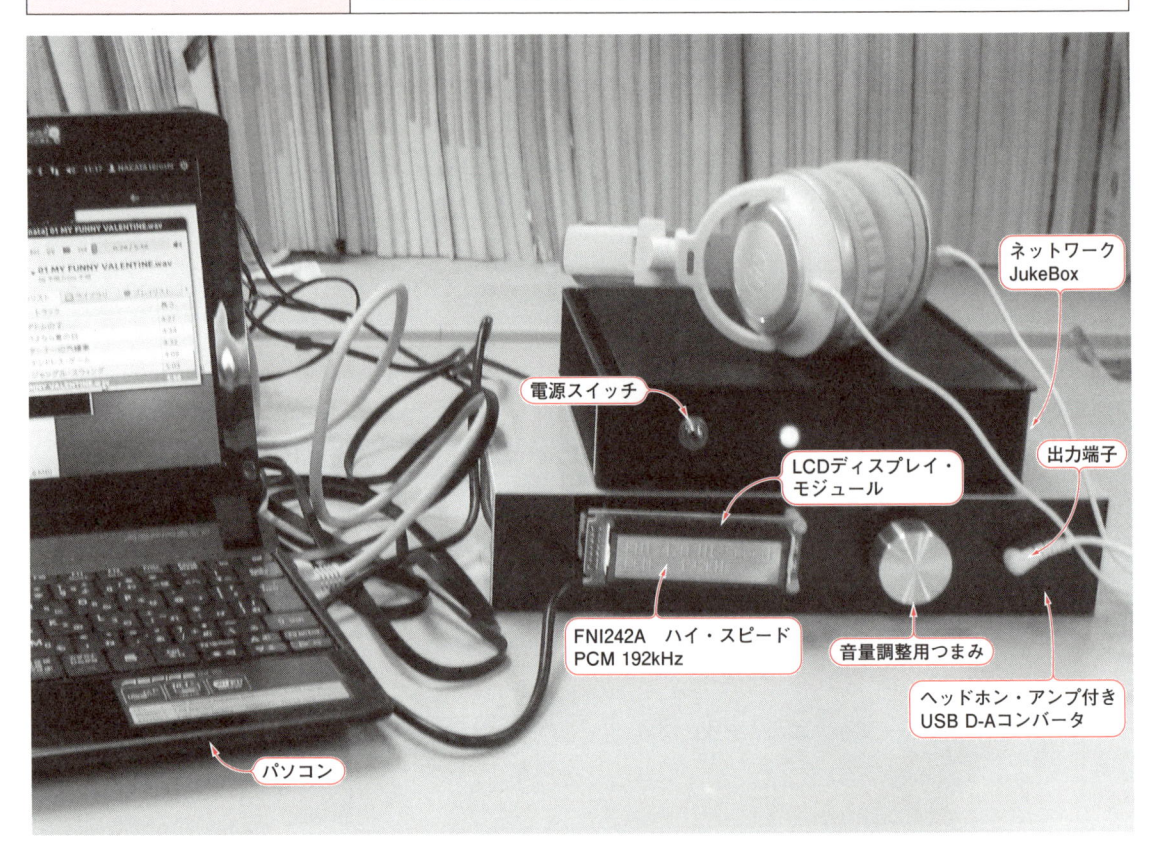

写真1 製作したネットワークJukeBox
操作や音楽ファイルをネットワークを介してやりとりできる．

(写真内ラベル：ネットワークJukeBox／出力端子／電源スイッチ／LCDディスプレイ・モジュール／FNI242A ハイ・スピード PCM 192kHz／音量調整用つまみ／ヘッドホン・アンプ付き USB D-Aコンバータ／パソコン)

Linuxコンピュータ・オーディオの幕開け

● PCオーディオの魅力

パソコンにUSB D-Aコンバータ（以降，USB DAC）を接続して，パワー・アンプでスピーカやヘッドホンを鳴らすPCオーディオが1ジャンルとして定着しました．パソコンなら数百枚のCDライブラリを蓄えていても，すぐに欲しい音楽を検索して再生できます．昔のようにCD棚の前で迷ったりする必要はありません．

ただし，音楽を聴くためにいちいちパソコンを起動するのは面倒です．起動に1分近く待たされますし，ハード・ディスクが回転する音やファンのノイズも邪魔です．

● 製作した「ネットワークJukeBox」の特徴

今回，手のひらサイズの低価格Linuxコンピュータ Raspberry Pi（ラズベリー・パイ）を使ってコンピュータ・オーディオを作りました（写真1，図1）．図2に

夢が広がる製作の素！

① スマホで簡単操作！パソコン・レス再生！
② USB DACを交換してハイレゾ対応も
③ 設定を変えればNASから再生も

カチャカチャとプラモデル感覚で作る「ネットワーク Juke Box」

ナント，製作費 1万円！

パソコン起動の待ち時間のイライラ ファンの騒音サヨウナラ！

図1　手のひらLinuxコンピュータ搭載「ネットワークJukeBox」でできること
USB DAC ICを変更すれば，サンプリング周波数192 kHzや24ビット以上のハイレゾ音源も再生できる．

機器構成を示します．作りやすさを考慮して，ハードウェアやソフトウェアは既存のものを最大限利用しました．

パソコンは，音源の準備や操作の段階で必要になりますが，再生するときは不要です．パソコンが起動するまでの待ち時間や騒音を気にせず高音質な音源再生を楽しめます．

製作したネットワークJukeBoxの特徴は次のとおりです．

(1) ポータブルMP3プレーヤに近い気軽な操作感覚
(2) ケースに入れて全部で1万5千円ほどと安価
(3) 手持ちのスマートホンから操作できる
(4) ファンもハード・ディスクもないので静か
(5) 市販のハードウェアとフリー・ソフトウェアの組み合わせでお手軽
(6) 24ビット，192 kHz音源も再生可能（試作機では16ビット，44.1 kHzのUSB DACモジュールを使用）
(7) ソフトウェアの設定を変更すればNASからも再生できる

図2　ネットワークJukeBoxの構成
ハードウェアやソフトウェアは既存のものを最大限利用する．

- Linuxコンピュータ・ボードのRaspberry Pi内蔵
- つなぐだけで音楽再生！
- 製作したネットワークJukeBox
- プリメイン・アンプ
- スピーカ
- USB DAC IC, PCM2704(TI)．24ビット，192 kHz対応のICに交換して再生することもできる

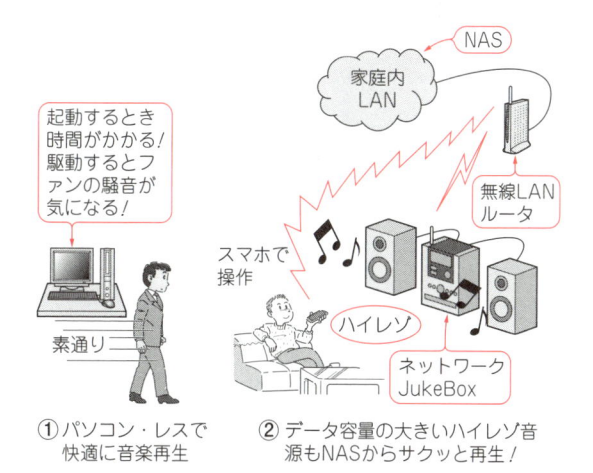

図3　ネットワークJukeBoxの楽しみ方
パソコンを使わないのでファンの騒音や起動の待ち時間なくすぐに音楽再生できる．

① パソコン・レスで快適に音楽再生
　起動するとき時間がかかる！駆動するとファンの騒音が気になる！
　素通り

② データ容量の大きいハイレゾ音源もNASからサクッと再生！
　NAS／家庭内LAN／無線LANルータ／スマホで操作／ハイレゾ／ネットワークJukeBox

まずは…スマホからルータ経由で再生などの操作ができるようにする

Linuxコンピュータ・オーディオの幕開け

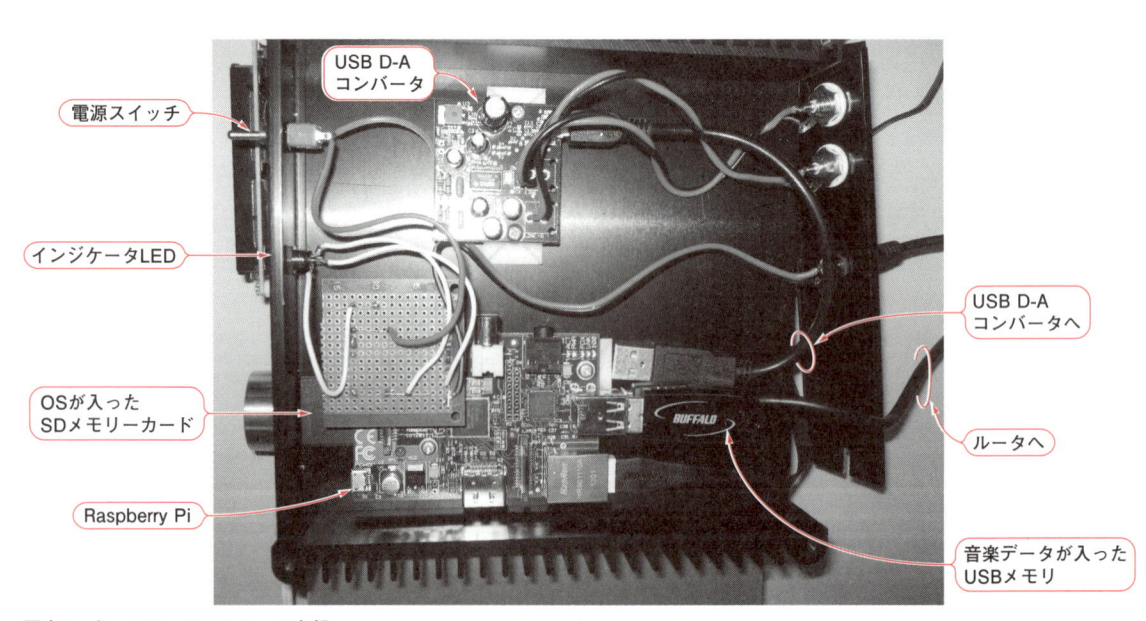

ネットワークJukeBoxの使い方

● 音楽の再生方法

パソコンを起動する代わりに，ネットワークJukeBoxとアンプの電源を入れます．電源スイッチを入れると，LEDが赤く光ります．この赤色が黄色に変わったら準備OKです．

図3に示すように，手元のスマートホンで専用アプリから再生曲を指定すると，ネットワークJukeBoxから音楽が流れ出します．

私は非圧縮音源か，可逆(ロスレス)圧縮音源を聞いています．

● 音楽データはUSBメモリに入れる

ネットワークJukeBoxで再生する音源は，事前にパソコンを使ってUSBメモリに書き込んでおきます．もっと容量の大きいUSBハード・ディスクを使う方法もあります．

USBメモリの中身を更新するのに，いちいちUSBメモリを外してパソコンに接続するのは面倒です．そこで，本章の後半ではネットワーク経由でUSBメモリの中身を書き換える方法を紹介します．

写真2に，製作したネットワークJukeBoxの内部を示します．

Raspberry Pi × Linuxで作る

● 5,000円！手のひらサイズのコンピュータ・ボード Raspberry Pi

タイトル・カット写真は最近注目されている普通のLinuxが動く手のひらサイズのコンピュータ・ボード Raspberry Piです．ARM11を搭載して，クロック周波数700 MHzで動く立派なパソコン・ボードです．パソコンですからHDMIやUSB端子も装備しています．

驚きなのは，5,000円で購入できるということです(2015年1月現在)．性能は，10年前のパソコンに匹敵します．

● Wheezy Linuxで192 kHz，24ビット再生OK

今回の製作では，Raspberry PiのOSにLinuxを採用しています．

▶無料で高性能

パソコンのOSといえば，WindowsかMac OS Xですが，5,000円の基板に数万円のWindowsをインストールするのはバランスがよくありません．Mac OS Xは，アップル社が販売するハードウェアでしか動作しません．そこで，無料で手に入る上にWindowsを凌駕する性能を持ったLinuxを採用しています．Linuxは，Raspberry Piに限らず普通のパソコンでも動作します．

▶Linuxではハイレゾ再生が当たり前

市販USB DACの上限レートは，PCM再生で192 kHz，2チャネル，24ビット付近です．

このデータのビット・レートを確保するには，USB

写真2 ネットワークJukeBoxの内部

のフル・スピード(12 Mbps)では遅すぎるため，ハイ・スピード(480 Mbps)規格でデータを送らなくてはなりません．USBディスクリプタの記述もオーディオ・クラス1ではなく，オーディオ・クラス2を使います．

Linuxでは，ALSA (Advanced Linux Sound Architecture)というサウンド・ドライバが既にオーディオ・クラス2に対応しています．今回使用したWheezy LinuxにもこのALSAが入っています．USB DACを扱うドライバとしてALSAを使います．

Windowsは，付属のドライバがUSBのオーディオ・クラス2に対応していません．そのため，192 kHz，2チャネル，24ビットを再生するためには，USB DACメーカが配布するデバイス・ドライバを，ユーザがインストールしなければなりません．

オーディオ・データの流れとコントロール

● 操作の流れ

図4のようにスマートホンにインストールした操作アプリDroidMPDから，再生するファイルを指示するだけです．写真3に，DroidMPDの表示画面を示します．再生ファイルの指示は，家庭内のLAN経由でネットワークJukeBox内Raspberry Piにインストールされたソフトウェア MPD (Music Player Daemon)に

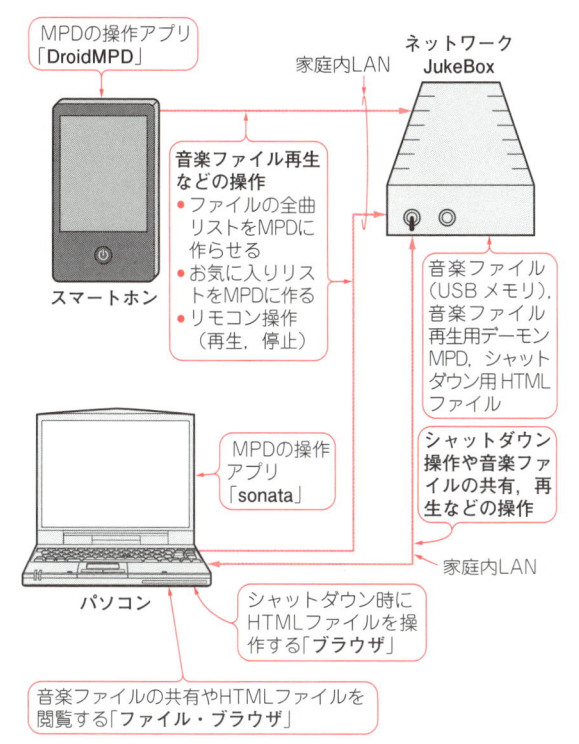

図4 ネットワークJukeBoxのコントロールや音楽データのやりとりはすべてネットワーク経由で行う

写真3 スマートホンの操作アプリDroidMPDからネットワークJukeBoxのMPDに再生/停止やリスト作成の命令を出す

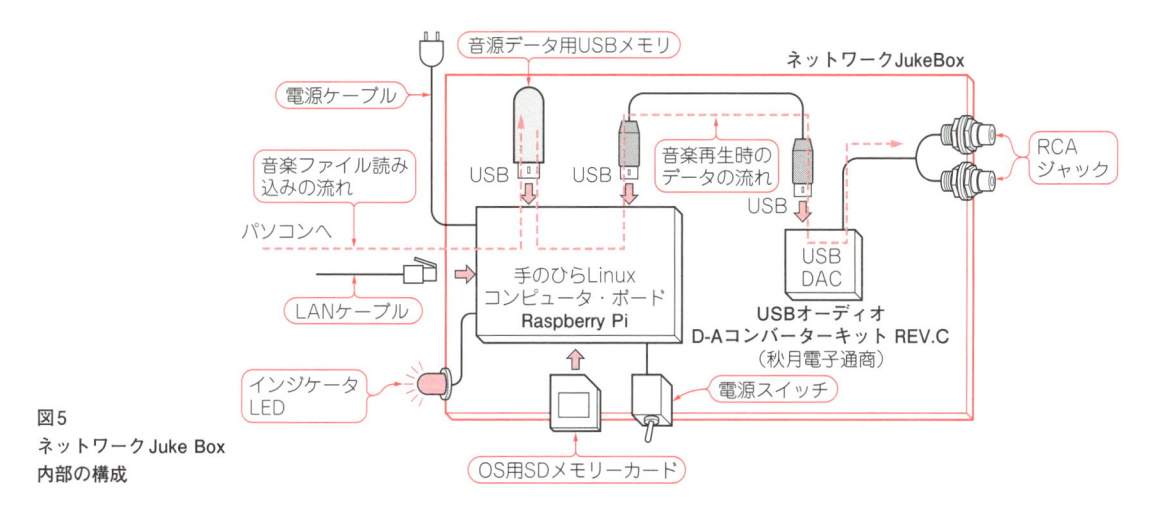

図5 ネットワークJuke Box内部の構成

届きます．

● ネットワークJukeBox内でのデータの流れ

図5にネットワークJukeBox内部でRaspberry Piが実行するソフトウェアMPDからのデータの流れを点線で示します（詳細は後述）．

右側の点線に沿ってUSBメモリから音楽データを読み出し，USB DACにデータを送ります．USB DACは送られてきたデータをアナログ信号に変えてRCAジャックから出力します．

音楽データの再生は，Raspberry Piが担当しています．USBメモリに格納された音楽データをMPDで解釈し，場合によっては圧縮されているデータを展開し，ドライバでUSB DACが理解できるデータに変換します．

主なパーツ

ネットワークJukeBoxでは，Raspberry PiでUSB DACを鳴らします．

● USB DAC

USB DACには，「USBオーディオDAコンバーターキット（秋月電子通商）」を使います．このUSB DACには，PCM2704（テキサス・インスツルメンツ）が使われており，再生可能フォーマットは44.1 kHz/48 kHz，16ビットです．

● 音源ファイル用とOS用のメモリ

音源ファイルを格納する場所として，USBメモリを外付けします．USB DACとメモリでRaspberry Piの二つのUSBジャックは埋まります．

ソフトウェアは，Wheezy LinuxというOSの上に構築します．そのため，OSの入ったSDメモリーカードも必要です．

● 入出力端子および操作パネル

音を出すために，USB DACの出力をRCAコネクタ2個から取り出します．

USBキーボードが接続できないため，外部からネットワーク経由で操作します．そのため，ネットワーク・ケーブルも引き出さなければなりません．

操作パネルには，電源スイッチを配置します．電源状態と，起動状態を確認できるように2色のLEDを1パッケージに収めたLEDも付けます．

以上を一つのきょう体に収めて密閉します．

● きょう体

きょう体には，サイズと格好の良さからタカチのケースを選びました．左右のギザギザは放熱のために付いているそうですが，今回は放熱にはそれほど気を使いません．

USB端子には，メモリとUSB DACへのケーブルが挿入されていて，きょう体の外に露出すると見栄えがよくありません．イーサネット端子にはフラット・ケーブルを接続し，きょう体に開けた穴からフラット・ケーブルを出すことにしました．

● インジケータLED

図6に示すのは，Raspberry Piのピンに接続したインジケータLED回路です．

Raspberry Piには，スイッチ経由でピン・ヘッダへと5V電源を供給します．この5V電源が供給されていることを示すLEDを用意します．

ソフトウェアの準備ができたことを示すLEDも用意してGPIO7から制御します．GPIOのうち7を使用した理由は，ピン・ヘッダの端に信号が来ているので，ユニバーサル基板上の配線が楽になると考えたからです．

LEDには，一つのモールドの中に赤と緑のLEDを搭載したものを使いました．

Raspberry Pi用ソフトウェアの下準備

● OSのインストール

Raspberry PiにはWheezy Linuxをインストールします（ここでは，2014年12月時のVersionを使用した）．4GバイトのSDメモリーカードを使いました．

操作方法をネットワーク専用とするために，ssh（Secure Shell）を有効に設定し，ディスプレイ用のグラフィック・バッファ・メモリを最低限の容量とします．sshとは，ネットワークを経由して別のコンピュータにログインしたり，遠隔地の装置でコマンドを実行したり，他の装置にファイルを移動したりするためのプロトコル（手順）およびそれを扱うプログラムです．

IPアドレスは，コンピュータがネットワーク接続

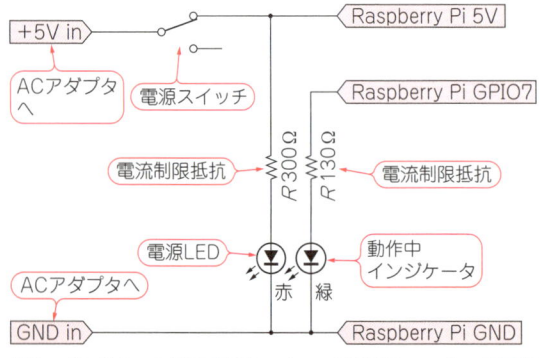

図6 インジケータLED用にRaspberry Piのピンへつないだ回路

する際に必要な情報を自動的に割り当てるプロトコルのDHCP(Dynamic Host Configuration Protocol)で取得します．ホスト名はJukeBoxとしました．

OSをインストールするときだけは，図7の構成に加えてRaspberry Piにキーボードやマウス，HDMIディスプレイを接続しなくてはなりません．

HDMIディスプレイの接続は，Raspberry Piを起動したときからsshを使うようSDメモリーカードの中のファイルを編集しておけば割愛可能です．Linuxを用いれば，イメージを書き込んだSDカードを操作できるのですが，ここでは割愛します．

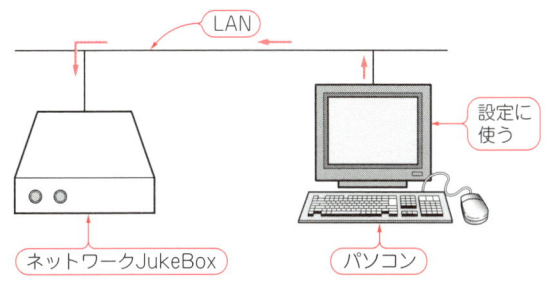

● アドレスを確認

Raspberry Piには，DHCPで自動的にアドレスを付けています．我が家ではDHCPサーバに使っているルータの画面で，ネットワークJukeBoxに割り当てられたアドレスを確認しました．

図7 再生などの操作はスマホでもできるが設定のときはパソコンを使う
Raspberry PiにLinuxをインストールするときは，Raspberry Piにキーボードやディスプレイをつなぐ必要がある．

Raspberry Piが起動する前のルータ画面と起動後のルータ画面でDHCP割り当て状況を比較すれば，1台だけ割り当てアドレスが増えています．それがネットワークJukeBoxのIPアドレスです．

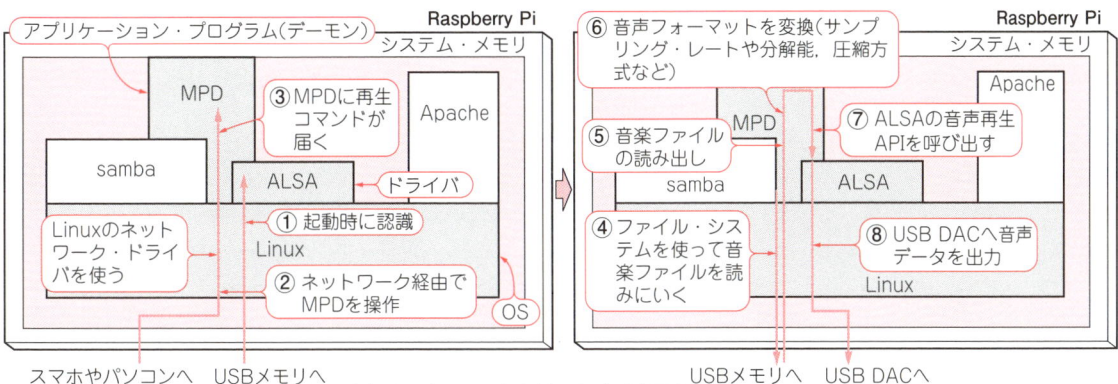

図8 各処理でのRaspberry Pi上で動くソフトウェアの動き
LinuxにはWheezy Linuxを使った．MPD(Music Player Daemon)は音楽再生用アプリケーション・ソフトウェア．ALSA(Advanced Linux Sound Architecture)はUSBメモリから音楽を再生するサウンド・ドライバ．sambaはWindowsとの間でファイル共有を提供するサーバ．ApacheはHTTPサーバ．

Raspberry Pi用ソフトウェアの下準備　57

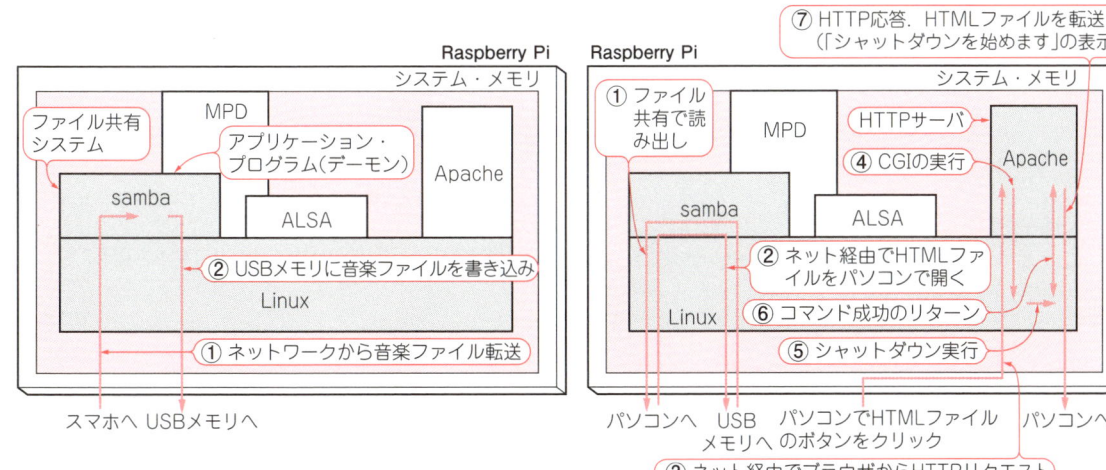

● OSのアップデート

　ここからの作業は，ネットワーク経由でsshを使った作業になります．OSが無事に起動したら，次のように入力して最新版にアップデートします．

```
sudo apt-get update
sudo apt-get upgrade
```

ミュージック・サーバ用ソフトウェアを入れてスマホで再生操作可能に

● Linux用音楽サーバ・プログラムをRaspberry Pi上で動かせるようにする

　今回は，音楽再生のソフトウェアにMPDを使いました．Raspberry Pi上のソフトウェアの構成と，実行ごとのデータの流れを図8に示します．

▶インストール

　MPDは，Linuxの上で動くミュージック・サーバ・ソフトウェアです．ネットワークで接続されたスマートホン（クライアント）からも操作できます．

　ネットワークJukeBox側にフリーのMPDを，操作側のスマートホンにMPDのクライアントをインストールするだけで使えます．何はさておき，早速Raspberry Piにインストールしてみましょう．次のように入力します．

```
sudo aput-get install mpd
```

▶設定ファイルの変更

　続けて設定を行います．オリジナルの設定ファイル /etc/mpd.conf を /etc/mpd.conf.org にコピーしてから，設定ファイルを変更します．

　設定ファイル全部を掲載する紙面の余裕はないので，二つのファイル間の違いを出力できるプログラムのdiffコマンドで差分を拾い上げて掲載します．以降，設定ファイルに関する記述は同様です．

　リスト1の－で始まる行が削除された古い記述で，＋で始まる行が新しい設定です．

　まず，ネットワークからのアクセスを許可するため，クライアントの接続を許可します．

　次にALSA関係の設定を修整します．

　ALSAは，LinuxからUSB DACをアクセスできるようにするドライバです．デバイスを"hw:0,0"から"hw:1,0"に変更します．これが意味しているところは，音声出力先をALSAの0番デバイスから1番デバイスに変更することです．

　通常Raspberry PiでWheezyのALSAを起動すると，0番デバイスにはHDMIのオーディオ出力が割り当てられます．今回目的とするUSB DACは，1番デバイスになります．

　Raspberry Piで試した場合は，USB DACには常に1番（hw:1,0）が割り当てられるようです．もしも割り当てに失敗したら，Linuxを再起動してみてください．

　デバイス番号以下の設定は，ALSAで出力する音声フォーマットを固定するためのものです．今回使用するUSB DACは，サンプリング周波数44.1 kHzと48 kHzが切り替えられるので，固定指定を解除しておきます．

● 動作状況をインジケータLEDで確認できるようにする

　GPIO7に接続されたLEDをON/OFFするシェル・スクリプトを書きます．

リスト1　MPDの設定ファイルの変更箇所（diffコマンドによる差分）
オリジナルの設定ファイル /etc/mpd.conf を /etc/mpd.conf.org へコピーしてから変更する．

```
--- /etc/mpd.conf.org    2012-05-29 13:52:36.000000000 +0000
+++ /etc/mpd.conf        2013-07-11 08:26:53.305623061 +0000
@@ -79,7 +79,7 @@
# to have mpd listen on every address
#
# For network
-bind_to_address                "localhost"
+#bind_to_address               "localhost"
#
# And for Unix Socket
 #bind_to_address               "/var/run/mpd/socket"
@@ -200,11 +200,7 @@
 audio_output {
       type              "alsa"
       name              "My ALSA Device"
-      device            "hw:0,0"       # optional
-      format            "44100:16:2"   # optional
-      mixer_device      "default"      # optional
-      mixer_control     "PCM"          # optional
-      mixer_index       "0"            # optional
+      device            "hw:1,0"       # optional
 }
 #
 # An example of an OSS output:
```

（注釈）
- 元のファイルはマイナス
- 書き換えたファイルはプラス
- 記述をコメントアウト
- デバイスを変更
- ここから4行はPCM出力フォーマットを固定する記述なので削除する
- デバイスにUSB DACを指定

リスト2　GPIO7に接続されたLEDをON/OFFするシェル・スクリプト
rootの権限でこのスクリプトを使用すると，LEDをON/OFFできる．

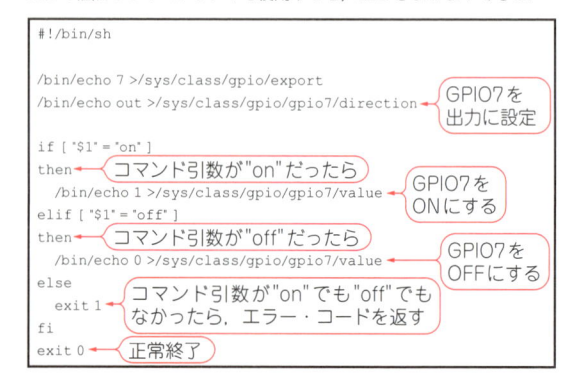

```
#!/bin/sh

/bin/echo 7 >/sys/class/gpio/export
/bin/echo out >/sys/class/gpio/gpio7/direction
if [ "$1" = "on" ]
then
    /bin/echo 1 >/sys/class/gpio/gpio7/value
elif [ "$1" = "off" ]
then
    /bin/echo 0 >/sys/class/gpio/gpio7/value
else
    exit 1
fi
exit 0
```

（注釈）
- GPIO7を出力に設定
- コマンド引数が"on"だったら
- GPIO7をONにする
- コマンド引数が"off"だったら
- GPIO7をOFFにする
- コマンド引数が"on"でも"off"でもなかったら，エラー・コードを返す
- 正常終了

リスト2のスクリプトを /usr/bin/led7.sh として保存します．さらに次のように入力してファイルに実行権を付けます．

```
sudo chmod 755 /usr/bin/led7.sh
```

rootの権限でこのスクリプトを使用すると，LEDをON/OFFできます．

MPDが起動するとLEDがONし，シャットダウンでOFFするように設定します．リスト3に示す/etc/inet.dの下のスクリプトを利用します．リスト3の中の/etc/init.d/mpdスクリプトに追加した記述で，MPDデーモンが起動した直後にLEDがONになります．/etc/init.d/haltスクリプトに追加した記述で，LinuxシャットダウンにLEDがOFFになります．

● USBメモリから音楽データを再生できるようにする

ここまでの設定で，MPDが使えるようになりました．図9に示すように初期状態での音源ファイルの置き場はSDメモリーカードの中です．これだとすぐに容量がいっぱいになってしまいます．

そこで，USBメモリに音楽データを置けるようにしました．MPDが音源ファイルの置き場として使うのは，設定ファイルのデフォルトを変更しないと，/var/lib/mpd/music になります．設定ファイルをリスト4のように追記して，音源ファイル置き場直下にUSBメモリをマウントします．

以下のコマンドで，/var/lib/mpd/music/usb-hddディレクトリを作成しておいてください．

リスト3 MPD起動でLEDがON，シャットダウンでOFFにする/etc/inet.d下のスクリプト（diffコマンドによる差分）

```
--- /etc/init.d/mpd.org 2012-05-29 13:52:36.000000000 +0000
+++ /etc/init.d/mpd     2013-07-18 05:34:45.829361768 +0000
@@ -71,6 +71,9 @@
    start-stop-daemon --start --quiet --oknodo --pidfile
"$PIDFILE" ¥
        --exec "$DAEMON" -- $MPD_OPTS $MPDCONF
    log_end_msg $?
+
+   /usr/bin/led7.sh on
 }

 mpd_stop () {

--- /etc/init.d/halt.org  2012-10-15 17:30:41.000000000 +0000
+++ /etc/init.d/halt      2013-07-16 13:22:22.599202581 +0000
@@ -17,6 +17,8 @@
 . /lib/lsb/init-functions

 do_stop () {
+   /usr/bin/led7.sh off
+
    if [ "$INIT_HALT" = "" ]
    then
        case "$HALT" in
```

```
sudo makdir /var/lib/mpd/music/
usb-hdd
```

これでUSBメモリのファイル・システムが /var/lib/mpd/music/usb-hdd 以下に見えるようになりました．日本語のファイル名も文字化けしないはずです．

USBメモリに限らず，ネットワーク上のNASにあるファイルも mount.cifs コマンドでマウントして，Raspberry Piからもアクセスできるはずです．

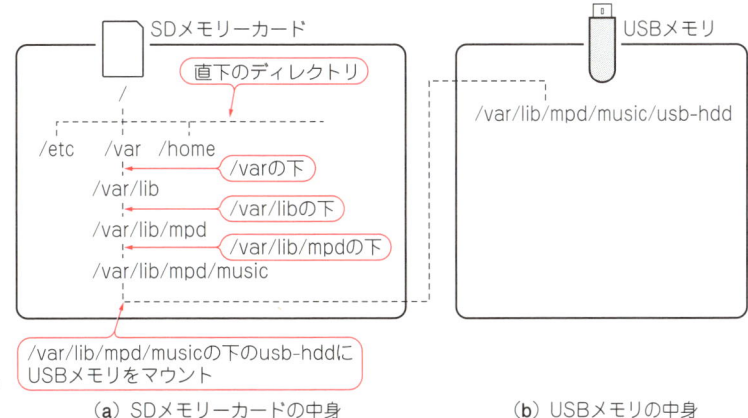

図9
SDメモリーカードとUSBメモリのファイル・ツリーの構成
/var/lib/mpd/music まではSDメモリーカードの上，usb-hdd以下はUSBメモリ内部．

(a) SDメモリーカードの中身
(b) USBメモリの中身

リスト4 音源ファイルの置き場としてUSBメモリを使えるよう変更したファイル・システムの設定ファイル（diffコマンドによる差分）

```
--- /etc/fstab.org  2013-05-25 17:57:25.040002397 +0000
+++ /etc/fstab      2013-07-17 00:14:55.927631383 +0000
@@ -2,3 +2,4 @@
 /dev/mmcblk0p1  /boot                    vfat    defaults          0       2
 /dev/mmcblk0p2  /                        ext4    defaults,noatime  0       1
 # a swapfile is not a swap partition, so no using swapon|off from here on, use  dphys-swapfile swap[on|off]  for that
+/dev/sda1       /var/lib/mpd/music/usb-hdd  vfat rw,uid=1000,codepage=932,iocharset=utf8 0  0
```

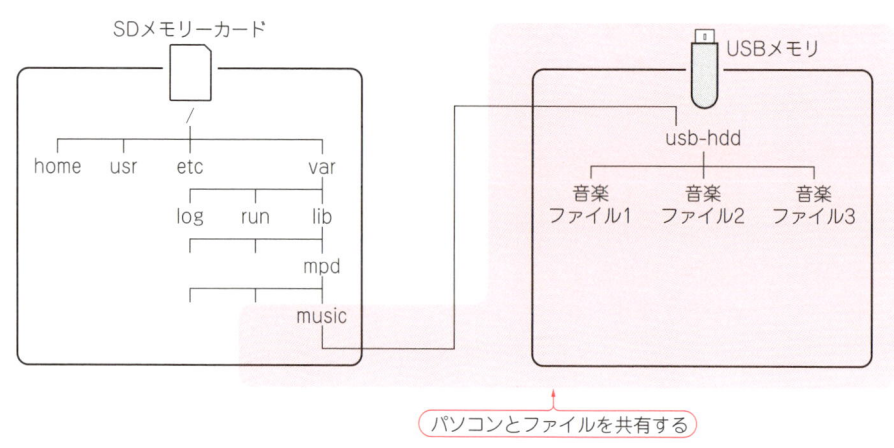

図10 パソコンとネットワークJukeBoxとで音楽ファイルを共有する
MPDの音楽ファイル置き場であるUSBメモリをネットワーク経由でパソコンから読み書きする.

パソコンとファイルを共有する

ネットワーク経由で音楽データの共有やシャットダウン操作ができるようにする

■ 音楽データをUSBメモリに入れる

● ネットワークのファイル共有プログラムを使う

USBメモリに音源ファイルの追加をするたび、きょう体を開け閉めしてUSBメモリを取り出すのは面倒です．そこで，図10に示すようにUSBメモリ内のMPDの音源ファイル置き場をファイル共有できるように公開します．

今回は，Windows方式のファイル共有を設定します．Windows方式ならば，MacintoshからもLinuxからもアクセスできます．

図8(b)のsambaと呼ばれるサーバで，Linuxの中でWindows方式のファイル共有を提供します．sambaにより，ネットワークからのリクエストで，Raspberry Piに接続しているUSBメモリに音楽データを書き込みます．

ファイル共有のデーモンsambaをインストールしましょう．次のように入力します．

```
sudo apt-get install samba
```

● 設定ファイルの書き換え

リスト5のようにsambaの設定ファイルを書き換えます．この設定で，日本語文字コードの変換，アクセスするユーザ権限，/var/lib/mpd/musicディレクトリの共有設定ができます．

ここまでの設定が終わってリブートすれば，図5に示す音楽ファイルの読み込みの流れで，ネットワークを経由して他のパソコンからMPD用のディレクトリがアクセスできます．

■ シャットダウンをブラウザから簡単にできるようにする

Raspberry PiもLinuxの一種なので，電源を落とす前にシャットダウン手順が必要です．システム・ファイルはハード・ディスクでなくSDメモリーカードに置かれているので，突然電源を落としても大きな問題はないと思います．しかし，やはり正式なシャットダウンを行わないと不安です．

リスト5 Windows方式のファイル共有サーバsambaの設定ファイルの書き換え(diffコマンドによる差分)
日本語文字コードの変換や，アクセスするユーザ権限，/var/lib/mpd/musicディレクトリの共有設定ができるようになる．

```
--- /etc/samba/smb.conf.org 2013-05-25 16:50:24.680000000 +0000
+++ /etc/samba/smb.conf 2013-07-16 23:53:47.003822441 +0000
@@ -55,6 +55,9 @@
# to IP addresses
;   name resolve order = lmhosts host wins bcast

+   dos charset = CP932         ← 日本語文字コードの設定
+   display charset = UTF-8     ← Linuxでの表示文字コードの設定
+
#### Networking ####

# The specific set of interfaces / networks to bind to
@@ -99,7 +102,7 @@
# in this server for every user accessing the server. See
# /usr/share/doc/samba-doc/htmldocs/Samba3-HOWTO/ServerType.html
# in the samba-doc package for details.
-   security = user
+   security = share            ← ゲスト・ユーザにも開放する

# You may wish to use password encryption.  See the section on
# 'encrypt passwords' in the smb.conf(5) manpage before enabling.
@@ -331,3 +334,12 @@
;   preexec = /bin/mount /cdrom
;   postexec = /bin/umount /cdrom

+[mpd]                          ← 以下今回共有するフォルダの設定
+   comment = MPD music file directory  ← 共有フォルダの説明文
+   path = /var/lib/mpd/music
+   writable = yes              ← 共有フォルダとして公開するディレクトリ
+   guest ok = yes              ← 共有フォルダに書き込み許可
+   share modes = yes           ← ログインしなくても共有
+   force user = pi
+   force create mode = 0774    ← 他のホストからのアクセスはユーザpiの権限で行う
+   force directory mode = 0775
```

長押しするとシャットダウンするボタンを付けておけばよかったのですが，デザインが崩れてしまいます．そこで，ソフトウェアで簡単にシャットダウンするしくみを考えてみました．

● シャットダウンするしくみを用意する

CGIでシャットダウンするしくみを作ります．CGIは，ブラウザからHTTPアクセスすると，サーバ側でプログラムを実行してからHTMLを返すしくみです．

まずは図8(c)に示すHTTPサーバのApache2を次のように入力してインストールします．

```
sudo apt-get install apache2
```

shutdownコマンドは，普段はコンソールからsudoコマンドで起動します．このsudoコマンドは，CGIから実行できません．

そこで乱暴ですが，shutdownに使用するコマンドにsuidビットを立てました．suidビットとはファイル・アクセス権限の一つで，ファイルの持ち主の権限でコマンドを実行するフラグです．特権ユーザのrootでもないのに，コマンドをroot権限で実行できてしまうので，乱用は厳禁です．

```
sudo chmod 4755 /sbin/halt
```

unixをちょっと知っている人だったら，suidビットを立てたシェルスクリプトからhaltコマンドを起動すればよいと考えるかもしれません．しかし，Cで書かれたシャットダウンコマンドと比べてシェルスクリプトは脆弱性が強いのです．

● CGI本体を作る

CGIからシャットダウンできるようになったので，次はCGI本体を作ります．

今回は，CGIをシェルスクリプトで作成し，シャットダウンコマンドを起動してから簡単なHTMLメッセージを返します．

/usr/lib/cgi-bin/shutdown.cgiファイルを作成し，中身をリスト6のように記述します．

以下のコマンドでCGIに実行権を付けてください．

```
sudo chmod 755 /usr/lib/cgi-bin/shutdown.cgi
```

● 起動のたびに代わるネットワークJukeBoxのIPアドレスを把握してシャットダウンさせるしくみ

▶IPアドレスを調べる方法は持っている

今回は，ネットワークJukeBoxのIPアドレスを固定とせず，DHCPで取得するようにしました．買ってきたルータを工場出荷設定で使い，家庭内の機器を

DHCPで使っているケースがほとんどと考えたからです．

ただし，DHCPを利用したために起きる問題もあります．DHCPサーバは機器のMACアドレスを憶えていて，同じ機器には，できるだけ同じIPアドレスを割り当てます．停電やルータのリセットで，割り当てを忘れてしまう危険があります．あるいは，ネットワークJukeBoxを別のネットワークに持っていってすぐ使いたい，という場合も，シャットダウンCGIのURLを調べる必要があります．

ファイル共有で利用したsambaでは，Windows方式で名前で検索して解決できます．ネットワークのWORKINGGROUPで検索すると，JukeBoxというホスト名が見つかるはずです．

Linuxからもnmblookupコマンドでホスト名JukeBoxのIPアドレスを見つけることはできます．でも，シャットダウンのためにわざわざターミナルを起動してコマンドを打つのは面倒です．

▶コマンドを打たず簡単にシャットダウンする手順

そこで，数回のクリック操作でシャットダウンする方法を考えました．

共有フォルダのトップにHTMLファイルを用意します．このファイルにシャットダウンCGIのURLをIPアドレスで書いておき，必要に応じてIPアドレス部分を書き換えます．すると，次の3ステップでJukeBoxをシャットダウンできます．

（1）ファイル・ブラウザのネットワークJukeBox共有フォルダのトップにあるHTMLファイルをクリックする
（2）ブラウザが立ち上がりシャットダウンCGIへのリンクが表示される
（3）シャットダウンCGIへのリンクをクリックする

IPアドレス部分の書き換えは，起動時に行います．

リスト7で書き込んでいるHTMLファイルは，フォーマットが簡単なバージョン3以前の形式を使いました．実行タイミングは，先にLEDを点灯するために書き換えたスクリプトに，リスト8のように1行追加します．

リスト6　シャットダウン用CGIのスクリプト

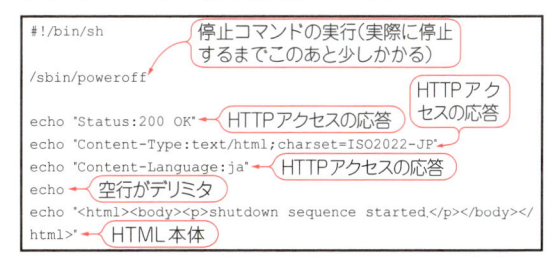

```
#!/bin/sh                        停止コマンドの実行（実際に停止
                                 するまでこのあと少しかかる）
/sbin/poweroff
                                                  HTTPアク
echo "Status:200 OK"    HTTPアクセスの応答       セスの応答
echo "Content-Type:text/html;charset=ISO2022-JP"
echo "Content-Language:ja"       HTTPアクセスの応答
echo                  空行がデリミタ
echo "<html><body><p>shutdown sequence started.</p></body></
html>"         HTML本体
```

リスト7　シャットダウン用CGIへのHTMLを作るスクリプト
/usr/bin/myadrs.shの名前でセーブして，実行権を付けること．

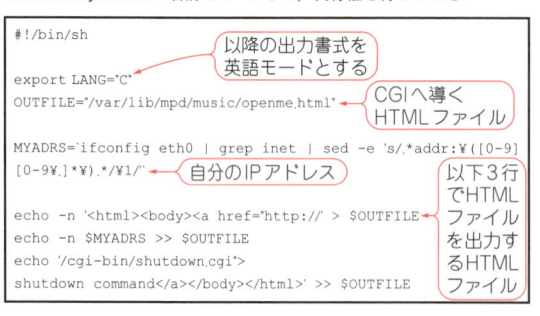

```
#!/bin/sh

export LANG="C"                           ← 以降の出力書式を英語モードとする
OUTFILE="/var/lib/mpd/music/openme.html"  ← CGIへ導くHTMLファイル

MYADRS=`ifconfig eth0 | grep inet | sed -e 's/.*addr:\([0-9]
[0-9¥.]*¥).*/¥1/'`                        ← 自分のIPアドレス

echo -n '<html><body><a href="http://' > $OUTFILE    ┐
echo -n $MYADRS >> $OUTFILE                          │ 以下3行でHTML
echo '/cgi-bin/shutdown.cgi'>                        │ ファイルを出力す
shutdown command</a></body></html>' >> $OUTFILE      ┘ るHTMLファイル
```

リスト8　リスト7のシャットダウン用HTMLファイルの実行タイミングを設定（diffコマンドによる差分）
リスト2のLEDを点灯するために書き換えたスクリプトに1行加える．

```
--- /etc/init.d/mpd.org 2012-05-29 13:52:36.000000000 +0000
+++ /etc/init.d/mpd     2013-07-18 05:34:45.829361768 +0000
@@ -71,6 +71,9 @@
    start-stop-daemon --start --quiet --oknodo --pidfile "$PIDFILE" ¥
        --exec "$DAEMON" -- $MPD_OPTS $MPDCONF
    log_end_msg $?
+
+   /usr/bin/led7.sh on     ← 先ほど追加したLED点灯コマンド
+   /usr/bin/myadrs.sh      ← 今回追加するHTML作成コマンド
 }

 mpd_stop () {
```

● **注意事項：セキュリティや例外処理について**

　今回作成したネットワークJukeBoxは，機能の実現を中心に考えて作ったので，セキュリティについては考慮してありません．例えば，ネットワークJukeBoxを操作しているときに，家庭内のLANに入れる人が次のような悪さをできます．

（1）勝手にシャットダウンする
（2）piユーザで誰かがログインして，ファイルを消したりコマンドを実行したりする
（3）ファイル共有で大事なファイルを消されたり余計なファイルを置かれたりする
（4）知らないうちにSDメモリーカードやUSBメモリを抜き取られる
（5）勝手に別のファイルを再生してしまう

スマホに入れるコントローラ用のアプリを入れて操作してみる

● **スマホから操作**

　サーバの準備ができたので，スマートホンから無線LANを経由してネットワークJukeBoxを操作してみます．
　AndroidではMPDに指示を出すMPDクライアントとしてDroidMPDを入れてみました（**写真3**，既出）．

図11　操作アプリsonataの画面
Ubuntu Linux上のsonataでネットワークJukeBoxのMPDを操作している．

固定IPで使うことが前提になっているようでIPアドレスの入力を1回だけ行います．
　使ってみて気づいたのですが，MPDは音楽ファイルのリストをどこかに保持しているようです．ディレクトリ内のファイルを移動，削除，追加しても，ライブラリの再構成を実行しないと更新されません．その点が若干面倒です．

● **パソコンから操作**

　Ubuntu Linuxでは，**図11**に示すsonataパッケージを使ってみました．初回起動時に，ネットワークJukeBoxのIPアドレスを入れる必要があります．

24ビット，192 kHzの D-Aコンバータを試してみた

　今回は，PCM2704を使ったD-Aコンバータと接続しましたが，Raspberry Piで動作するMPDはハイレゾ・サウンドの再生能力を持っています．ネットワークJukeBoxの潜在能力を確認する意味で，FN1242Aを使ったハイレゾUSB DAC（24ビット，192 kHz）と試験的に接続してみました．
　液晶にはサンプリング周波数192 kHzと表示され，短時間なら再生が可能でした．Raspberry Piはアシンクロナス転送に対応していないようです．試しにDSDフォーマットのデータも配置してみたのですが，MPDは認識しませんでした．

◆**参考文献**◆
(1) Interface編集部；「お手軽ARMコンピュータ ラズベリー・パイでI/O」インターフェースSPECIAL，2013年4月，CQ出版社．

（初出：「トランジスタ技術」2013年12月号　特集　第5章）

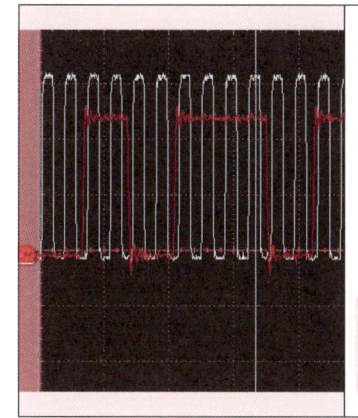

第6章 SACDに採用され，今世界中で注目されている
1ビット・オーディオ・フォーマットDSDの研究

石崎 正美／安田 彰／落合 興一郎／中田 宏

> 本章までのデータ形式は，主にPCMタイプ（Pulse Code Modulation）でしたが，本章では，DSDディジタル・オーディオ信号を再生できるΔΣ型D-Aコンバータの信号処理技術や規格を研究します．　〈編集部〉

本章で紹介するDSD（Direct Stream Digital）は，時間幅が一定の1ビット信号の符号の積み重ねによって，上または下に出力波形が変化するオーディオ・フォーマットです．一つの1ビット信号で変えられるレベルは1段階だけですが，1ビット信号を可聴周波数に比べて非常に短い周期で重ねることで，複数段階のレベルを表現できるようになります．

なおDSDは登録商標です．

研究1
DSDオーディオ信号の実際の波形

● 実際のDSD信号

DSD信号は，ΔΣ変調器で生成します．

図1のように，アナログの音声をΔΣ変調器に入力すると，0を基準にして入力信号が＋方向ならパルス密度が濃く，－方向ならパルス密度が薄くなります．

パルスはすべて同じパルス幅でパルス密度を表現していますが，実際のDSD再生機は＋方向に振幅が大きく，パルス密度が濃い部分で"H"（1）を"L"（0）に戻さずパルスの幅を広げています．これは，パルス幅変調PWM（Pulse Width Modulation）に似ています．

DSDオーディオ信号を送受信するときは，次の4本の信号線が必要です．

(1) ビット・クロック（DSDBCK）
(2) 左チャネル信号（DSD-L）
(3) 右チャネル信号（DSD-R）
(4) システム・クロック（MCLK）

DSDBCKがサンプリング周波数でDSD対応ΔΣ型D-Aコンバータは，この立ち上がりまたは立ち下がりでデータを順次取り込みます．同期に必要なのはDSDBCKだけなので，MCLKがなくても動くプレーヤもあります．

写真1に示すのは，音楽を再生しているときのDSDBCKとDSD-Lです．DSD信号の粗密が見えます．

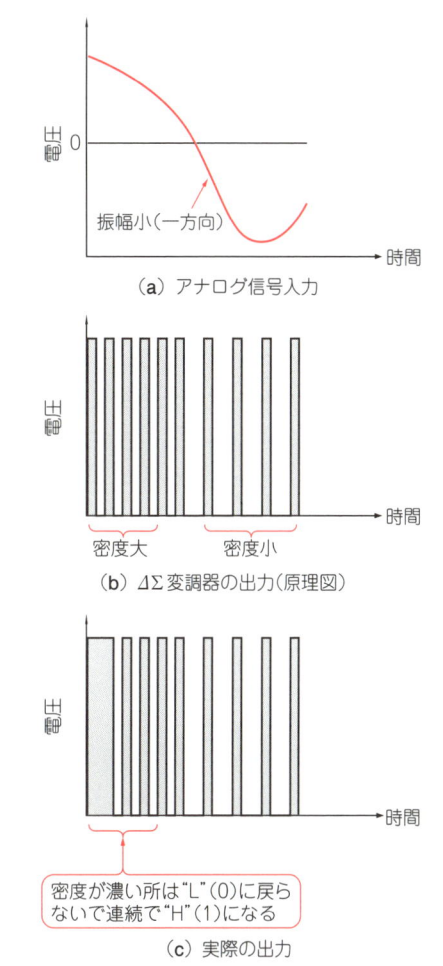

図1 DSDフォーマットのディジタル・オーディオ信号が生まれるまで

DSD対応ΔΣ型D-Aコンバータは，送られてきたサンプリング・クロックDSDBCKに同期してDSD-Lを取り込みます．実験に使ったD-AコンバータICは，立ち上がりでDSD-Lを取り込むタイプなのでDSD-Lを数十ns遅らせています．

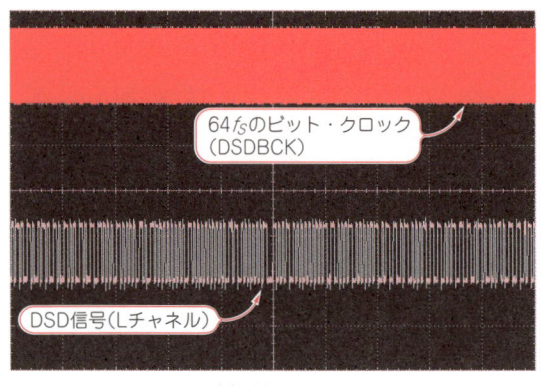

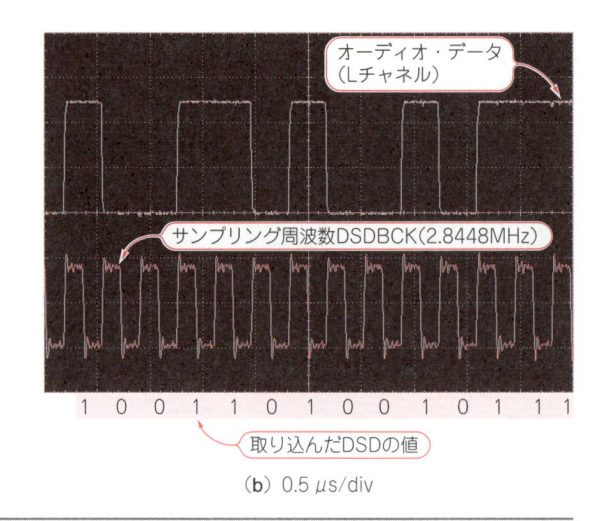

写真1　実際のDSDオーディオ信号
DSDデータの最小ビット幅がサンプリング周波数の1クロック分．クロックの立ち上がりでDSDオーディオ・データが取り込まれる．

● **サンプリング周波数5.6448 MHz！注目の最新規格DSD128**

　最近注目されている規格が，オーバーサンプリングの周波数をSACDの2倍(5.6448 MHz)に引き上げたDSD128フォーマットです．クロックを2倍にすると量子化雑音がより高い周波数に集められるため，LPFが簡単なものでも済み，回路がシンプルになります．クロックの周波数確度とジッタ(ゆらぎ)がある程度満足できれば(DSD64は50 ppm以下，DSD128は25 ppm以下)，DSD64よりDSD128の方が有利です．**写真2**にDSD128の実際の信号を示します．

▶ **192 kHz，24ビットのPCMと比べる**

　DSDのデータ量は多いのかどうか気になりますが，DSDとPCMは，変調の方式が違うため，単純にサンプリング周波数の比較はできません．パソコンのUSB経由でDSDを伝送する例で考えてみましょう．

　例えば，PCMフォーマットでDSD信号を埋め込んで転送するDoP(後述)という規格では，DSD64はサンプリング周波数176.4 kHz，24ビットのPCMデータに相当し，実際DoPはこのクロックでDSD64を送り出します．DSD128の場合は，サンプリング周波数352.8 kHz，24ビットのPCMデータに相当します．

　パソコンに保存されるデータのファイル・サイズを比べると，192 kHz，24ビットの無圧縮PCMの方がDSD64より大きくなっています．**写真3**に示すのは，DSD128と192 kHz，24ビットのPCM信号を同時に捕えた波形です．

〈石崎　正美〉

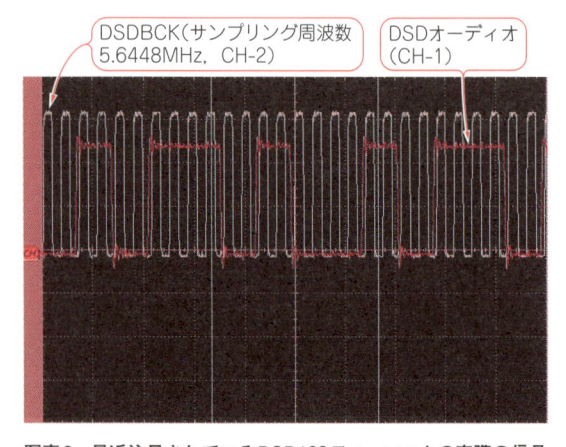

写真2　最近注目されているDSD128フォーマットの実際の信号
オーバーサンプリング周波数がSACDの2倍(5.6448 MHz)に引き上げられている．

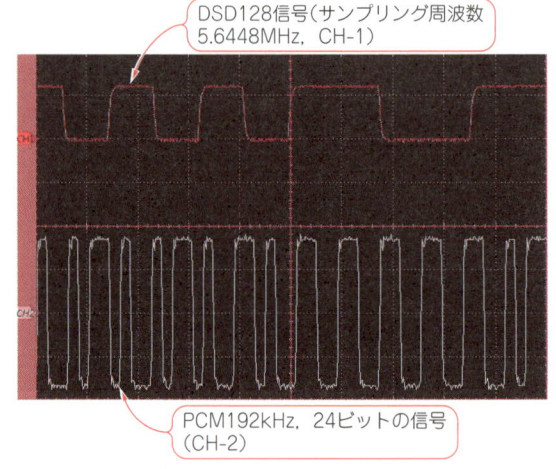

写真3　DSD128と192 kHz，24ビットのPCM信号を同時に捕えた波形
192 kHz，24ビットのPCM信号の方がデータ量が多い．

写真1と写真2は，A-DコンバータAX-WD（愛和）のアナログ・ライン入力レベルの音楽信号を入れて，ΔΣ変調でそれぞれDSD信号に変えて観測しました．無負荷状態なので波形が乱れています．PCMの出力はすべてAX-WDの信号です．写真3のPCM信号はAX-WD，DSD信号はUSB-DSDトランスポータAX-U1P（愛和）の基板の出力端子からDSD信号を直接取り込みました．

研究2
3種類のDSDオーディオ・フォーマット

① DSDIFF
（Direct Stream Digital Interchange File Format）

SACD（Super Audio CD）に使われているオーディオ・データのファイル形式の名称です．128 fsのフォーマットも存在します．

② ソニーのPCオーディオ用のDSF
（DSD Stream File）

2006年ごろ，ソニーが自社のPCオーディオ用に策定した，DSFというフォーマットもあります．プレイステーション3は，発売当初からDSFフォーマットをサポートしていました．ただし，再生時にDSD専用D-Aコンバータを使っておらず，いったんPCMに変換して再生するものでした．DSFフォーマットはソニーが無償ライセンスを実施しているので，秘密保持契約を結べば個人でも無償でDSFフォーマットの規格書を入手できます．ただし，秘密保持契約があるので，入手した規格を口外することはできません．

③ WSD（Wideband Single-bit Data）

産学が集まった団体1ビット・コンソーシアムが策定したフォーマットです．128 fs以上にも対応しています．

〈石崎 正美〉

研究3
DSDダイレクト再生のための規格誕生！
USB接続D-A変換器が続々と

パソコン・アプリケーションからDSD対応USB D-AコンバータにDSDオーディオ・データを伝送する規格が二つ誕生しました．いったんPCMに変換するのではなく，DSD音源をダイレクトに伝送したり再生できるプレーヤが誕生しはじめています．DSD音源をPCMに変換しないで直接再生することをDSD Native再生と呼びます．

① ASIO

ASIOは，パソコン上で音楽を作成したりPCMを編集したりするDTM（DeskTop Music）分野で採用されているアプリケーション・ソフトウェアです．ASIO規格のバージョン2.1で，DSDを転送できるような仕様が盛り込まれました．登録すればC言語のソース・コードを公開してくれます．ただしASIOドライバはWindows用なので，Windowsが動作するパソコンでしか動作しません．ASIO対応の自作アプリケーションやドライバを公開するためには，個人，法人を問わず英文の契約書にサインしてドイツの会社に送付する必要があります．

② DoP（DSD over PCM）

文字どおり，PCMの伝送方式にのっとって，DSDを示すマーカとDSDのビット・パターンを16ビット単位で埋め込んで送り出す規格です．USB経由でPCMデータを受け取ったD-Aコンバータは，このマーカを見てDSDのデータと判断します．DoPの最新バージョンは1.1です．

〈石崎 正美〉

研究4
PCMの伝送方式に合わせて1ビット・
データを送るフォーマットDoP

USB規格では，DSDフォーマットのディジタル・オーディオ・データを転送する方法が規定されていませんが，PCMに偽装して送る"DoP"という方法が提案されており，事実上の業界標準になっています．次のサイトが参考になります．

http://dsd-guide.com/dop-open-standard

2.8224 MHz，2チャネルのDSDオーディオ・データを再生するには，1秒間に2822400サンプル×2ビットのデータを送らなければなりません．

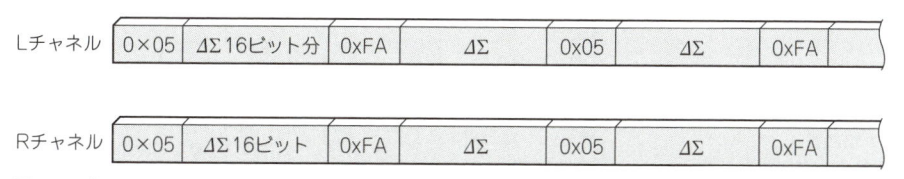

| Lチャネル | 0×05 | ΔΣ16ビット分 | 0xFA | ΔΣ | 0×05 | ΔΣ | 0xFA |

| Rチャネル | 0×05 | ΔΣ16ビット | 0xFA | ΔΣ | 0×05 | ΔΣ | 0xFA |

図2　1ビット・フォーマットのディジタル・オーディオ・データを転送する"DoP"の通信内容

176.4 kHz×2チャネルに偽装して伝送する場合，1チャネル当たり16ビット/サンプル送ります．

受信側のUSB D-Aコンバータが24ビットのときは，176.4 kHzで送れば1サンプル中の1チャネル当たり，8ビット余分な情報を送れます．DoP方式では余分な情報のところ上位8ビットをマーカに使って，0x05と0xfaを交互に送ります（図2）．

PCMに偽装しているわけですから，受信側では微弱な振幅として解釈できます．そこにマーカ・データの解釈処理を割り込ませ，0x05と0xfaが交互に32回以上届いたらPCMとしてはまずありえないと見なし，マーカを除いた部分をDSDとして解釈します．176.4 kHzサンプルのデータを受信した場合は，本物のPCMとDoPのどちらかあるいは交互に両方が，USB D-Aコンバータに送られてきます．受信側でうまく切り分けなければなりません．

〈中田 宏〉

研究5
市販のΔΣ型D-Aコンバータ調査

表1に示すのは，PCMデータ（I²S）とDSDデータを入力できる代表的なΔΣ型D-AコンバータICです．

SACDは，著作権保護法でデータのコピーが禁じられており，装置の外部にプロテクトをかけずに出力することはできません．DSD信号入力を必要とするのは，SACDプレーヤのメーカに限られていた時期もありましたが，最近ではDSD信号の音楽をファイルの形で販売する会社が出てきました．DSDフォーマットのポータブル録音機も市販されています．

ΔΣ型D-Aコンバータは，SACDの登場とともに進化してきました．今では，ほとんどのオーディオ向けD-AコンバータがDSDオーディオ信号に対応しています．主流は，PCMとして44.1 k/48 k/88.2 k/96 k/176.4 k/192 kHz，24ビットをI²Sインターフェースから入力でき，DSDは2.8224 MHz入力できるタイプです．データシートでは保証されていなくても，それ以上のサンプリング周波数を再生可能なものもあります．

最近，オーディオ用D-AコンバータのメーカESS technologyのチップを採用する例が増えています．D-Aコンバータ・チップ内のブロック図にジッタ・リジェクション・モジュールがあり，外部から入力されるクロックに時間軸上の細かなずれがあったとしても，チップ内で自動的に修正してくれます．

テキサス・インスツルメンツは，最も多くのD-AコンバータICを製造している半導体メーカです．FN1242A（新潟精密）も有名なチップでしたが，もう製造されていません．

図3に示すのは，FN1242Aの内部ブロック図です．

①に入力されたデータは，PCMとDSDで途中まで異なるルートを通ります．PCMは③を通り8倍のサンプリング周波数に上げられます（オーバーサンプリングされる）．さらにディジタル・フィルタで入力データのナイキスト周波数以上の帯域をカットします．オーバーサンプリングしたデータを④でマルチ・ビットのΔΣ信号に変換します．⑤のD-Aコンバータでマルチ・ビットΔΣ信号をアナログに変換します．入力信号がΔΣ変調が既にかかっている1ビットの場合は，①から内部のD-Aコンバータに直接入力します．

図4に示すのは，DSD1794AなどでつくるUSB D-Aコンバータ基板のブロック図です．

〈中田 宏〉

表1 DSD対応ΔΣ型D-Aコンバータ一覧

型 名	メーカ名	入力	PCMサンプリング周波数	PCM分解能	DSDサンプリング周波数	出力	標準電源電圧	パッケージ
ES9012	ESS technology	DSD/PCM (I²Sほか)	32/44.1/48/88.2/96/176.4/192 kHz	32ビット	2.8/5.6 MHz	差動電流	3.3 V，1.2 V	64LQFP
ES9018	ESS technology	DSD/PCM (I²Sほか)	32/44.1/48/88.2/96/176.4/192 kHz	32ビット	2.8/5.6 MHz	差動電流	3.3 V，1.2 V	64LQFP
DSD1792A	テキサス・インスツルメンツ	DSD/PCM (I²Sほか)	32/44.1/48/88.2/96/176.4/192 kHz	24ビット	2.8 MHz	差動電流	ディジタル3.3 V，アナログ5 V	28SSOP
DSD1794A	テキサス・インスツルメンツ	DSD/PCM (I²Sほか)	32/44.1/48/88.2/96/176.4/192 kHz	24ビット	2.8 MHz	差動電流	ディジタル3.3 V，アナログ5 V	28SSOP
FN1242A	新潟精密	DSD/PCM (I²Sほか)	32/44.1/48/88.2/96/176.4/192 kHz	24ビット	2.8 MHz	差動電圧	ディジタル3.3 V，アナログ5 V	28SSOP

注▶表（データシート）に記述されていないサンプリング周波数を入れても動作することがある

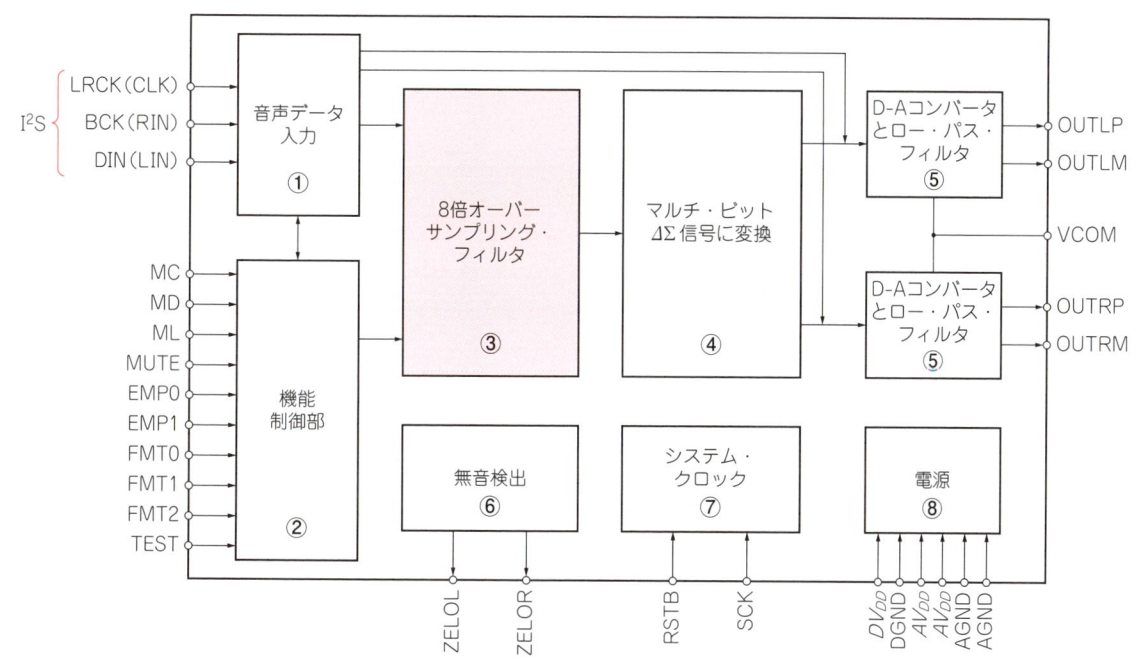

図3 1ビット対応のD-AコンバータFN1242A（新潟精密）の内部ブロック図

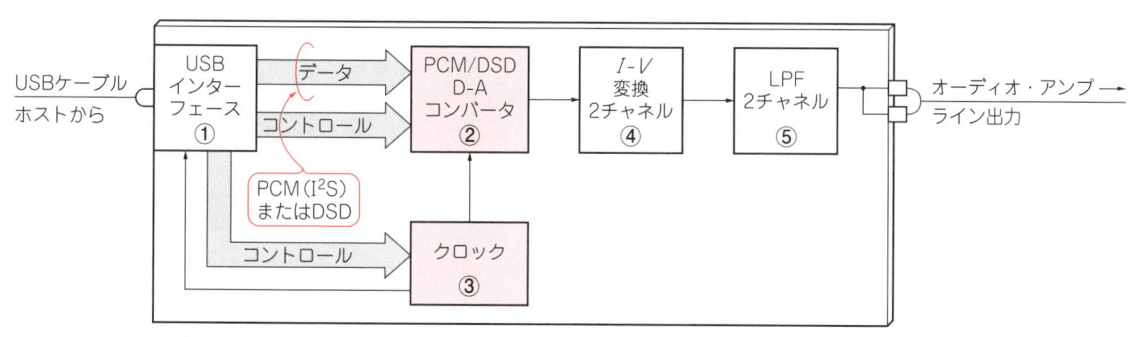

図4 DSD1794Aで作ったUSB D-Aコンバータ基板のブロック図

研究6
USBとD-Aコンバータのインターフェース

● USB通信プロトコル

USBを介してオーディオ・データを受け取るには，次のような処理が必要です．

- ハイレゾ・データを送るためのネゴシエーション．USBハイ・スピード（480 Mbps）に切り替える
- ディスクリプタを送信して，USB D-Aコンバータとしてホストに認識してもらう
- エンド・ポイントでオーディオ・データを受信する
- アシンクロナス転送のためにフィードバック・データを送信する

DoPの1ビット・データを176.4 kHz，24ビット×2チャネルで送るには，フル・スピードの12 Mbpsでは速度が足りません．

ホストと接続されたターゲット・デバイスが，次に示す自己紹介用のデータ（ディスクリプタ）を送ります．

- オーディオ出力デバイスであること
- 出力専用であること
- データ長は24ビットで2チャネルであること

エンド・ポイントとは，データの送受信を司る仮想的な通信相手のことです．通信相手は複数作れますが，今回のデータ受信の口は一つです．

● USBパケットをシリアルでD-Aコンバータに届ける

USB経由で受信したデータを，D-Aコンバータに届けます．

D-Aコンバータの入力データ・フォーマットがPCMのときは，デファクト規格であるI²Sインターフェースで送ります．GNDと3本の信号線で構成され

研究6　USBとD-Aコンバータのインターフェース　**67**

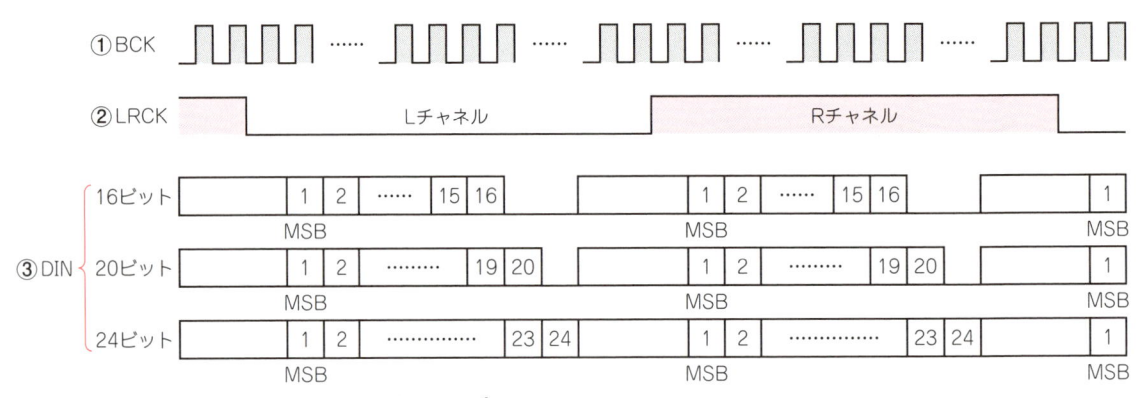

図5 PCMデータを送るデファクト・スタンダード規格I²Sインターフェースの通信タイミング

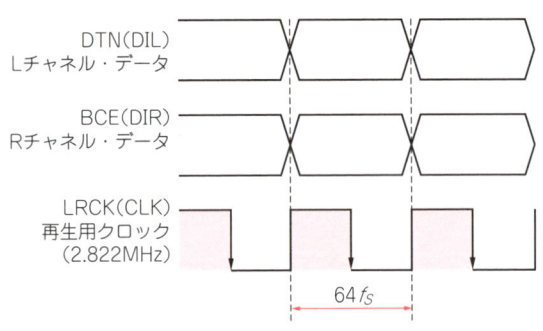

図6 DSD信号の通信インターフェースとタイミング

ており，**図5**に示すタイミングでデータ通信します．

DSDの通信線は**図6**に示す3本です．1本はCDのPCMデータのサンプリング周波数と比較して64倍とか128倍の高い周波数のデータ・クロック（2.8224 M/5.6448 MHz）です．残りの2本は左右のDSDオーディオ・データです．　　　　　　　　　〈中田　宏〉

研究7
DSD対応ΔΣ型D-Aコンバータの出力回路

図7に示すのは，差動出力型DSD対応ΔΣ型D-Aコンバータの出力に追加するアナログ回路の例です．DSD1794Aのデータシートからの引用です．二つのI-V変換回路の後段にあるのはLPFです．〈中田　宏〉

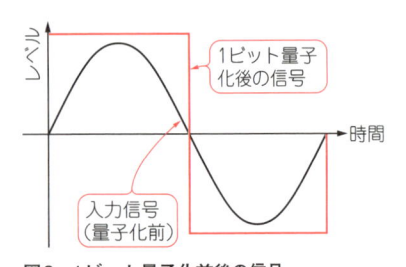

図8 1ビット量子化前後の信号
元のアナログ信号（正弦波）とは似ても似つかない方形波になってしまう．

研究8
1ビット量子化雑音を減らす「ΔΣ変調技術」と「オーバーサンプリング技術」

■ 1ビット量子化すると原形をとどめないほど大量の雑音が加わる

1ビットで正弦波をそのまま量子化すると，**図8**に示すように入力信号とは似ても似つかない方形波になります．1ビット量子化器は，入力信号の正弦波にものすごく大きな雑音を加えて方形波にしてしまう回路と考えることができます．出力信号（方形波）の入力信号（正弦波）の誤差がものすごく大きいと考えることもできます．

この大きな誤差（雑音）は，ΔΣ変調器を利用すると低減することができ，元のアナログ信号に近づきます．ΔΣ変調器は，1ビット量子化した信号を入力にフィードバックしています．**図9**に示すのは，広く使われている2次ΔΣ変調器です．再量子化器には1ビット量子化器を使っています．

実際のDSD対応ΔΣ型D-Aコンバータは，PCM信号を1ビット（DSD）信号に変換するため，オーバーサンプリングとインターポーレーション・フィルタにより帯域外のイメージ信号を低減し，ΔΣ変調器でこの量子化雑音を低減しています（**図10**）．

■ ΔΣ変調技術

● 実際の入出力信号波形とスペクトル

1ビット量子化出力は，入力にフィードバックされ

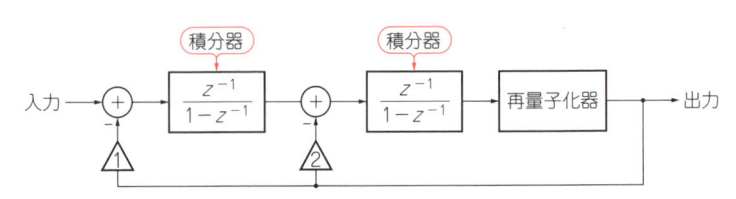

図9 量子化雑音を減らすΔΣ変調器
よく使われている2次ΔΣ変調器．

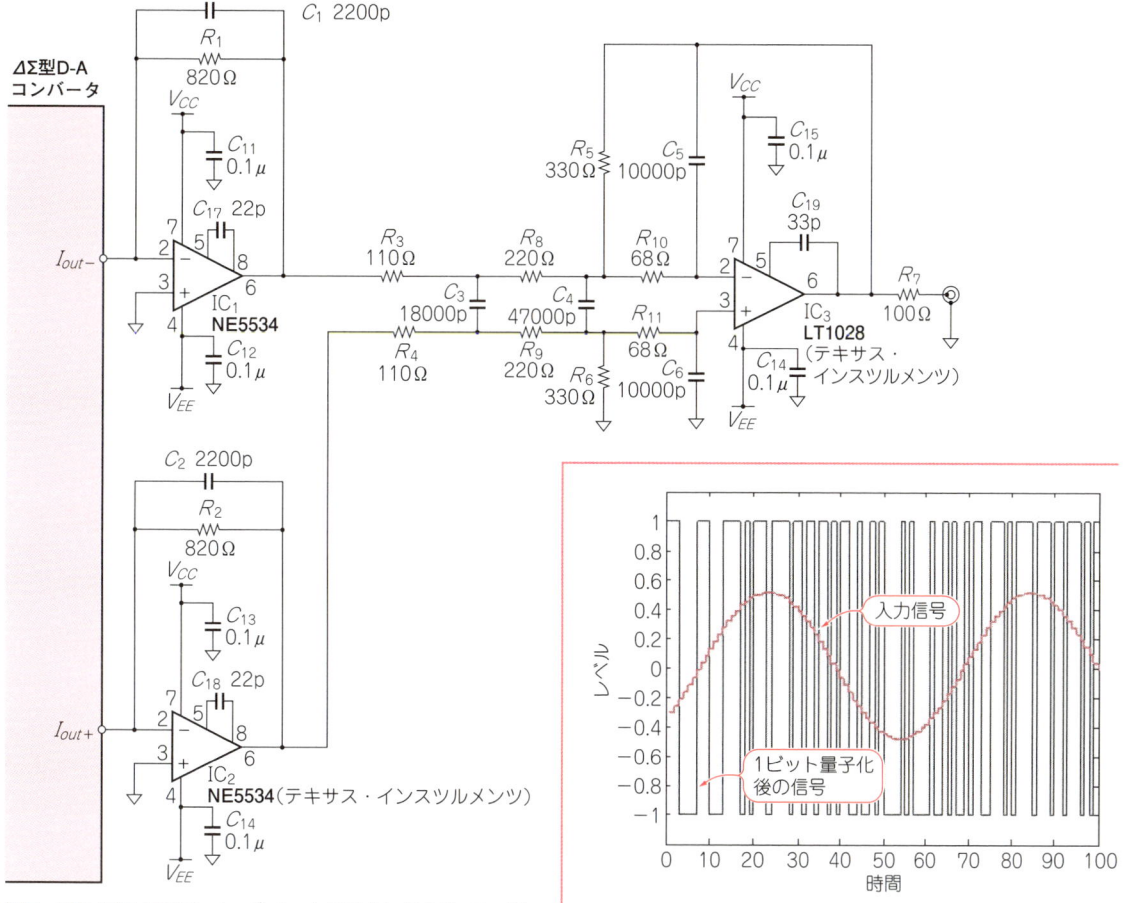

図7 DSD対応ΔΣ型D-Aコンバータの出力には差動アンプとフィルタを付ける（DSD1794Aの場合）

図11 2次ΔΣ変調器の入力信号と量子化後の信号
入力信号と1ビット出力の平均値は一致する．

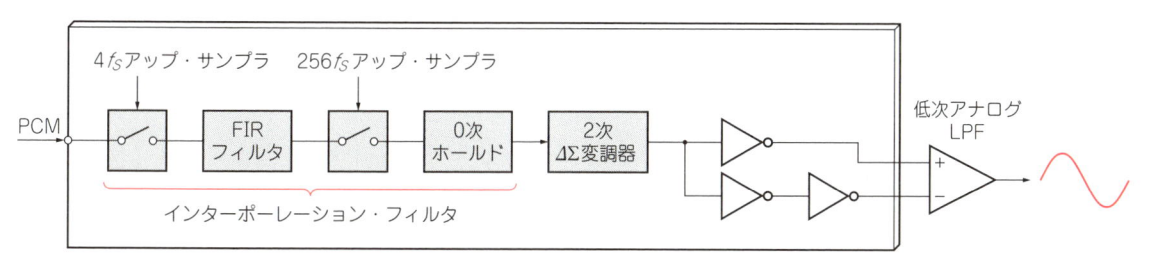

図10 量子化雑音を減らすDSD対応ΔΣ型D-Aコンバータの信号処理

ます．ΔΣ変調器は，ΔΣ型D-A変換器ではディジタル回路，ΔΣ型A-D変換器ではアナログ回路で実装します．ループ内には積分器を配置しているため，直流付近のゲインがとても大きくなります．

1ビット量子化雑音の大きさをV_Qとすると，V_Qはループ・ゲイン分だけ抑圧されて出力されます．出力V_{out}は次式で表されます．

$$V_{out} = z^{-2} I_n + (1-z^{-1})^2 V_Q$$

ただし，I_n：入力オーディオ・データ

上式において$z=1$とすると第2項が0になり，量子化雑音の直流成分は0になることが分かります．

図11に2次ΔΣ変調器に正弦波を入力したときの出力波形を示します．入力信号と1ビット出力の平均値が一致するように量子化されています．図12に出力スペクトルを示します．入力信号の線スペクトルとシェーピングされた量子化雑音が観測され，直流付近で量子化雑音が大きく抑圧されています．サンプリング周波数を，信号帯域幅よりもはるかに高い周波数にすれば高いSN比が得られます．

研究8　1ビット量子化雑音を減らす「ΔΣ変調技術」と「オーバーサンプリング技術」　69

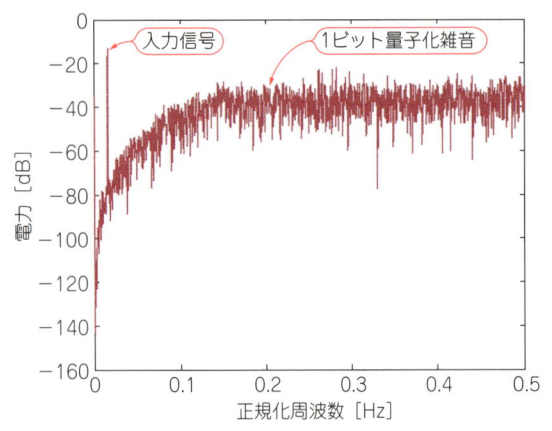

図12 2次ΔΣ変調器の入力信号と量子化後の出力スペクトル

● インバータを使ったDSD対応ΔΣ型D-Aコンバータ

図13に示すのは，DSD対応ΔΣ型D-Aコンバータです．

ここにΔΣ変調器が出力する1ビット出力を入れるとアナログ信号が出力されます．1ビットなので回路構成がシンプルです．1ビット信号は2値を表し，2点を通る線は直線になるように線形性が保証されます．実際の回路では，大振幅の方形波を再現するために，高いスルーレートを持ち，過渡応答に優れたアナログ回路が必要になります．

■ インターポレーション・フィルタによる
　オーバーサンプリング技術

ΔΣ型変調器を使ったオーディオ用D-Aコンバータでは，図14に示すように2段または3段のFIRフィルタを使い，入力信号と入力信号の間に「ゼロ」を挿入してサンプリング周波数を高くします．

1段目のFIRフィルタ構成を図15に示します．$f_S/2$～f_S付近のイメージ信号を抑圧するために，急しゅんな減衰特性になっています．2段目以降は，高い周波数のイメージ信号を抑圧すればよいので図15に示す遅延器と系数の数を大幅に減らすことができます．

〈安田　彰〉

研究9
ハイレゾ対応
ΔΣ型D-Aコンバータの内部信号処理

■ ハイレゾ・オーディオ機器の構成例

図16に示すのは，マルチ・ビットのPCM音源がスピーカで音になるまでの信号の流れです．

記録メディアからピックアップされた音源は，DSPでサラウンド，イコライジング，ミキシング，サンプリング周波数変換およびマルチプレクスなどのさまざまな信号処理が行われます．DSPでは，ディジタル・

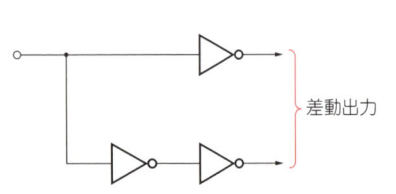

図13　DSD対応ΔΣ型D-Aコンバータ
出力回路はとてもシンプル．ここにΔΣ変調器が出力する1ビット出力を入れるとアナログ信号が出力される．

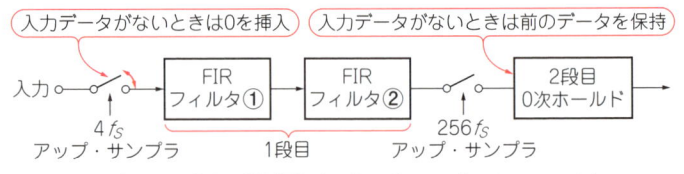

図14　オーバーサンプリングを行うインターポレーション・フィルタ

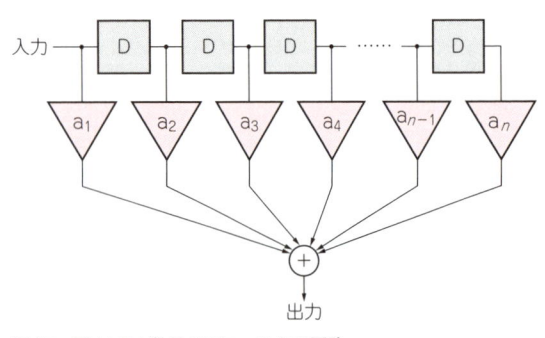

図15　図14の1段目FIRフィルタの回路

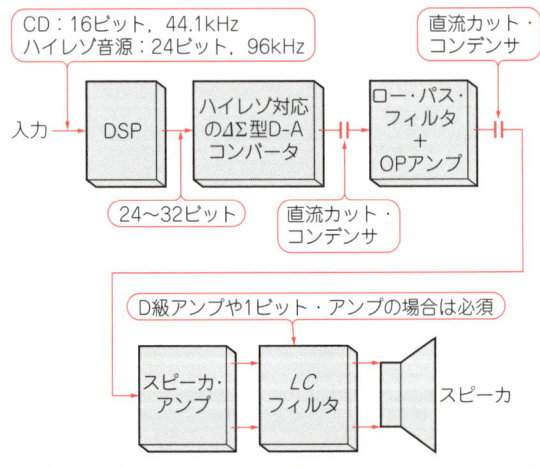

図16　マルチ・ビットのPCM音源がスピーカで音になるまでの信号の流れ

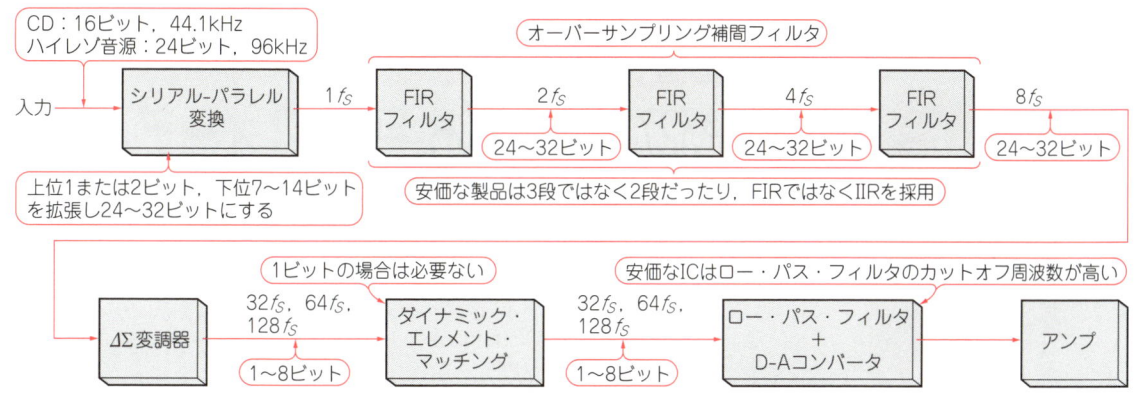

図17 ΔΣ型D-AコンバータはビットとサンプリングレートをバーコーダーをΔΣすでに量子化雑音を減らしている

[図17の内容]
- CD：16ビット，44.1kHz
- ハイレゾ音源：24ビット，96kHz
- 入力 → シリアル-パラレル変換 → FIRフィルタ(1fs) → FIRフィルタ(2fs) → FIRフィルタ(4fs) → (8fs)
- オーバーサンプリング補間フィルタ
- 24～32ビット
- 上位1または2ビット，下位7～14ビットを拡張し24～32ビットにする
- 安価な製品は3段ではなく2段だったり，FIRではなくIIRを採用
- 1ビットの場合は必要ない
- 安価なICはロー・パス・フィルタのカットオフ周波数が高い
- ΔΣ変調器 → ダイナミック・エレメント・マッチング → ロー・パス・フィルタ＋D-Aコンバータ → アンプ
- 32fs，64fs，128fs
- 1～8ビット

フィルタを使った信号処理が行われます．特定の周波数のゲイン変更や入力信号に関係なく，出力信号のビット長やサンプリング周波数を一定にする役割などを担っています．DSPが出力する信号は24ビット，192kHz対応のΔΣ型D-Aコンバータに入力されます．

ΔΣ型D-Aコンバータは，可聴帯域外に大きな雑音成分を持つため，アナログ・ロー・パス・フィルタを通過させて，パワー・アンプで増幅した信号をスピーカに入力します．アナログ回路の出力はオフセット（直流成分）を持つため，スピーカの破壊防止の観点から必ず信号ラインにカップリング・コンデンサが必要です．

■ ハイレゾ対応 D-Aコンバータ内で行われる処理

● 基本構成

ハイレゾ対応のΔΣ型D-Aコンバータは，図17に示すような機能ブロックで構成されています．16ビット精度を持つ24ビット長の信号，または24ビット精度を持つ24ビット長の信号として入力されます．

24ビットの精度を維持するために，内部で上位ビットと下位ビットを増やし，28～32ビット長のデータで各種の演算処理を進めます．ビット拡張された信号は，3段の2倍オーバーサンプリング補間フィルタに入力されます．このフィルタは折り返し雑音を抑圧しつつ，入力信号の動作周波数を8倍にする働きがあります．

安価なICは，このフィルタが2段で入力信号の動作周波数が4倍にしかならないため，フィルタの係数が少なく，折り返し雑音を抑圧する効果があまりありません．また，FIR型（Finite Impulse Response）ではなく，回路規模は小さくて済むけれど信号周波数によって位相が変化しやすいIIR型（Infinite Impulse Response）で構成されています．

● 8倍アップ・サンプリングの効果…折り返し雑音が減り信号のデータ数が増える

オーバーサンプリング補間フィルタで8倍にアップ・サンプリングされると，44.1kHzの場合は352.8kHzです．これらの処理によって，折り返し雑音が抑圧され，元のサンプリング周波数の1/2近辺の信号のデータ数を多くする効果があります．安価なICは，演算回路の語長や係数が十分ではなく，性能を劣化させる要因になることがあります．

● ΔΣ変調…少ないビット数でもD-Aコンバータの精度を維持

オーバーサンプリング補間フィルタの後段では，ΔΣ変調を行います．ΔΣ変調は，少ないビット数でもD-Aコンバータの精度を維持できる有用な信号処理技術です．

最終的に出力するビット長を1～8ビット程度に減らす一方で，サンプリング周波数を64～256倍にします．通常のΔΣ型D-Aコンバータは，サンプリング周波数が44.1kHzまたは48kHzのときは128倍（44.1kHz×8×16＝5.6448MHz，48kHz×8×16＝6.144MHz）で，96kHzのときは64倍（6.144MHz）で動作します．その結果内蔵および外部のロー・パス・フィルタのカットオフ周波数は1種類で済みます．

どちらの音源でも信号処理後のサンプリング周波数はほとんど同じで，16ビットであれ24ビットであれ演算ビット長も同じということです．16ビット長のデータを24ビット長に拡張しても16ビット精度であることに変わりなく，24ビットのD-Aコンバータを使ったところでCD音源の精度が24ビットにはなりません．

〈落合 興一郎〉

（初出：「トランジスタ技術」2013年12月号　特集　第6章）

第2部 ディジタル・オーディオ用デバイスの研究

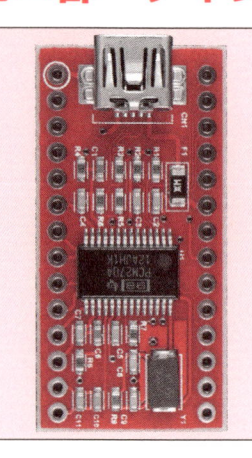

第7章 マイコンも専用電源もいらない！
完成度の高い定番ICで作る

PCM2704で作るお手軽PCオーディオ USB DACヘッドホン・アンプ

佐藤 尚一

パソコンのディジタル音源をパソコンに頼らずに鳴らすときに欠かせないのがD-Aコンバータです．本章では，USBインターフェースを持つD-AコンバータIC PCM2704を使って，USBバス・パワーでヘッドホンを駆動できるUSBヘッドホン・アンプを製作します．つなぐだけでPCオーディオを楽しめます．〈編集部〉

PCオーディオ製作の定番 USB DAC PCM2704

写真1に示すPCM2704は定番のUSB D-AコンバータIC（以下USB DAC）として知られています．

パソコンからのUSBオーディオ・データをアナログ信号に復調します．さらに低インピーダンス型のヘッドホンも駆動できます．ライン出力として扱うことも可能です．USBバス・パワーの5Vで動作します．PCM2704と少しの周辺部品，USBケーブルとヘッドホンを接続するだけで使用できます．

OS標準のドライバ（USBオーディオ・クラス）に対応しているので，パソコンに専用のドライバをインストールする必要がありません．

現在はCバージョンのPCM2704Cで，Windows 7に対応しています．それ以前のバージョンも信号が入力されてから出力が現れるまでの遅れ時間（レイテンシ）の調整などが主で機能的には同じです（初期のバージョンPCM2704もWindows 8.1で動作する）．**図1**にPCM2704の内部ブロックを示します．

写真1 世界中で使われているUSB DACの定番 PCM2704（テキサス・インスツルメンツ）

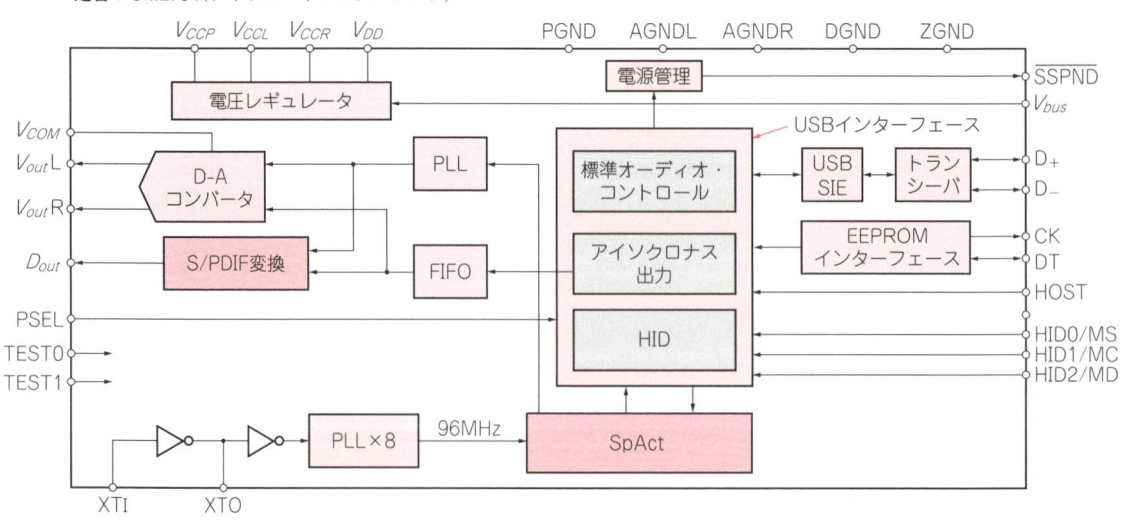

図1 定番USB DAC PCM2704Cの内部ブロック

使い方

● 回路の基本形

図2に回路を示します.

インピーダンス32Ωのヘッドホン使用時に12mW出力できます. 単電源で出力にはDCバイアスが掛かっているので, **必ずカップリング・コンデンサを追加してください**. USBの信号線にあるプルアップ抵抗は伝送スピードを認識させるためのものなので, 必ず接続してください. S_1～S_3にはモメンタリ型の普通の押しボタン・スイッチを使いましたが, チャタリング対策は必要ありませんでした.

今回の実験では, 写真2のトラ技USB DAC基板 [参考文献(3)参照] を使用しました.

● 製作時の注意

(1) 出力アンプ

32Ω負荷に対し最大出力電流は35mA$_{typ}$です. ライン出力のアンプも兼用しています. ヘッドホン出力とライン出力はそれぞれ規格値が定められていますが, 特に出力切り替え用の信号端子やディジタルのコマンドなどはありません.

(2) 電源と供給電流の切り替え

USBバス・パワーとセルフ・パワーの両方に対応しています. PSEL端子(4番ピン)が"H"でバス・パワー, "L"でセルフ・パワーです. バス・パワー時にはIC内部の電源がUSBからすべて供給されます.

HOST端子(21番ピン)を"L"にすると最大100mA, "H"にすると最大500mAの電流が供給されます. 外付けヘッドホン・アンプなどの電源もUSBから供給する場合は500mAに設定しないと足りないことがあります. HOST端子はセルフ・パワー時にはUSB接続の認識に使います.

(3) クロックとリセット

XTIとXTOの間には12MHzの水晶発振子を接続します. 負荷容量などの詳細はデータシートを参照してください. また, パワー・オン・リセット回路を内蔵しています.

(4) 外部ROM接続端子

I^2Cで接続したROMの内容で内部のUSBのディスクリプタを上書きできます. 接続しなくてもデフォルトの内容で動作します.

(5) ディジタル(S/PDIF)出力

CDプレーヤなどで使われるものと同じように, ディジタル・オーディオ信号をディジタル出力できるS/PDIFインターフェースを備えています.

モノラル信号は同じ値のステレオ信号に変換されます. 出力回路例は図3です. サンプリング周波数は入力データの持つ値が自動的にセットされます. コピー・コントロールにも対応しています.

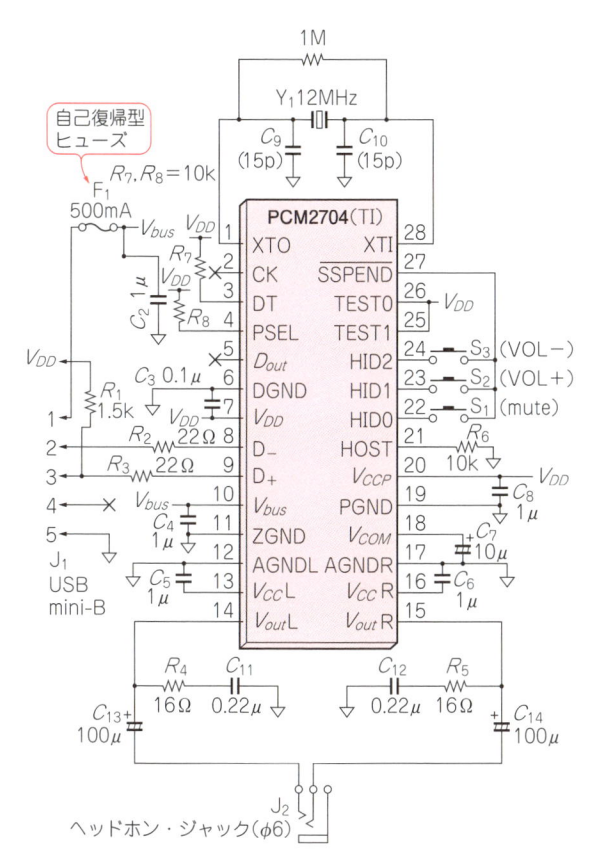

図2 PCM2704を使えば簡単な回路でUSB DACヘッドホン・アンプが作れる
写真2の基板＋周辺の回路.

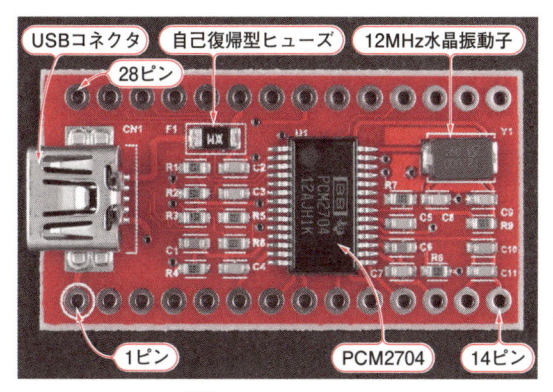

写真2 PCM2704を搭載したチョコットUSB DAC
図2のC_{13}, C_{14}, S_1, S_2, S_3, J_2はこの基板に搭載していない.

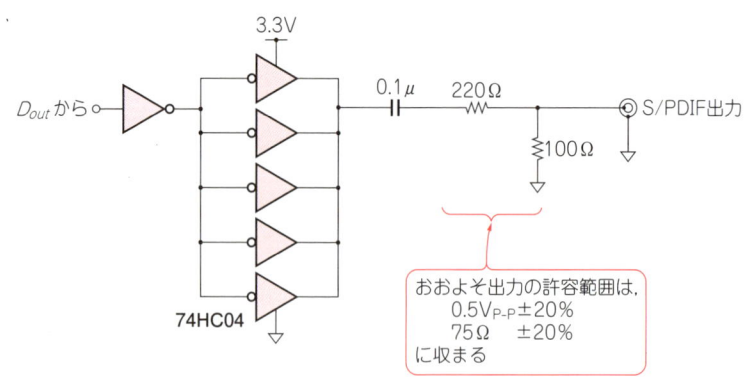

図3 S/PDIF出力回路
74HC04と少しのCR部品．

PCM2704の動作

　PCM2704では，パソコンから送り出されてくるリニアPCMオーディオ・データを**図4**のように内部処理してアナログ出力します．PCMオーディオ・データをUSBから受信し，D-A変換を行って出力しています．MP3のデコードなどリニアPCM以外の信号処理はできません（パソコンのソフトウェア側の対応になる）．

1 USBアイソクロナス転送

● 制御，転送，スイッチ入力の三つのインターフェースを内蔵する

　PCM2704は**図5**のように3種類のUSBインターフェースを持ちます．
　標準オーディオ・コントロールのインターフェース#0はWindowsの「ボリューム・コントロール」などOS上のUSBオーディオの実際の動作に相当する制御

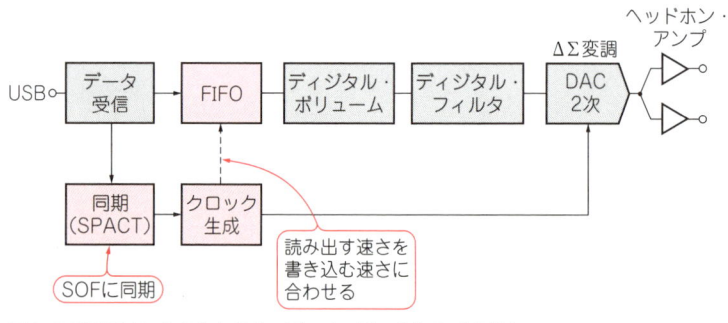

図4　PCM2704に入力されるオーディオ・データ（PCM）の流れ

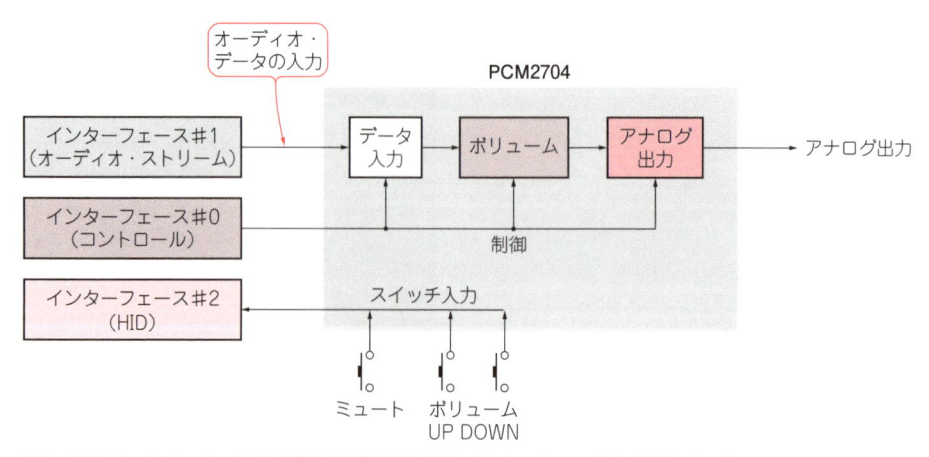

図5　USB D-AコンバータPCM2704は3種類のUSBインターフェースを内蔵している

を行います．アイソクロナス出力インターフェース♯1は，ホストから送られてくるオーディオ・データを受け取る動作を行います．HIDインターフェース♯2は，パソコンやハードウェア・スイッチでのボリュームの増減やミュートのボタン・スイッチの操作入力の処理を行います．

機能的に最も重要なのはアイソクロナス出力インターフェースです．

● 一定の時間間隔でひたすらデータを転送する

表1のUSB転送モードのうち，PCMデータの転送として，指定したデータ量のフレームを一定の時間間隔で転送する図6のアイソクロナス転送を使います．リアルタイムであることを優先するために転送の誤りは確認せず，データの終わりまで一定のペースで転送し続けます．

パケットの転送間隔はUSB1.1フル・スピードで1 msです．サンプリング周波数48 kHz，分解能16ビット，ステレオのオーディオ・フォーマットの場合は，

> 48000サンプル/s×2バイト（=16ビット）
> ×2 ch×1 ms = 192バイト

が1 ms以内に送られるべきデータ量です．

2 クロックの生成＆同期

● D-A変換にはクロックの生成が必要

USBアイソクロナス転送されたデータは，WAVファイルなど元のデータで定められた所定のサンプリング周波数でアナログに変換して出力すればOKです．

これにはD-A変換用のクロック（PCMクロック）が必要で，通常はサンプリング周波数の128倍や256倍などの高い周波数を使います．次段のオーバーサンプリングのディジタル・フィルタや$\Delta\Sigma$変調器の動作にも利用するためです．PCMクロックはUSBの信号には含まれていないため，デバイス側で発振器を設ける必要があります．

● PCMクロックを同期させるしくみ

PCMクロックとUSBのクロックは原理的には同期する必要はありませんが，PCMオーディオ・データがアイソクロナス転送で一方的に送られ，勝手なペースでD-A変換を行うとデータの過不足が生じます．USBの転送レートとPCMクロック周波数を計算で合わせても，それぞれ異なる発振器を源発振とする場合，完全に一致することはありえません．

表1[2]　4種類のUSBの転送モードのうち音声データの転送に適するのはアイソクロナス転送

項　目	アイソクロナス転送	バルク転送	インタラプト転送	コントロール転送
主な用途	音声などのリアルタイム転送	不定期的な大容量データ転送	定期的な小容量データ転送	セットアップ・データ転送
転送速度	12 Mbps	12 Mbps	1.5 Mbps/12 Mbps	1.5 Mbps/12 Mbps
データ転送周期	1 ms（1フレーム）	不定	Nms（N=1〜255）	不定
1パケット当たりの転送量	1〜1023バイト	8/16/32/64バイト	1〜64バイト（フル）1〜8バイト（ロー）	1〜64バイト（フル）1〜8バイト（ロー）
データ・エラー時の再要求	なし	あり	あり	あり

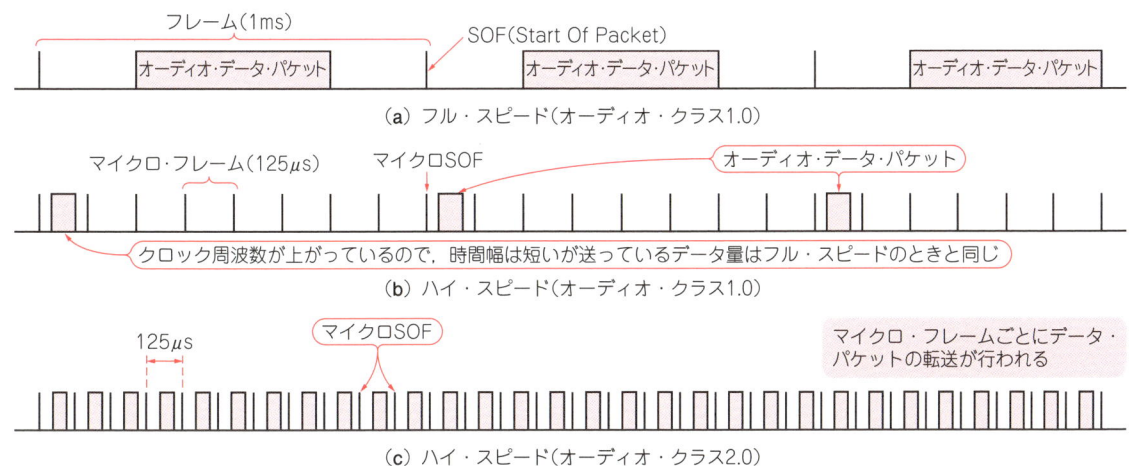

図6[2]　PCM2704はアイソクロナス方式でオーディオ・データを転送する

(a) フル・スピード（オーディオ・クラス1.0）

(b) ハイ・スピード（オーディオ・クラス1.0）

(c) ハイ・スピード（オーディオ・クラス2.0）

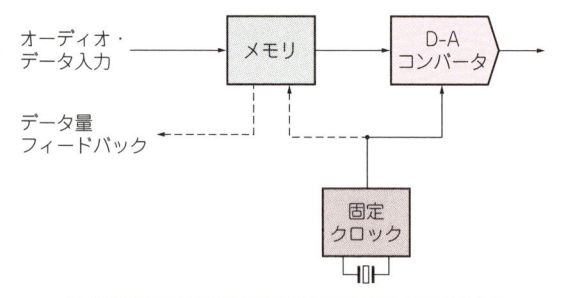

図7 PCMクロックとUSBクロックを同期させる方法その1
PCMのクロック周波数を固定し，USBの転送速度を調節してデータを正確に伝送する．

メモリ内のデータ量をホスト側にフィードバックする．D-Aコンバータのクロック周波数を固定できる

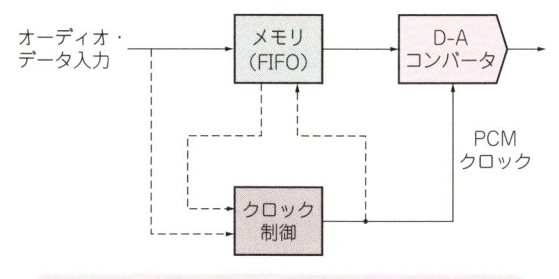

図8 PCMクロックとUSBクロックを同期させる方法その2(PCM2704の方式)
PCMのクロック周波数をUSBの転送速度に同期させてデータを正確に伝送する．

オーディオ入力データの転送速度やメモリ残量を監視してメモリの読み出し速度(PCMクロック)を制御する．D-Aコンバータのクロック周波数が動くことになる

　解決法には大きく分けて二つあります．

(1) 図7のようにPCMクロック周波数を固定して，USBの転送速度を調節し，データの収支を合わせる(クロック非同期)
(2) 図8のようにPCMオーディオ・データのクロック周波数をUSBの転送速度に同期させる

　PCMクロックの変化はD-A変換後のアナログ出力信号の時間軸の変化となるので，(1)のPCMクロックを固定する方法が理想です．ただ，USBとPCM間のデータの収支を合わせるには大容量のバッファ・メモリが必要など難しい点が多く，実際にはあまり採用されません．

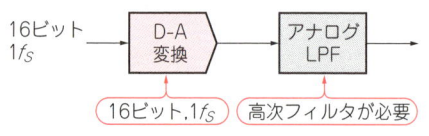

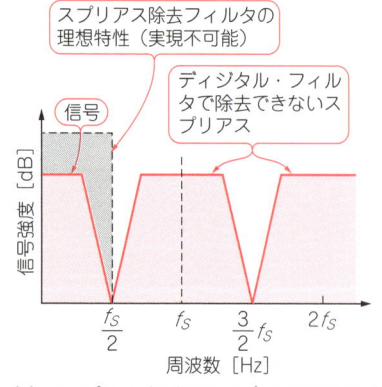

　PCM2704では(2)の方法を採用していますが，PCMクロックをUSBの転送速度に同期させることもそう簡単ではありません．前述のように，PCMクロックの変化がアナログ出力の時間軸の変化に直結するためです．解決方法としては，1 ms間隔のアイソクロナス転送の先頭フレームを基準にPLLを掛ける方法があります．

　PCM2704ではクロックの生成にSpAct(Sampling period Adaptive controlled tracking system)というオリジナルの技術を使用しています．参考文献(1)によると，「一種のフィードフォワード技術を利用し位相比較による補正値を最小限にして，耐ジッタ性に優れたクロックを生成する」技術だそうです．

3 スプリアス除去

● オーバーサンプリング技術を採用

　PCMオーディオ・データとクロックを得ることができたら，クロックに同期してD-A変換を行えばアナログ信号になります．PCM2704ではD-A変換後に必要となるアナログ・フィルタによるスプリアス(高調波)除去を簡単にするための前処理として，オーバーサンプリング・ディジタル・フィルタ処理を行っています．

　理論上，PCMで扱える周波数の上限はサンプリング周波数f_Sの1/2です．図9(a)のようにPCMデータを普通にサンプリング周波数f_SでD-A変換すると，サンプリング周波数の$f_S/2$未満が理論上の信号帯域ですが，図9(b)のように($f_S N$)±$f_S/2$の周波数にスプリアス(イメージ)を生じます(Nは次数)．サンプリング周波数がCDで使われている44.1 kHzやDVDで使われている48 kHzであれば，スプリアスが可聴周波数帯域のすぐ上に表れてしまいます．例えば，44.1 kHzでサンプリングすると，スプリアスは22.05 kHz(＝44.1 kHz×1－44.1/2)以上の周波数帯域に生じま

(a) この構成では設計の難しい高次のアナログ・フィルタが必要になる

(b) サンプリングで生じるスプリアスは除去が困難

図9 オーバーサンプリングしないと…

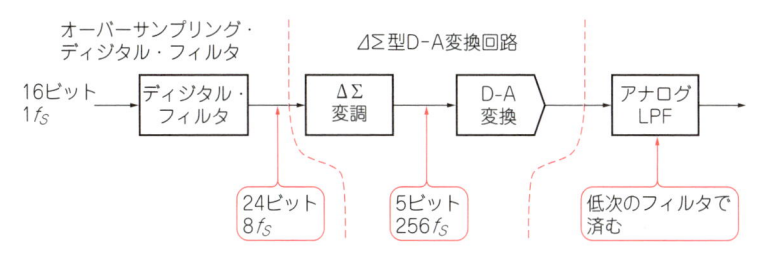

(a) オーバーサンプリング・ディジタル・フィルタ＋ΔΣ型D-A変換回路

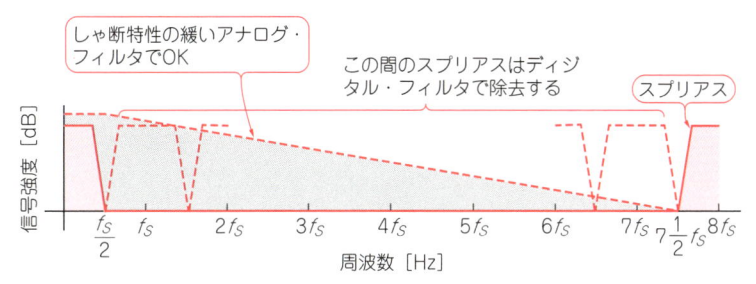

(b) オーバーサンプリングするとスプリアス信号が高い周波数にシフトする

図10 サンプリング周波数を上げれば低次のアナログ・フィルタで済む

す．そこで，再度サンプリングし直し（リサンプリング）てディジタル・フィルタ処理すると，**図10(a)**のように**スプリアスの周波数を上げることが可能で，スプリアスの除去が簡単**になります．

図10(b)のようにサンプリング周波数の8倍でオーバーサンプリング・ディジタル・フィルタ処理を行うと，$(8f_S N) \pm f_S/2$のスプリアスだけが残ります．その結果，遮断特性の緩慢な低次のアナログ・フィルタでもスプリアスを取り除くことが可能です．

● オーバーサンプリングの方法

オーバーサンプリングするには，元のデータの合間にサンプリングの倍数に応じて足りないデータを挿入します．

ゼロで埋めて補間する方法，直前の値を維持する方法，スプライン曲線でつなぐ方法などいくつかあります．

ディジタル・フィルタの代表的な特性は，$f_S/2$以上の周波数成分を垂直に近いしゃ断曲線でカットするシャープ・ロールオフ型です．構成は直線位相特性の有限インパルス応答型フィルタ（FIR）が代表的です．

PCM2704にはありませんが，遮断特性を緩慢にする代わりにタップの数を減らしたスロー・ロールオフ型などの独自の特徴を打ち出した特性を実装したICもあります．

4 ΔΣ型D-A変換

● 少ビットのD-Aコンバータで変換する

PCM2704は$128f_S$，2次，マルチ・ビットのΔΣ型D-AコンバータでD-A変換を行います．正しくはΔΣ型ノイズ・シェーピング回路（ΔΣ変調器）＋少ビットD-Aコンバータとした方が分かりやすいかもしれません．

ΔΣ型のD-Aコンバータで実際にD-A変換を行うのは1～5ビット程度の少ビット変換器です．マルチ・ビット（16～32ビット）→少ビットへの「まるめ」が行われ，そのままでは大きな誤差を生じるため，ΔΣ変調という一種の負帰還で入出力間の誤差を減らすしくみです．原理的には32ビットでも100万ビットでもハードウェアが受け付ける限り入力可能ですが，性能の指標としてはあまり意味がありません．実力はまるめ誤差で表され，データシート上ではS/Nまたはダイナミック・レンジがこれに相当します．

◆◆◆参考文献◆◆◆

(1) 田力 基；USB-FPGA基板の仕様とキー・デバイス，トランジスタ技術，2012年2月号，pp.75～85，CQ出版社．
(2) 河合 一；USBインターフェース対応ステレオ・オーディオ用D-Aコンバータ PCM2702，トランジスタ技術，2000年6月号，pp.220～222，CQ出版社．
(3) ヘッドホン・アンプ製作実例集：トランジスタ技術編集部編，2014年1月，CQ出版社．

(初出：「トランジスタ技術」2013年2月号 特集 第2章)

Appendix 4　11kHz付近で位相雑音が5dB改善される
低ジッタ・クロック回路で高S/N再生
　　　　　　　　　　　　　　　　　　　　　　　　　　　川田　章弘

● クロック・ジッタが大きいとS/Nや位相雑音が増える

　もともと通信の世界では，A-DコンバータやD-Aコンバータのクロックが信号品位に与える影響は周知の事実でした．システムに必要なS/Nとクロック・ジッタとの関係は，図1のようになります．

　クロック・ジッタが大きいと，サンプリング・ポイントに時間揺らぎが生じるため，信号のS/Nが悪化したり，あたかも位相雑音が増えたかのような波形になります．

● ジッタが小さいほど再生が安定する

　図2は，A-Dコンバータでのデータ・コンバータのクロック・ジッタがアナログ信号に与える影響の模式図です．クロック・ジッタによってサンプリングの位置がずれ，入力信号にノイズの影響が加わります．つまり，ジッタが小さいほどアナログ信号に不要な揺らぎ成分を与えずに再生できます．

　そこで，USB D-AコンバータIC PCM2705（テキサス・インスツルメンツ）の内蔵クロックを使う場合と，PCM2705に低ジッタ水晶発振回路を追加して使う場合とで，クロック・ジッタの影響を比較しました．

● 低ジッタ水晶発振回路の性能

　低ジッタ水晶発振回路を図3に，図4に製作した回路のクロック波形を示します．

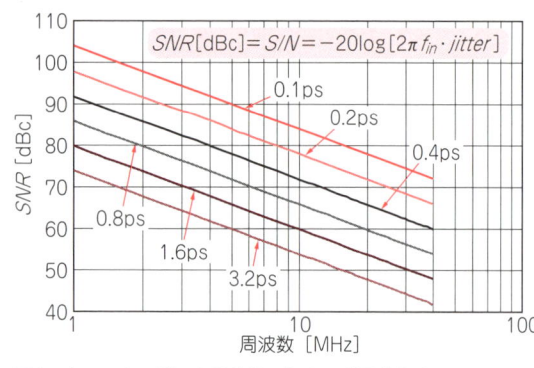

図1　クロック・ジッタが大きいとS/Nが悪くなる

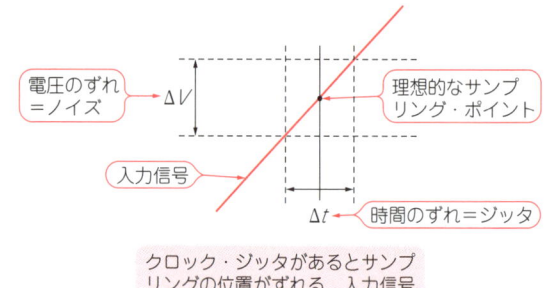

$SNR[\text{dBc}] = S/N = -20\log[2\pi f_{in} \cdot jitter]$

図2　クロック・ジッタは雑音となって再生される

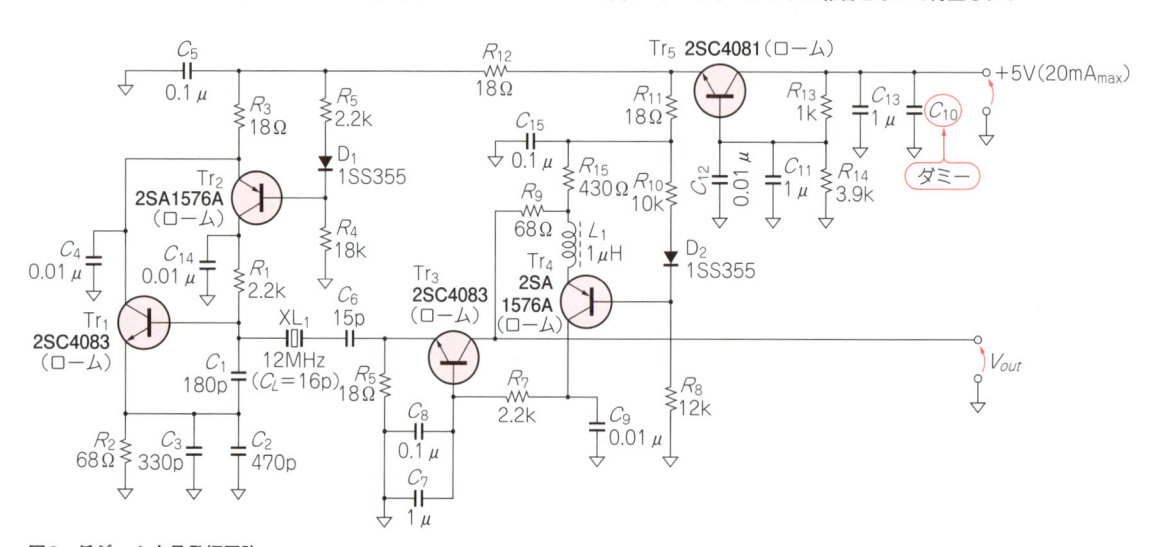

図3　低ジッタ水晶発振回路
マルツオンラインで販売中：MHPA-BPXO 12MHz（2015年2月現在）

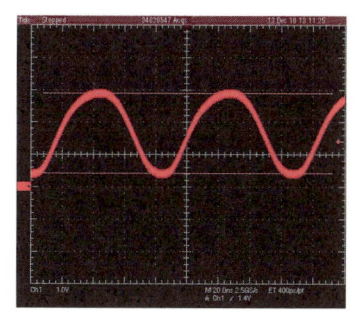

図4 製作した低ジッタ水晶発振回路のクロック波形(V_{OL} = 0.4 V, V_{OH} = 2.9 V)

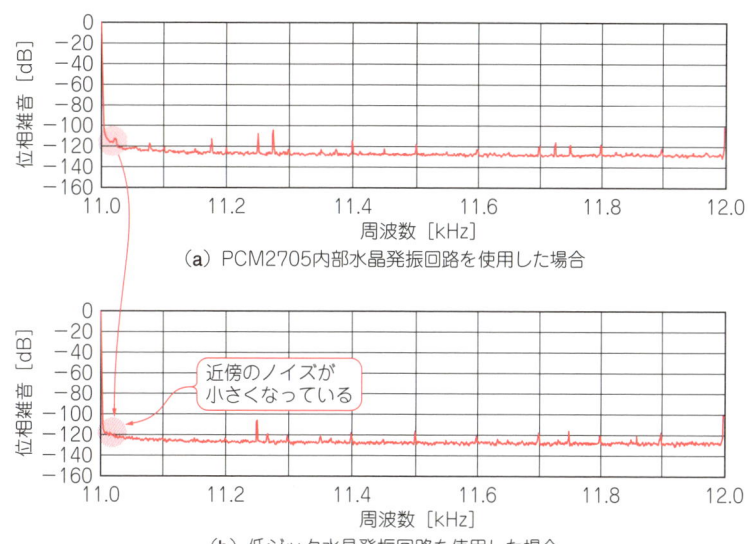

(a) PCM2705内部水晶発振回路を使用した場合

近傍のノイズが小さくなっている

(b) 低ジッタ水晶発振回路を使用した場合

図5 周波数スペクトラムの改善(実測)

　この水晶発振回路とD-Aコンバータのオンチップ発振回路を使用した場合の周波数スペクトラムを図5に示します．PCM2705で11 kHzの正弦波を発生させ，フリーソフトのWaveSpectraでスペクトラムを観測した結果です．図5(a)はPCM2705の内部発振回路を使用した場合，図5(b)は低雑音・高周波バイポーラ・トランジスタを使ったディスクリート発振回路によりクロック供給した場合のスペクトラムです．

　低ジッタ水晶発振回路を使用した場合，11 kHzの近傍雑音が5 dB程度低減されています．

　D-Aコンバータに供給されるクロックにジッタ(位相雑音)が多い場合，D-Aコンバータから出力されるアナログ信号にも，そのクロック・ジッタに起因する揺らぎが重畳します．その結果，正弦波信号の位相雑音が悪化したかのような信号になります．高性能D-Aコンバータの性能を引き出すにはクロックの位相雑音はできる限り小さくする必要があります．

● 低ジッタ水晶発振回路をD-Aコンバータ PCM2705と接続

　この低ジッタ水晶発振回路はLVTTLレベル出力なので，一般的な水晶発振器をPCM2705へ接続するのと同じ方法で接続できます．

　PCM2705の内部水晶発振回路は，インバータICを使用したコルピッツ発振回路になっていると考えられます．インバータICを利用した高ゲイン・アンプの部分だけを残し，入力端子(XTI)に外部発振回路の出

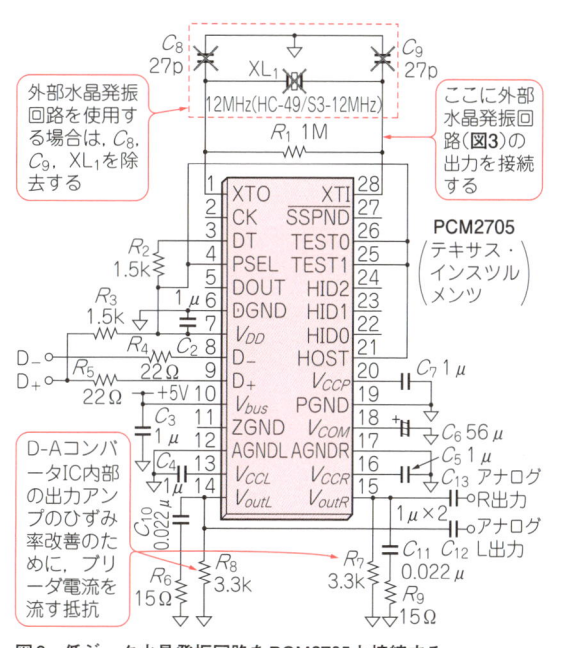

図6 低ジッタ水晶発振回路をPCM2705と接続する

力を接続すればOKです．回路図で示すと，図6のようになります．XTI端子へ水晶発振回路の出力(OUT)を接続します．

(初出:「トランジスタ技術」2013年2月号　特集　第2章　Appendix 1)

第8章　PCオーディオ時代の高分解能音源を再生
192 kHz/24 ビット対応！D-A コンバータ

佐藤　尚一

スタジオで録音された384 kHz/32ビットのハイレゾ音源に近い192 kHz/24ビットの音源がインターネットで入手できるようになりました．本章では，I²Sインターフェースの D-A コンバータを紹介します．〈編集部〉

192 kHz/24 ビット対応 D-A コンバータのいろいろ

● DSD対応，低ノイズ，低ひずみ…

192 kHz/24 ビットのハイレゾ音源がインターネットで入手しやすくなり（表1），パソコンなどで出力できるようになってきました．この音源を楽しむには表2の高分解能 D-A コンバータが必要です．

表2の D-A コンバータはすべて，192 kHz/24 ビット以上，PCM（Pulse Code Modulation）データに対応

し，ほぼ入手可能です．ただし，ES9018（ESS）はマルチ・ビットでも1ビットでもない方式として話題ですが，秘密保持契約を結ばないと入手できません．本章では，表2からWM8741，AD1955，CS4398，PCM1794Aを紹介します．

出力には電圧と電流があり，図1，写真1のWM8741は電圧出力です．PCM以外にDSD（Direct Stream Digital）データに対応し，PCM用のディジタル・フィルタ特性を15種類から選択できるなど，豊富なフィルタ機能を利用できます．図2，写真2のAD1955は

表2　192 kHz/24 ビット以上の高性能 D-A コンバータの一覧
すべてPCMデータに対応する．

型　名	メーカ名	分解能[ビット]	サンプリング周波数[kHz]	S/N[dB]	出力	備　考
AD1955	アナログ・デバイセズ	24	192	123	電流	DSD対応
AD1853	アナログ・デバイセズ	24	192	120	電流	PCM入力のみ
AK4397	旭化成エレクトロニクス	32	192	120	電圧	DSD対応
PCM1794A	テキサス・インスツルメンツ	24	192	132	電流	PCM入力のみ
PCM1792	テキサス・インスツルメンツ	24	192	132	電流	DSD対応
PCM1795	テキサス・インスツルメンツ	32	192	123	電流	DSD対応
CS4398	シーラス・ロジック	24	192	120	電圧	DSD対応
WM8741	ウォルフソン	24	192	128	電圧	DSD対応
ES9018	ESS Technology	32	500	135	不明	入手困難

表1　ハイレゾ音源をダウンロードできるウェブサイトの例
Appendix 3（p.39）も参照．

サイト名	URL	備　考
Hdtracks	https://www.hdtracks.com/	高音質CDで有名なChesky Recordsが運営
Linn Records	http://www.linnrecords.com/	イギリスの高級オーディオ・メーカLINNが運営
e - onkyo music	http://music.e - onkyo.com/	オーディオ・メーカのオンキヨーが運営
OnGen	http://www.ongen.net/serial/e_onkyo_hdsound/index.php	日本最大級の無料試聴＆音楽配信サービス
ototoy	http://ototoy.jp/music/	日本のDRMフリー音源専門サイト
2L free from the stains of genre	http://www.2l.musiconline.no/shop/default.asp	ノルウェーの2Lレーベルが運営
M.A Recordings	http://www.marecordings.com/	日本発の音楽配信サイト，アコースティック音楽に特化
iTrax.com	http://www.itrax.com/	ジャンルを問わず音源が豊富
HDTT	http://www.highdeftapetransfers.com/	古いクラシックの音源をディジタル化し配信
KRIPTON HQM STORE	http://hqm-store.com/	2009年からDRMフリー音源を日本，海外に配信

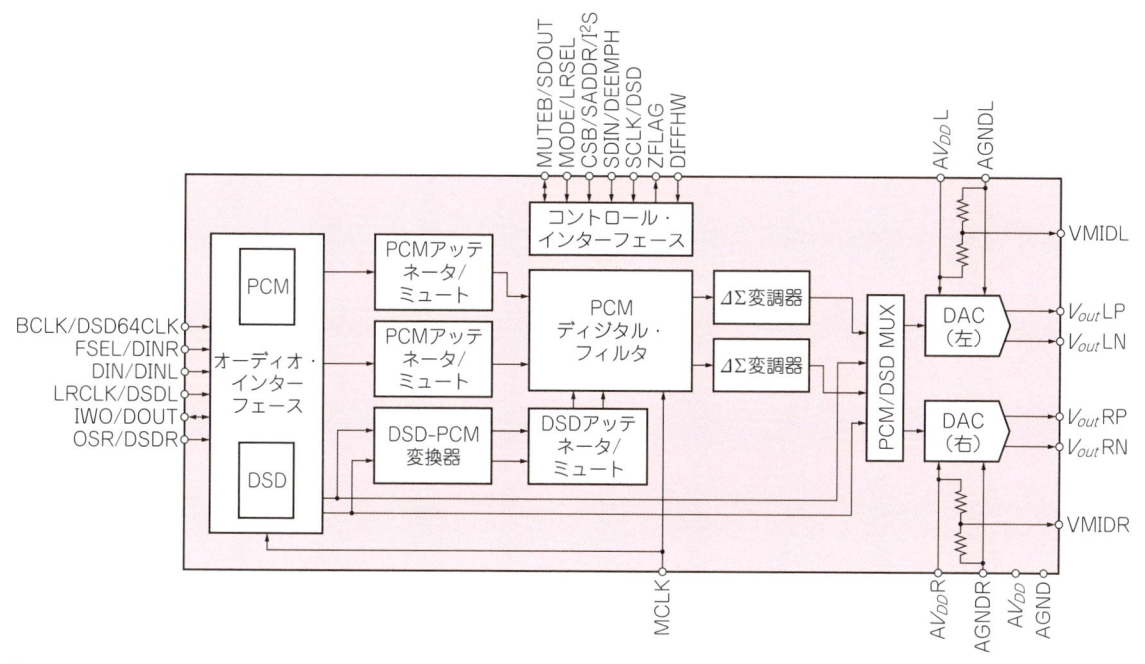

図1 PCMとDSDに対応し，豊富なディジタル・フィルタを利用できるD-AコンバータWM8741（ウォルフソン）の内部ブロック

写真1 DSDに対応する電圧出力のD-AコンバータWM8741

写真2 DSDに対応する電流出力のD-AコンバータAD1955

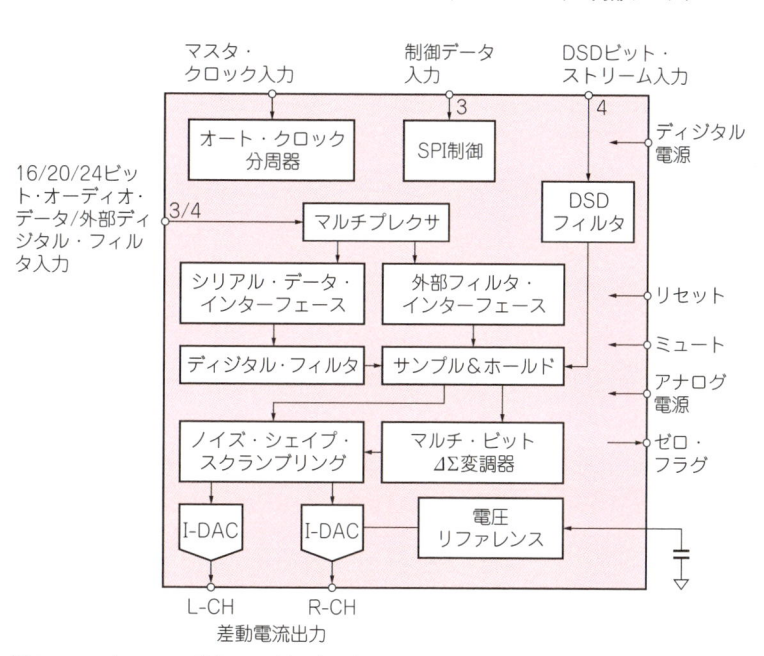

図2 PCMとDSDに対応し，外部ディジタル・フィルタ・インターフェースを備えるD-AコンバータAD1955（アナログ・デバイセズ）の内部ブロック

電流出力です．PCMとDSDに対応し，外部ディジタル・フィルタ・インターフェースを備えています．図3，写真3のCS4398は電圧出力でPCMとDSDに対応しています．図4，写真4のPCM1794Aは電流出力です．ステレオでS/N 129 dB，$THD+N$が0.0004％のD-Aコンバータです．

それぞれ192 kHz/24ビットに対応させるにはWM8741とCS4398はピンで，AD1955はマイコンからの設定が必要です．PCM1794Aは自動で対応します（88.2 kHzは未対応）．

D-Aコンバータのすべての機能を使うにはマイコンによる制御が必要ですが，CDフォーマット（44.1 kHz，16ビット）の対応など限定的ならハードウェア・ピンの設定だけでも動作します．I²Sなどの入力インターフェースとサンプリング・レート/分解能の選択が重要です．

192 kHz/24ビット対応D-Aコンバータのいろいろ　81

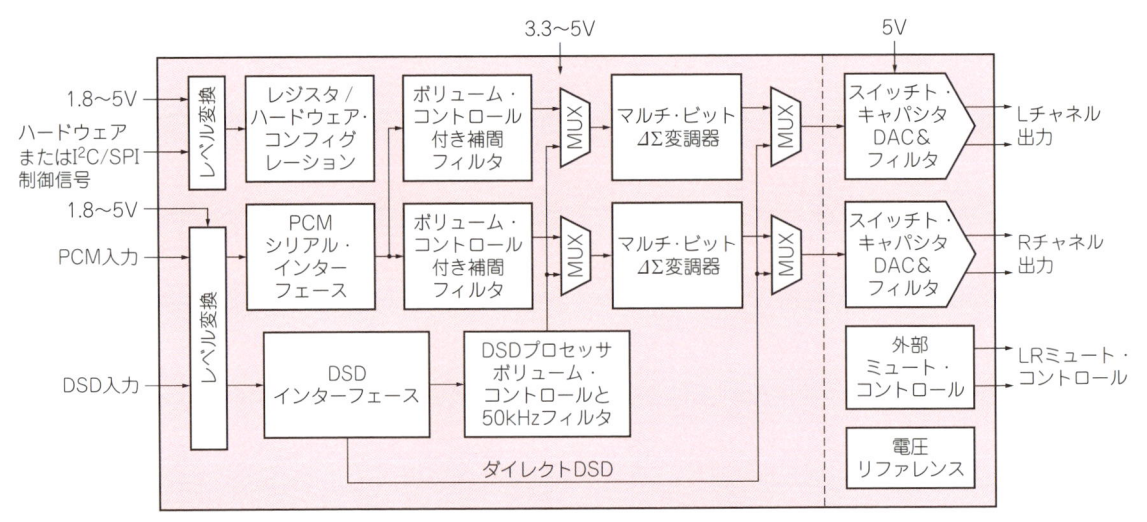

図3 PCMとDSDに対応するD-AコンバータCS4398（シーラス・ロジック）の内部ブロック

写真3 DSDに対応する電圧出力のD-AコンバータCS4398

写真4 PCM入力のみに対応する電流出力のD-AコンバータPCM1794

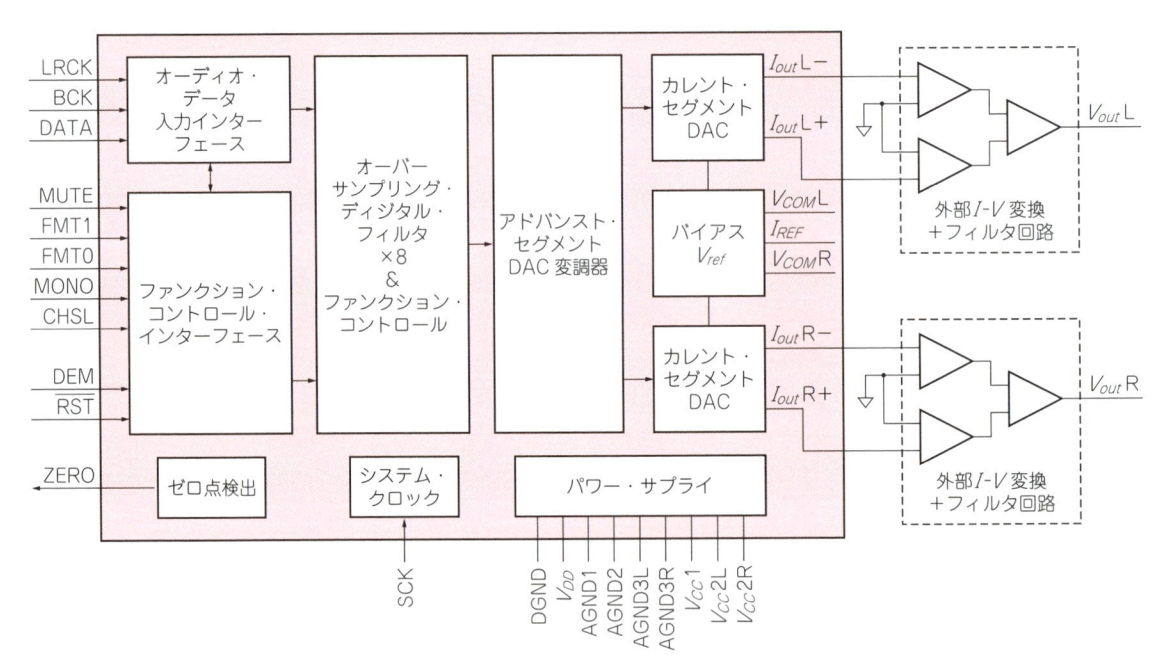

図4 S/N比129 dB，THD＋Nが0.0004％のD-AコンバータPCM1794（テキサス・インスツルメンツ）の内部ブロック

● ディジタル・オーディオ信号をI^2S出力できるUSB変換基板

　通常，オーディオ用D-Aコンバータは数種の入力データ・フォーマットに対応しますが，品種間で共通の代表的な入力データ・フォーマットはI^2Sです．多くのプレーヤやパソコンのサウンド・カードの出力は，USBやS/PDIFなので，I^2S出力付きのディジタル・オーディオ・インターフェース基板を用意してDACと接続します．

　写真5に示すのは，トランジスタ技術誌2012年2月号で開発されたUSBインターフェース基板（LV1-USBIM）です．USBやS/PDIF信号を入力すると

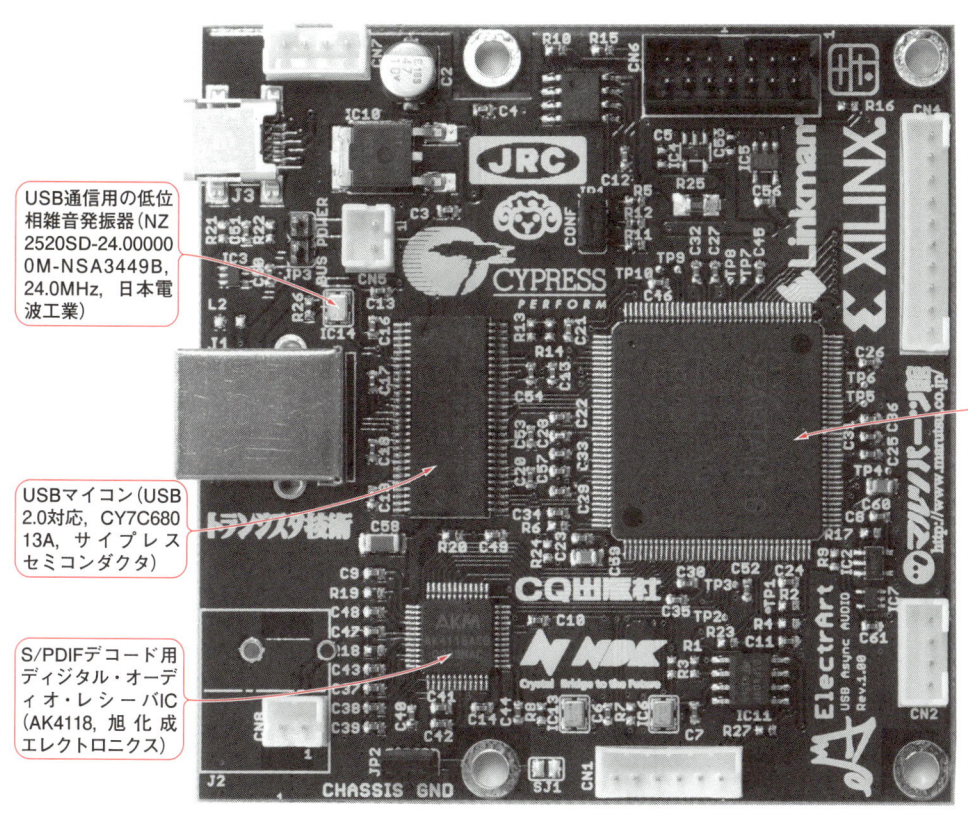

写真5 USBインターフェース基板(LV1-USBIM)は，USBやS/PDIFをI²S(LVDS伝送)に変換できる
トランジスタ技術誌2012年2月号で開発したUSBオーディオ・アンプ・キットLV1-ALL-KITに搭載されているものと同一．

(写真注釈)
- USB通信用の低位相雑音発振器(NZ2520SD-24.000000M-NSA3449B, 24.0MHz, 日本電波工業)
- USBマイコン(USB2.0対応, CY7C68013A, サイプレスセミコンダクタ)
- S/PDIFデコード用ディジタル・オーディオ・レシーバIC (AK4118, 旭化成エレクトロニクス)
- FPGA (Spartan6, XC6LX4TQG144, ザイリンクス)

LVDS(Low Voltage Differential Signaling)伝送方式のI²Sで出力できます．最大192 kHz/24ビットのサンプリング・レート/分解能の信号に対応できます．

これを使えば，I²Sインターフェースの4組(8本)の信号線LRCLK, BCLK, SDATA, MCLKをDACとつなぐだけで使えます．LV1-USBIMを使いたい場合は，図5のようにLVDSレシーバIC経由でD-Aコンバータに信号を送ります．LV1-USBIM以外の市販品でもI²S出力のUSBオーディオ基板はあるようです．

筆者は，LV1-USBIMを使わずに図6に示すDAC評価回路を自作して，MMCカードから評価用データを入力しています．

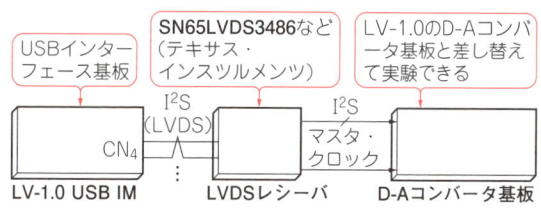

I²S入力のD-Aコンバータ

● 応用回路

図7にWM8741，図8にAD1955，図9にCS4398，図10にPCM1794を使ったD-Aコンバータ回路を示します．

ハードウェア・ピンの状態設定のみで動作します．これらのDAC ICはデフォルトで44.1/48 kHz, 16ビット，ステレオでエンファシスなしの入力に対応します．

入力インターフェースはI²S，マスタ・クロックは

図5 LV1-USBIMのLVDS出力はLVDSレシーバICで通常のロジック・レベルに変換する

(図5注釈)
- USBインターフェース基板
- SN65LVDS3486など(テキサス・インスツルメンツ)
- LV-1.0のD-Aコンバータ基板と差し替えて実験できる
- LV-1.0 USB IM → LVDSレシーバ → D-Aコンバータ基板
- I²S(LVDS) / I²S マスタ・クロック

$256 f_S$，電圧レベルは3.3 Vです．

アナログ回路は評価の便宜上ほぼ共通化して統一しましたが，電流出力型のAD1955, PCM1794と電圧出力型のCS4398, WM8741では異なります．出力にはリレー式のミュート回路を設けています．

アナログ回路はOPアンプやCRの定数，フィルタのカットオフ周波数などを好みのものに変更してもかまいません．これらの回路はICの基本動作の確認用です．メーカの推奨回路でもなければ最高性能を狙ったものでもありません．

▶電源は±12 Vと5 V, 3.3 Vを供給

図11に図7〜図10で使える電源回路を示します．アナログ用±12 Vとディジタル・アナログ兼用の3.3 V, 5 Vの計4系統の電源を供給しています．ディジタル，

(a) ブロック図

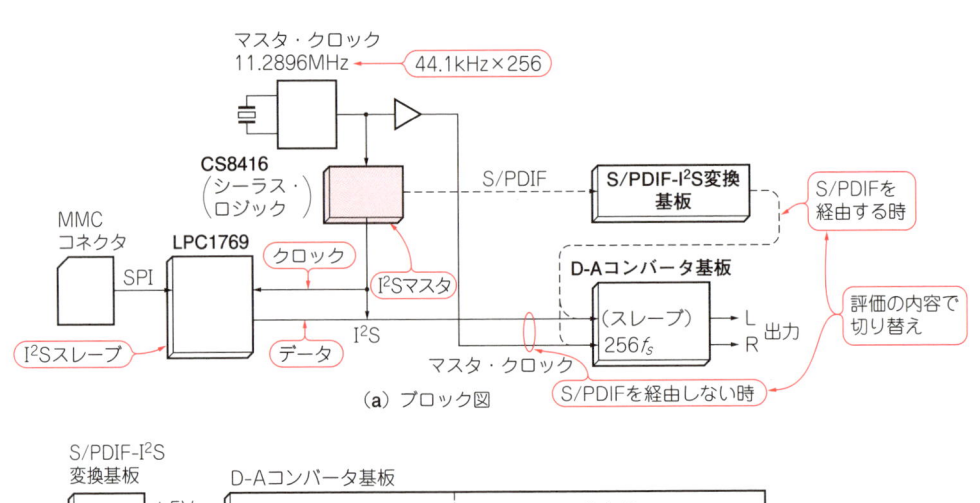

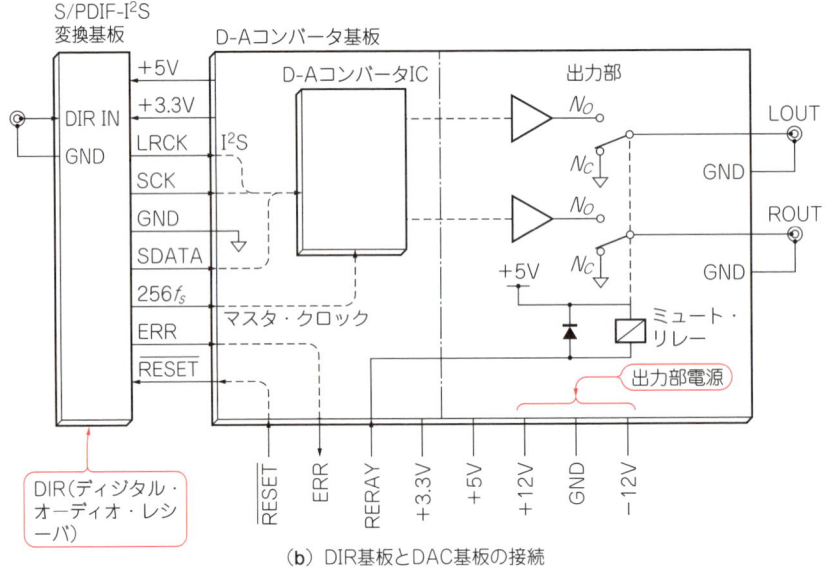

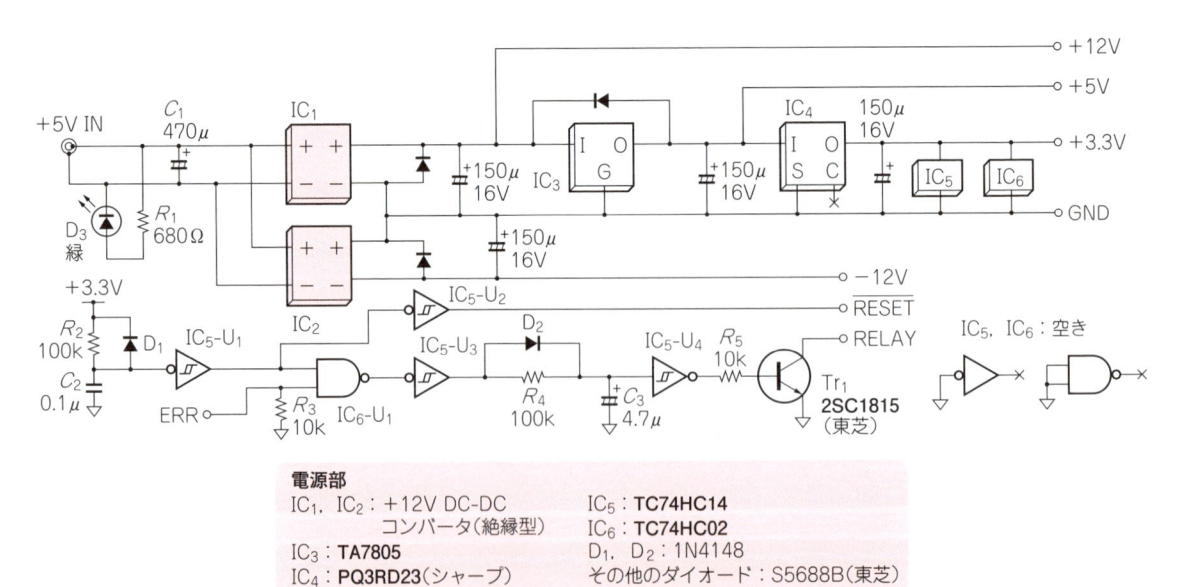

(b) DIR基板とDAC基板の接続

(c) DAC基板の電源部

電源部
IC₁, IC₂：＋12V DC-DC コンバータ（絶縁型）
IC₃：**TA7805**
IC₄：**PQ3RD23**（シャープ）
IC₅：**TC74HC14**
IC₆：**TC74HC02**
D₁, D₂：1N4148
その他のダイオード：S5688B（東芝）

図6　ハイレゾ音源を入力できるD-Aコンバータ評価回路

(a) WM8741の回路

(b) WM8741の出力アンプ

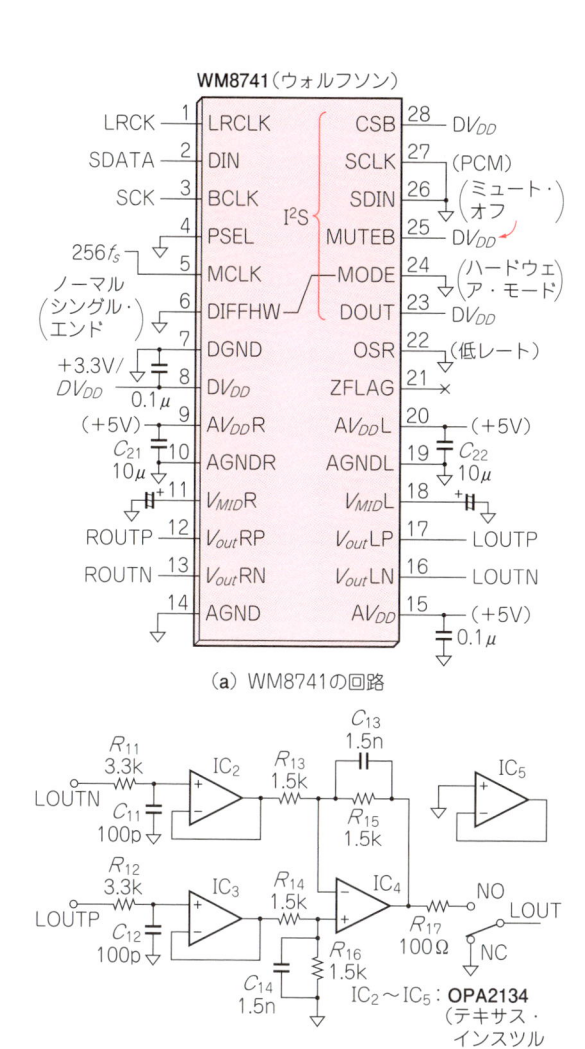

図7 電圧出力のD-Aコンバータ WM8741の動作確認用回路
電圧出力なので他のD-Aコンバータと出力アンプの回路は異なる．

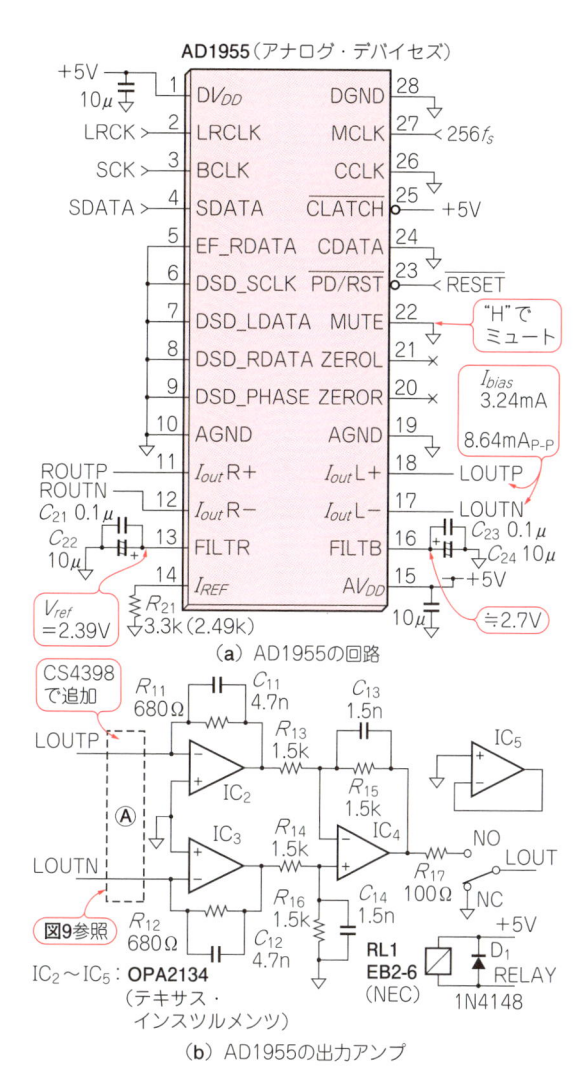

(a) AD1955の回路

(b) AD1955の出力アンプ

図8 電流出力のD-Aコンバータ AD1955の動作確認用回路
図はLチャネルのみ．Rチャネルも同様．出力アンプはCS4398，PCM1794と共通．

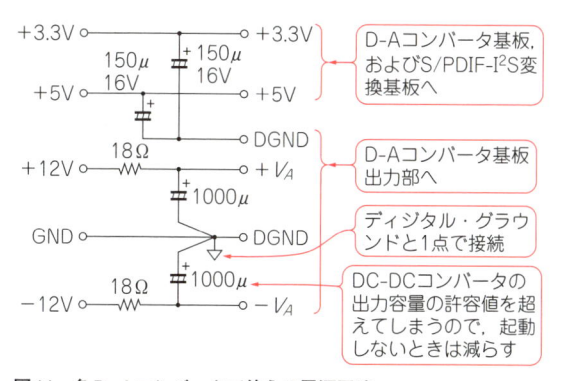

図11 各D-Aコンバータで使える電源回路

アナログの電源の分離が望ましいとされる箇所も簡単にデカップリング・コンデンサで済ませてあります．そのほか，パワー・オン・リセット信号の発生回路とミュートのコントロール回路を電源部に設けています．

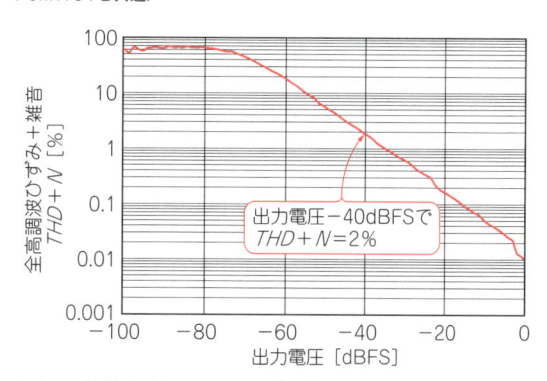

図12 電流出力のD-AコンバータPCM1794のTHD+N対出力電圧

● PCM1794のS/Nを測定

図12にPCM1794のTHD+N対出力電圧のグラフを示します．出力電圧に反比例する特性なのでノイズが

I²S入力のD-Aコンバータ　85

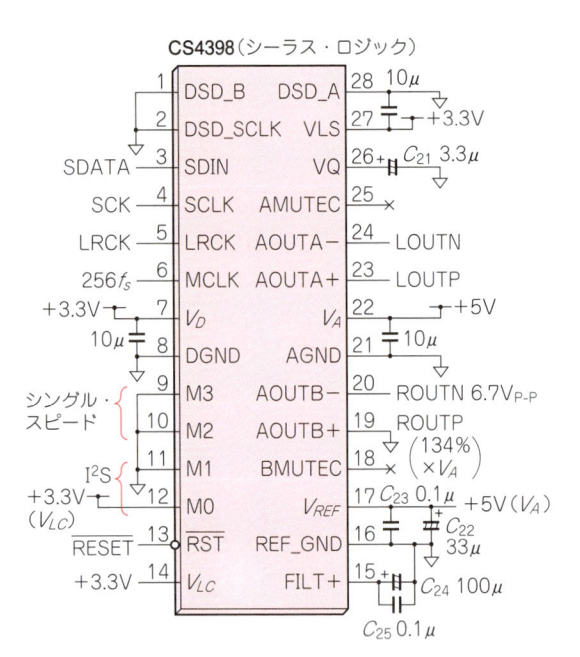

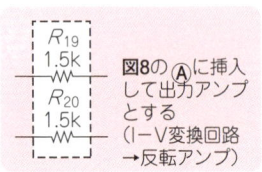

図9 電圧出力のD-AコンバータCS4398の動作確認用回路
出力アンプはAD1955の一部を電圧出力用に変更する.

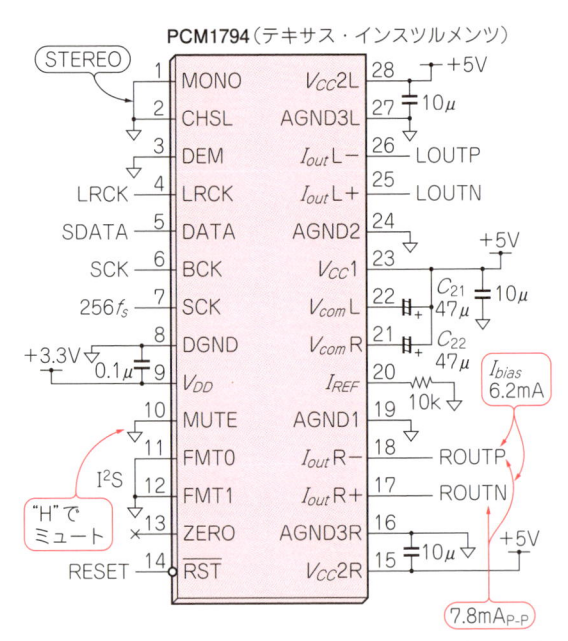

図10 電流出力のD-AコンバータPCM1794の動作確認用回路
出力アンプはAD1955と同じ.

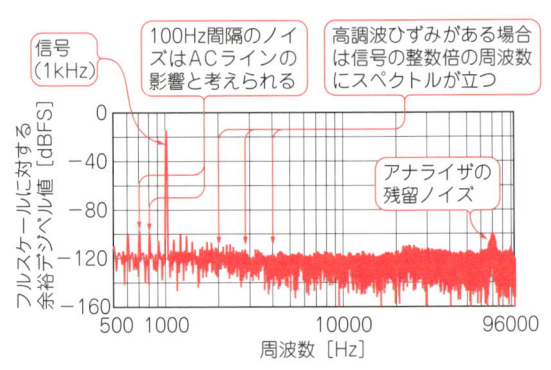

図13 電流出力のD-AコンバータPCM1794のFFT
実装に由来する残留ノイズが多い.

支配的です. 出力電圧-40dBFSで2%(-34dB)ということは, -74dBFSのノイズが存在することになり, 結果は残留ノイズの影響が大きいかもしれません.

図13にFFTのグラフを示します. ノイズ電圧を測定するには周波数帯域幅を決めます. 帯域制限にJIS-A特性のフィルタを用い, ACミリボルト・メータで残留ノイズを測ったところフルスケール出力との比で約-100dBでした. 通常で聞いて分かるようなノイズは発生しません.

◆参考文献◆
(1) WM8741データシート；http://www.wolfsonmicro.com/documents/uploads/data_sheets/en/WM8741.pdf
(2) AD1955データシート；http://www.analog.com/static/imported-files/jp/data_sheets/AD1955_JP.pdf
(3) CS4398データシート；http://www.cirrus.com/jp/products/cs4398.html
(4) PCM1794Aデータシート；http://www.tij.co.jp/jp/lit/ds/sles117a/sles117a.pdf

Appendix 5
D-Aコンバータと組み合わせて使えるS/PDIFレシーバIC

● S/PDIFレシーバICでCDプレーヤ出力をD-A変換器に接続

S/PDIFをD-A変換ICにつなぐにはディジタル・オーディオ・レシーバIC(DIR)を使います. DIRに高分解能D-Aコンバータを接続すれば, S/PDIFインターフェースで入力したディジタル・オーディオ・データをアナログ出力できます. 代表的なICとして, DIR9001, CS8416, WM8805を紹介します.

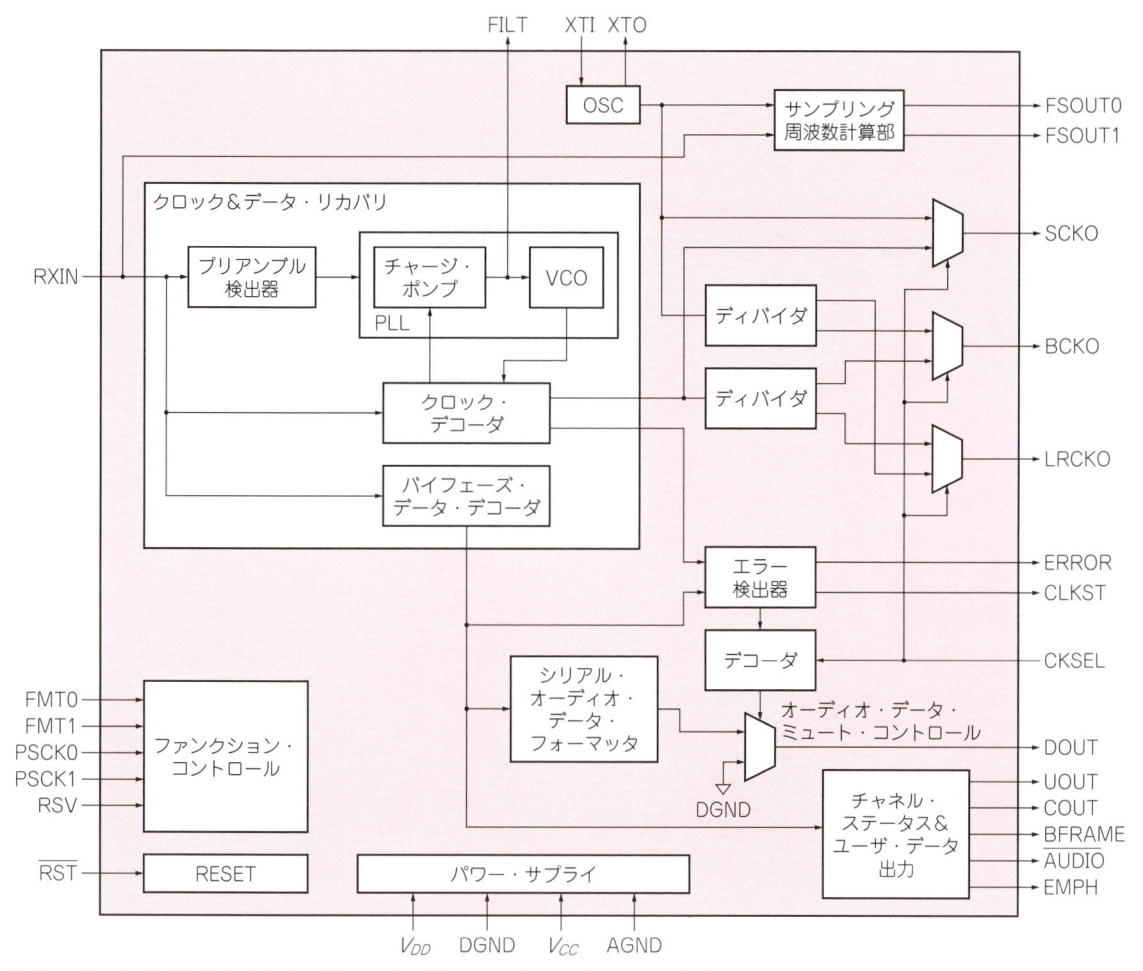

図1 S/PDIF-I²S変換を行えるディジタル・オーディオ・レシーバIC DIR9001(TI)

写真1 S/PDIFレシーバICのDIR9001

写真2 S/PDIFレシーバのCS8416

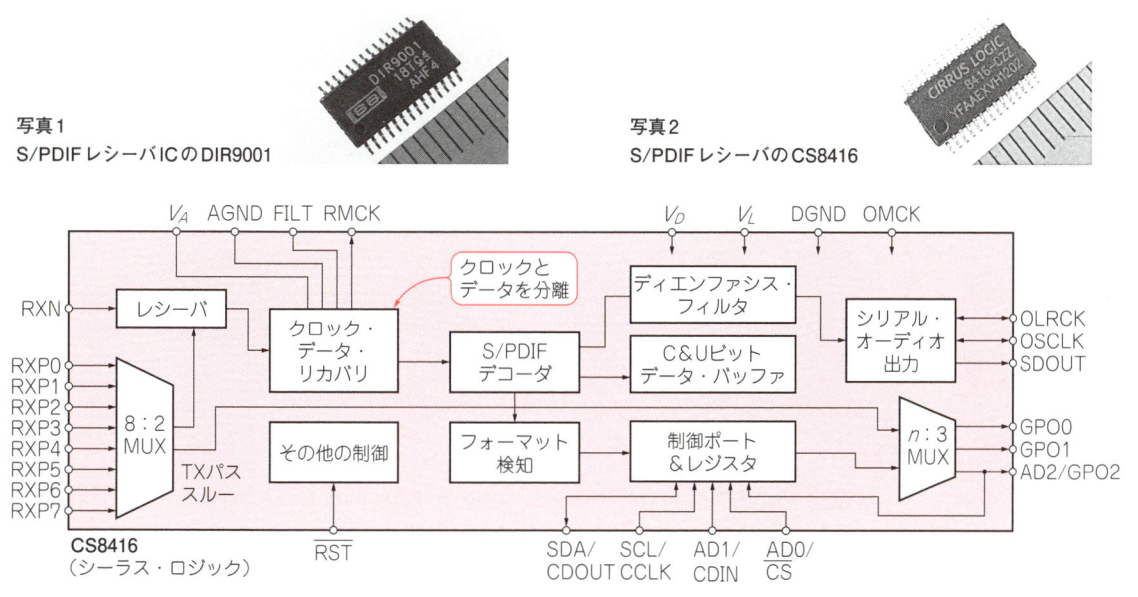

図2 S/PDIF-I²S変換を行えるディジタル・オーディオ・レシーバIC CS8416
プロ・オーディオ用の規格にも対応している．

Appendix 5　D-Aコンバータと組み合わせて使えるS/PDIFレシーバIC

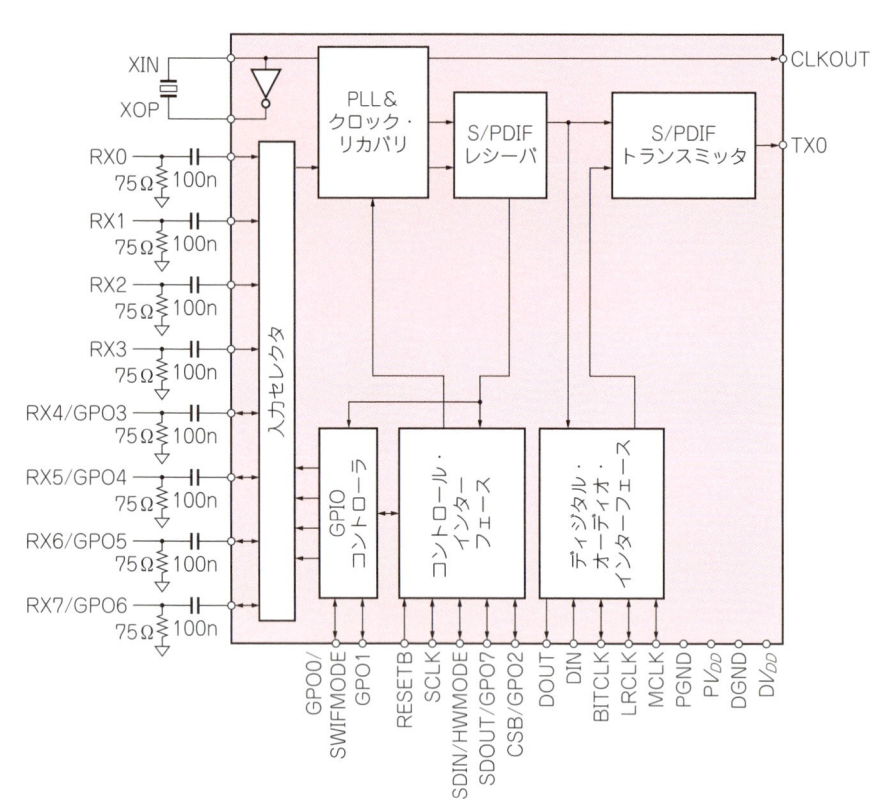

写真3 S/PDIF-I²S変換IC WM8805

図3 S/PDIF受信用ディジタル・オーディオ・レシーバIC WM8805(ウォルフソン)

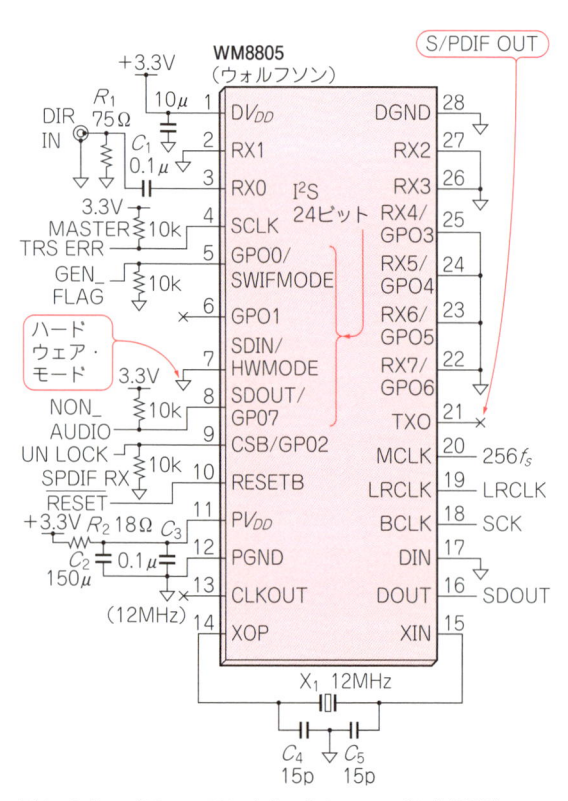

図6 レシーバIC WM8805を使ったS/PDIF-I²S変換回路

図1，写真1のDIR9001は，外付けで水晶発振子を接続すると，チャネル・ステータスの情報ではない実際のサンプリング・レートを検出できます．また，この機能を使わない場合は水晶を省略できます．ただし，サンプリング・レートは96 kHzまでしか対応せず，TTLレベル入力なので同軸ケーブルの接続には外付け回路が必要です．図2，写真2のCS8416はS/PDIFをプロ・オーディオ用に拡張したAES3に対応し，最大192 kHzまでのサンプリング・レートでオーディオ・データを受信できます．図3，写真3のWM8805は，S/PDIFの変換のほか，入力信号をパス・スルーできます．PLLはディジタル方式です．

DIRもD-Aコンバータと同様に全機能を使うにはマイコンによる制御が必要ですが，ハードウェア・モードを備えている品種はマイコンなしで使えます．

● S/PDIF-I²S変換回路

これらのDIR ICを使ったS/PDIF-I²S変換回路を図4～図6に示します．出力フォーマットは24ビットのI²Sです．前述のD-Aコンバータ回路につなげられます．マスタ・クロックは$256 f_S$です．アナログPLLを使用しているものはアナログ部の電源のデカップリングに注意します．グラウンドはアナログ回路でまとめ，一点でディジタル・グラウンドと接続してい

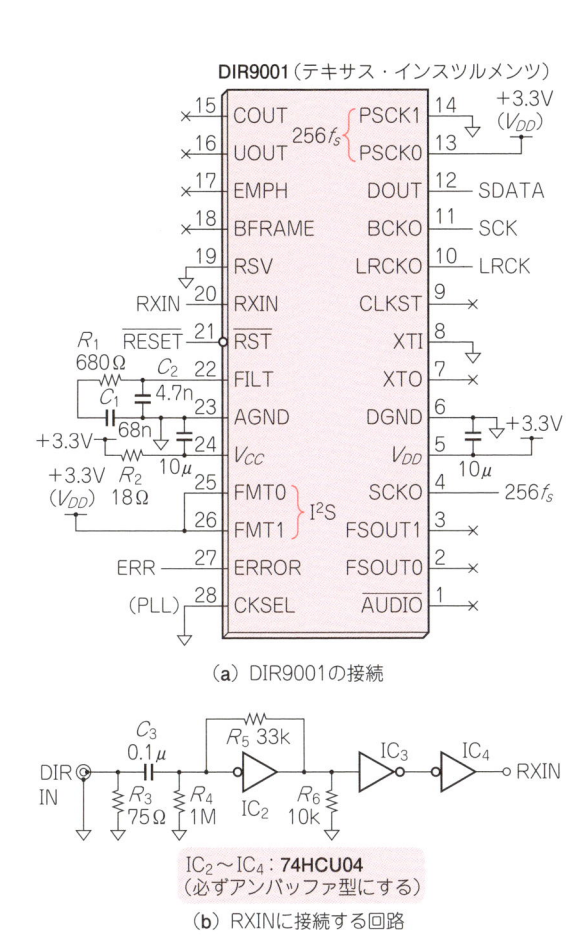

図4 レシーバIC DIR9001を使ったS/PDIF-I²S変換回路

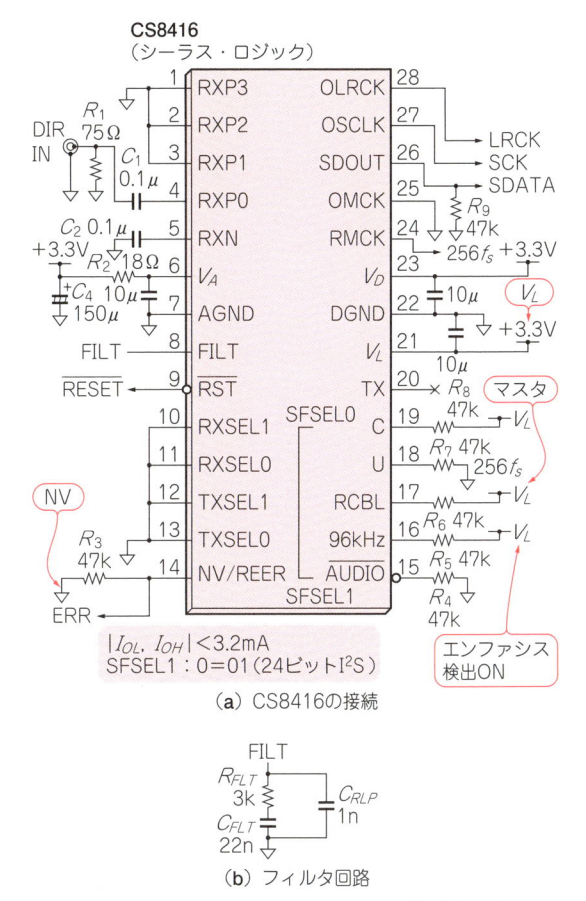

図5 レシーバIC CS8416を使ったS/PDIF-I²S変換回路
電源回路は図4(b)を利用する.

　ます．
　図4に示すDIR9001には水晶発振子の接続端子がありますが，サンプリング・レートの測定用なので機能を使用しない場合は必要ありません．S/PDIF入力はCMOSのロジック・レベルなのでレベル変換回路を設けています．
　図5に示すCS8416はS/PDIFのデコーダでプロ用オーディオ規格のAES3もデコードできます．また，入力信号をパス・スルーできます．
　図6に示すWM8805はディジタルPLLを使用しています．このため12MHzの水晶発振子が必要です．ソフトウェア・モード(マイコン制御)では利用できる水晶発振子の周波数に幅がありますが，ハードウェア・モードでは12MHzに限定されています．
　CS8416とWM8805の端子のいくつかはリセット時の出力端子のレベルを検出して設定を判断しています．指定された値の抵抗でプルアップまたはプルダウンすることでレベルを設定します．リセット解除後は出力端子となるので無視されますが，必ず抵抗を介してレベルを設定します．また，これらの端子を出力として使用する場合，後続の回路にプルアップまたはプルダウン抵抗があると設定が正常に認識されません．取り除けない場合は間にバッファが必要です．

● D-Aコンバータと組み合わせて使うときの注意点
　(1) ハイ・サンプリングに対応するにはD-Aコンバータの設定を変えなければなりません．入力信号のサンプリング・レートを検出して出力する端子を備えているS/PDIF-I²S変換ICもあります．DIR9001はハードウェアの周波数カウンタ機能を内蔵しています．CS8416は88.1kHz以上のサンプリング・レートでアクティブになる端子があります．
　S/PDIFのチャネル・ステータス・ブロックの第3バイト(0ベース：先頭から4バイト目)の先頭4ビット(第0～3ビット)がサンプリング・レートを表しますが，これを利用するのはかなり厄介です．
　(2) 高域をあらかじめ増強させて全体のS/Nやダイナミック・レンジを改善するエンファシス処理が施されている音源では，ディエンファシスが必要です．DIR9001は専用端子に検出結果を出力しますが，

CS8416にはありません．代わりに図7のディエンファシス・フィルタそのものを内蔵していて，設定すればハードウェア・モード時も自動検出で動作できます．

▶エンファシス情報はパソコンでは失われる

S/PDIFのエンファシス情報は専用のオーディオ・プレーヤでは出力されますが，パソコンのWAVファイル上には情報がありません．CDからリッピングした場合もエンファシス情報は失われます．信号源にパソコンを使う場合はディエンファシスは手動でONできるようにした方が便利かもしれません．

(3) 入力インターフェース

同軸ケーブルのS/PDIFの出力は0.5 V_{P-P}±20％，75Ω±20％という仕様です．一般的なロジックICの入力には直接接続することはできません．CS8416とWM8805は対応するインターフェースを持っているため，カップリング・コンデンサを介せば接続可能です．しかし，そうでないもの(DIR9001など)はレベル変換の必要があります．

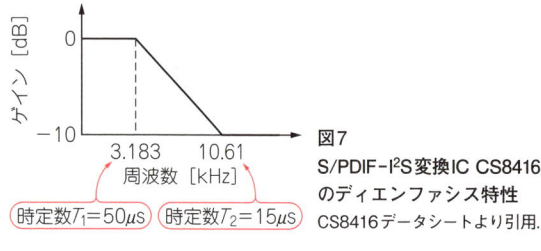

図7 S/PDIF-I²S変換IC CS8416のディエンファシス特性
CS8416データシートより引用．
時定数T_1=50μS　時定数T_2=15μS

パソコンからの嫌なノイズをシャットアウト！USBアイソレータ ADuM4160

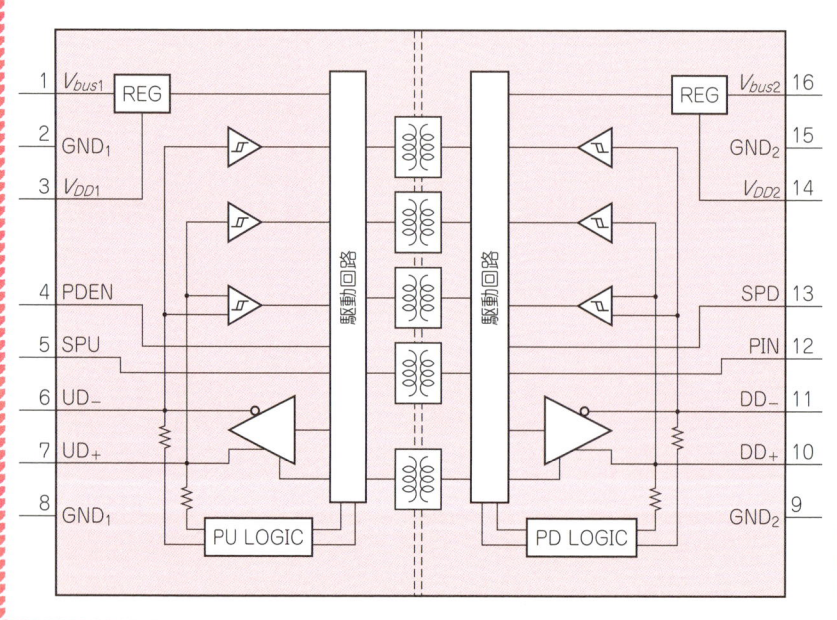

図Aのように，USBアイソレータ ADuM4160はトランスを内蔵しているため，ホスト側(アップ・ストリーム)とデバイス側(ダウン・ストリーム)のUSBの信号をグラウンドも含めて完全にアイソレートできます．ホスト側の電源はバス・パワーから，デバイス側の電源は独自に供給できます．USBの規格外ですが500 mAを超える大電流の供給も可能です．

ADuM4160を使ったUSBアイソレータの回路を図Bに，製作した基板を写真Aに示します．

少し変わっているのはD₊，D₋の信号線に直列に入る終端抵抗です．USBフル・スピード(12 Mバイト/s)の時に必要で，24Ω±1％という狭い許容値が指定されています．USBの仕様ではフルスピード・バッファの等価出力インピーダンスは28〜44Ωですが，ADuM4160のフルスピード・ドライバ・インピーダンスZ_{outH}の規格値が最小4Ω，最大20Ωなので，24Ωの固定抵抗を追加すると許容範囲いっぱいとなります．

ダウン・ストリーム側がグラウンドを含めてフローティングとなるため，場合によってはかえってノイズの影響を受けやすくなります．適切なグラウンドを取るようにしてください．

〈佐藤 尚一〉

図A USBアイソレータ ADuM4160はトランスを内蔵している

光ファイバで接続する場合は光通信のレシーバを接続します．レシーバの出力はロジック・レベルなのでS/PDIF（同軸）入力のDIR ICには直接接続できません．カップリング・コンデンサを介して接続します．

（4）S/PDIFの入力信号から，PLLによってメイン・クロックと出力インターフェースのタイミングを生成します．生成されたクロックのジッタはD-Aコンバータ全体に影響を与えます．DIRは自らクロックを生成せず外部からのクロックに同期して動作するスレーブ・モードもサポートしますが，一般的なD-Aコンバータではマスタ・モードに設定します．

（5）エラー出力端子は，入力信号が存在しない時やPLLのロックが外れた時などにアクティブになります．ミュート信号として使用できます．

〈佐藤 尚一〉

◆参考文献◆
(1) DIR9001データシート；http://www.tij.co.jp/jp/lit/ds/symlink/dir9001.pdf
(2) CS8416データシート；http://www.cirrus.com/jp/pubs/proDatasheet/CS8416_F3.pdf
(3) WM8805データシート；http://www.wolfsonmicro.com/documents/uploads/data_sheets/en/WM8805.pdf

Column

写真A 製作したUSBアイソレータ
暫定的に18Ωの抵抗を使ったが，特に問題は生じていない．

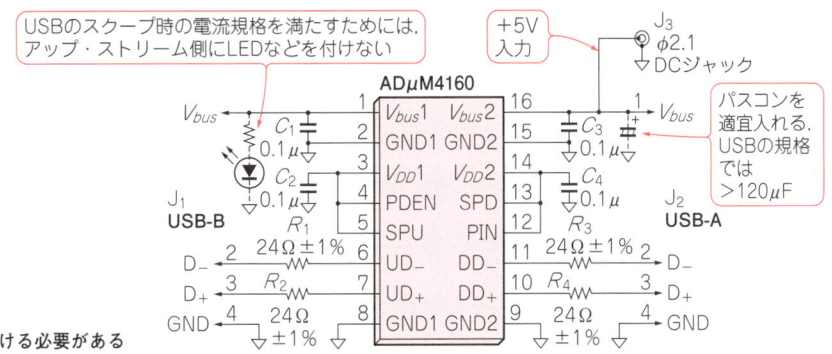

図B ADuM4160には24Ω±1%を付ける必要がある

Appendix 5　D-Aコンバータと組み合わせて使えるS/PDIFレシーバIC

第3部 ディジタル・オーディオの音をupgrade！する

`キット発売中！`

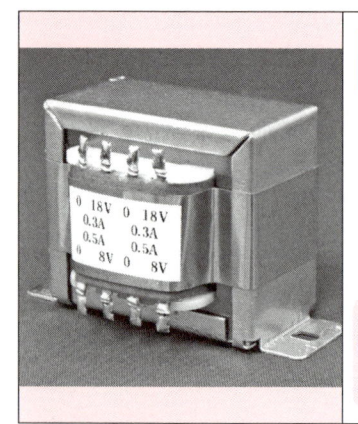

第9章 ハイレゾ・オーディオなどの実験に
低雑音＆高安定固定出力＆可変出力の4チャネル実験用低雑音電源の実験

遠坂 俊昭

オーディオを自作するときに必ず欲しくなるのが低雑音の実験用電源です．ACアダプタは出力電圧は固定で，ノイズの大きいスイッチング電源タイプしか入手できなくなってしまいました．24ビットの1ビットは－130 dBというとても微小な信号ですから，ノイズは天敵です．そこで，ハイレゾ・オーディオにも使える商用トランス式の低雑音電源を作りました．〈編集部〉

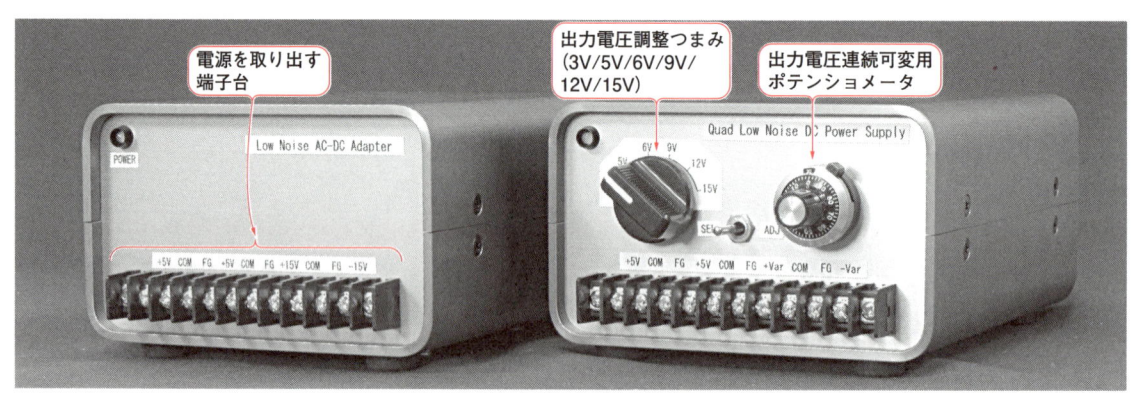

写真1　オーディオ用低雑音可変電源（左が固定出力，右が可変出力タイプ，キット発売中！）
右側の可変出力タイプがキット化されている．可変出力タイプは，ロータリ・スイッチによる設定と10回転ポテンショメータによる連続可変がトグル・スイッチで選択できる．可変範囲は±3 V～15 V．オーディオ用低雑音可変電源キット，型名：LNPS1-TGKIT（右）．

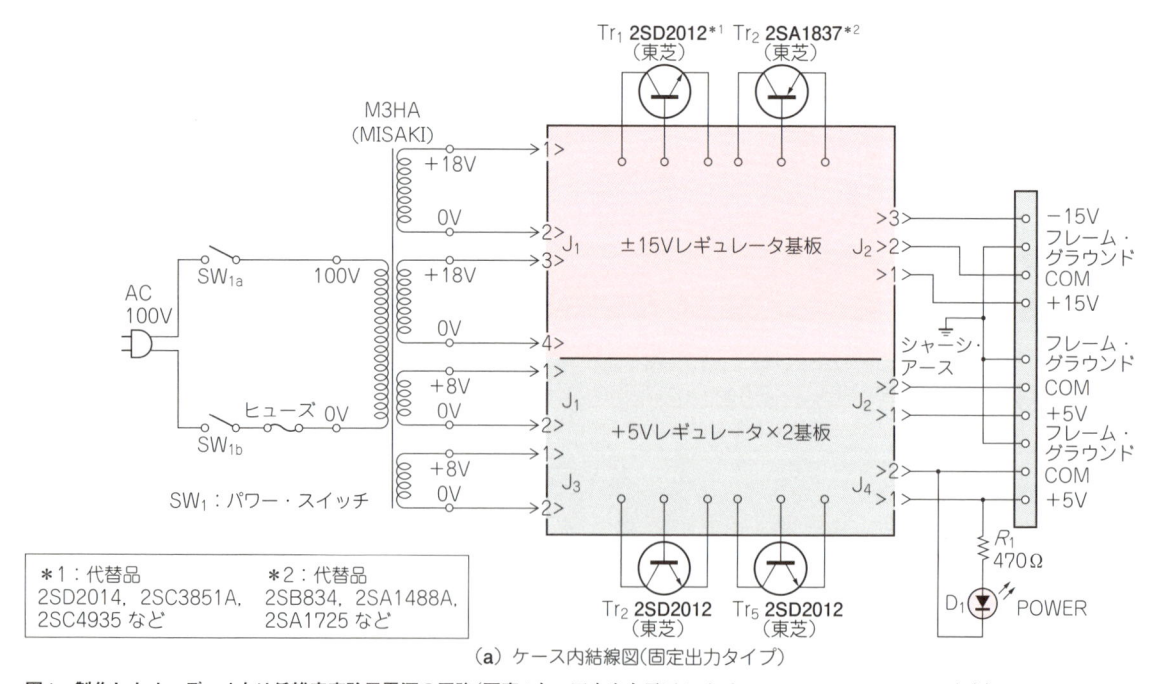

図1　製作したオーディオ向け低雑音実験用電源の回路（写真1左の固定出力電圧タイプ，±15 V/±5 V，300 mA出力）
出力電圧可変タイプは図10の回路参照．

(a) ケース内結線図（固定出力タイプ）

*1：代替品　2SD2014，2SC3851A，2SC4935 など
*2：代替品　2SB834，2SA1488A，2SA1725 など

回路設計

● 仕様

「いざ電源を自作！」というとき，一番のネックになるのが多巻き線の電源トランスが市販されていないということです．

本章では，電源トランスを特注で製作して，**写真1**に示す3系統4出力のオーディオ向け低雑音実験用電源「LNPS1-TGKIT」を製作しました（キットは，出力電圧可変タイプ，**図10**参照）．**表1**に製作したオーディオ用低雑音可変電源キットのスペックを示します．

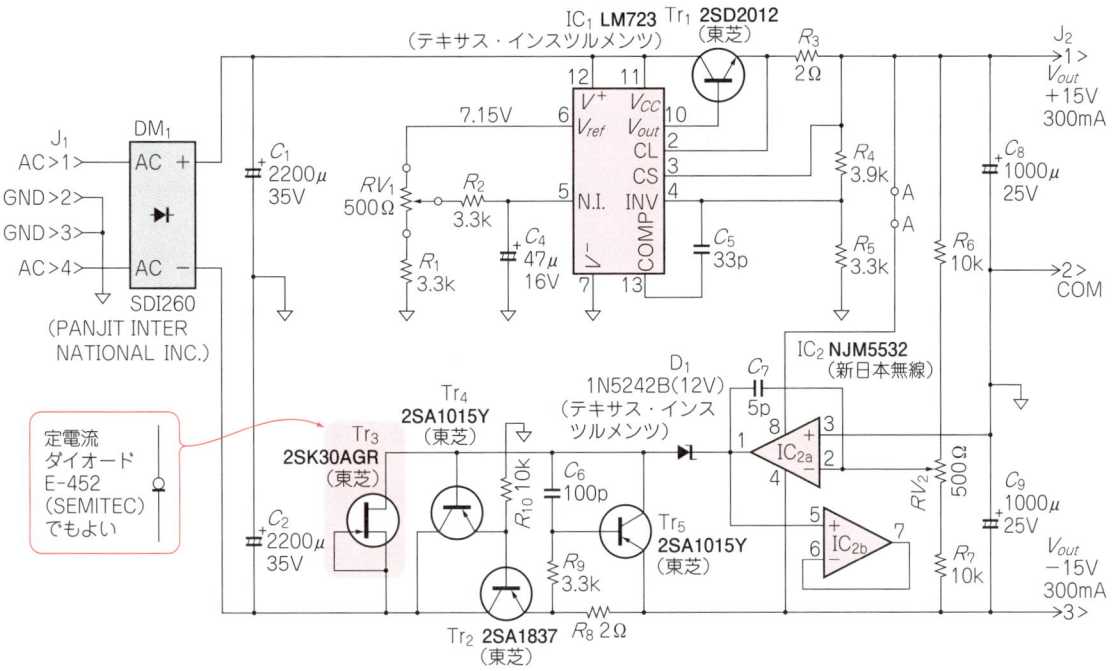

(b) ±15V出力レギュレータ（固定出力）

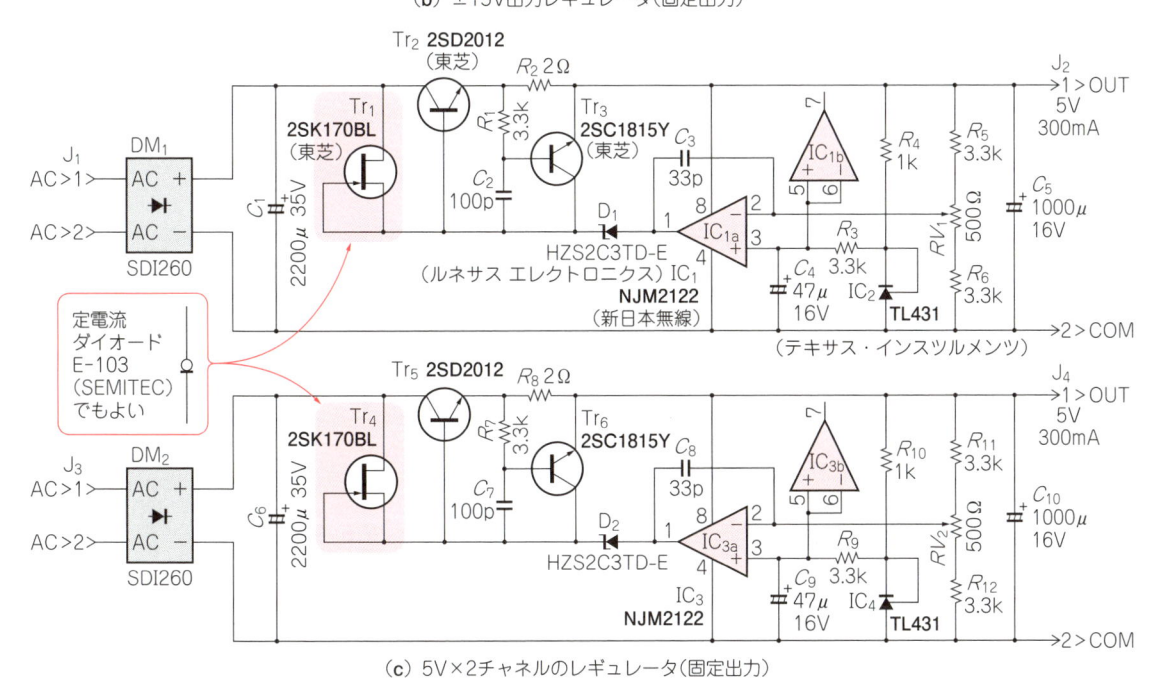

(c) 5V×2チャネルのレギュレータ（固定出力）

回路設計 93

表1 オーディオ用低雑音可変電源キット「LNPS1-TGKIT」のスペック

電源装置の種類		製作した低雑音電源[*1]	LDC15F-2(コーセル)	SWT30-5FF(TDKラムダ)
入力	電圧範囲	85～110 V$_{RMS}$	85～264 V$_{RMS}$	85～265 V$_{RMS}$
	電流	0.3 A$_{RMS}$	0.4 A$_{RMS}$	0.9 A$_{RMS}$
	効率	45%	70%	70%
出力1 (+15 V)	最小電流	0 A	0 A	0.4 A
	最大電流	0.25 A	0.3 A	1 A
	リプル雑音	0.2 mV$_{P-P}$以下[*2]	120 mV$_{P-P}$以下[*4]	150 mV$_{P-P}$[*5]
	リプル雑音	50 μV$_{RMS}$以下[*3]	−	−
出力2 (−15 V)	最小電流	0 A	0 A	0 A
	最大電流	0.3 A	0.2 A	0.3 A
	リプル雑音	0.2 mV$_{P-P}$以下[*2]	120 mV$_{P-P}$以下[*4]	150 mV$_{P-P}$[*5]
	リプル雑音	50 μV$_{RMS}$以下[*3]	−	−
出力3 (+5 V)	最小電流	0 A	0 A	0.2 A
	最大電流	0.3 A	2 A	2 A
	リプル雑音	0.1 mV$_{P-P}$以下[*2]	100 mV$_{P-P}$以下[*4]	120 mV$_{P-P}$[*5]
	リプル雑音	20 μV$_{RMS}$以下[*3]	−	−
出力4 (+5 V)	最小電流	0 A	なし	なし
	最大電流	0.3 A		
	リプル雑音	0.1 mV$_{P-P}$以下[*2]		
	リプル雑音	20 μV$_{RMS}$以下[*3]		
質量		1.52 kg	0.15 kg	0.23 kg
サイズ W×H×D		120×75×175 mm	50×26×127 mm	76.2×30.5×127 mm

[*1] 出力可変タイプは，出力1と出力2を連動させて±2～±15 Vに可変できる．質量1.57 kg，D = 185 mm
[*2] 帯域幅1 MHzの増幅器で40 dB増幅してBW20 MHzのオシロスコープで観測
[*3] 帯域幅1 MHzの増幅器で40 dB増幅してBW10 MHzの交流電圧計で計測
[*2，*3]とも外部からの雑音は含まず電源内部で発生した雑音のみの値
[*4] BW20 MHzのオシロスコープで観測　　[*5] JEITA規格RC-9131に準じた計測方法

この電源トランスは2次巻き線がそれぞれ独立しているので，各出力のグラウンドをフローティングできます．

ディジタル・オーディオではディジタル部とアナログ部の電源電圧が異なります．さらに高S/N，高忠実度のオーディオ信号を得るため，ディジタル部で発生する雑音をアナログ部に混入させないようにする必要があります．そこで，それぞれに別系統の電源を用意します．

今回は，図1の回路図に示すように「±15 V，最大300 mA」の1回路と，「5 V，最大300 mA」を2回路の3系統を持ち，それぞれのグラウンドを別々にしてフローティングしています．このため完成したシステムでディジタル部とアナログ部の最適なグラウンド接続点を探します．その点でグラウンドを1点接続します．また，5 V出力は端子の結線によって±5 Vとして使うことも可能です．

● トランスを特注

タイトル・カット写真に示すのが今回特注した電源トランス(M3HA；MISAKI)です．

50/60 Hzの商用周波数の電源トランスでは，巻き線比と巻き線抵抗が明確になっていると，シミュレーシ

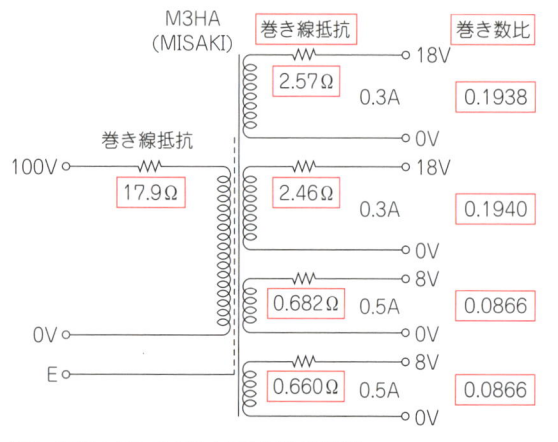

図2 電源トランスの巻き線比と巻き線抵抗

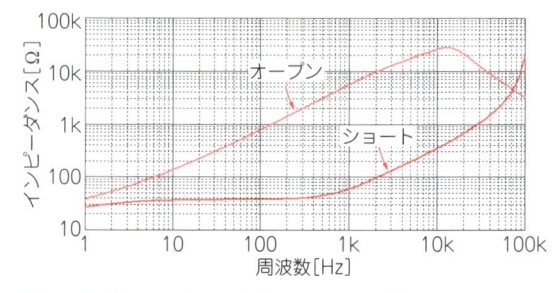

図3 電源トランスの1次側インピーダンス特性

第9章　低雑音＆高安定固定出力＆可変出力の4チャネル実験用低雑音電源の実験

(a) シミュレーション回路

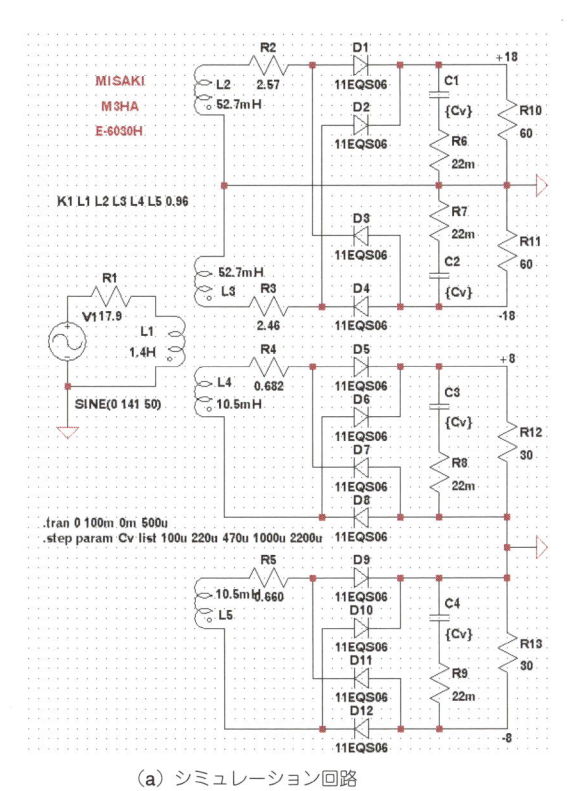

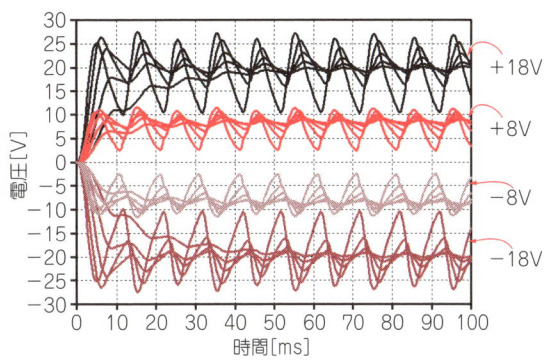

(b) 出力コンデンサの値と電源投入後の電圧変動

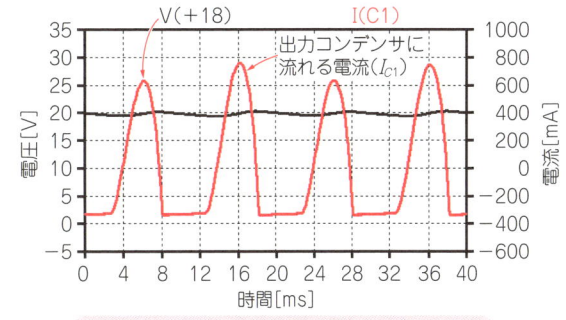

(c) 2200μFでの+18V出力(定常状態の出力電圧波形とコンデンサに流れる電流波形)

出力コンデンサに流れる実効値電流は395mA$_{RMS}$

図4 整流回路の設計

ョンで整流後の直流電圧とリプル電圧が簡単に求められます．巻き線抵抗は，ディジタル・マルチメータなどで直流抵抗を計測します．巻き線比は，2次側巻き線を無負荷(開放の状態)にして，1次と2次の電圧比から求めることができます．図2が計測した結果です．

図3は，M3HAの励磁インダクタンス(≒1次インダクタンス)とリーケージ・インダクタンスを求めるために計測した1次側のインピーダンスと周波数特性です．2次側開放の状態では，励磁インダクタンスが支配的になります．

$$L = \frac{R}{2\pi f} \cdots\cdots\cdots\cdots\cdots\cdots\cdots\cdots\cdots\cdots (1)$$

式(1)より，図3の50Hzのインピーダンス(450Ω)から励磁インダクタンスが1.4Hと求まります．2次側短絡の状態ではリーケージ・インダクタンスが支配的になり，10kHzのインピーダンス(350Ω)から5.6mHとなります．

● 整流回路の設計

商用周波数(50/60Hz)を使用した電源トランスでの整流回路のシミュレーションの場合，励磁インダクタンスとリーケージ・インダクタンスは出力電圧とリプル電圧にほとんど影響しません．このため，通常1Hなどの切りのよいインダクタンスを励磁インダクタンスにし，結合係数は1とした場合でよいことになります．ここでは，せっかく励磁インダクタンスを計測したのでM3HAをモデリングしました．

結合係数は簡単には，励磁インダクタンスL_P，リーケージ・インダクタンスL_Lから，

$$K = 1 - \frac{L_L}{L_P} \cdots\cdots\cdots\cdots\cdots\cdots\cdots\cdots (2)$$

式(2)から，0.996と求まります．

2次側インダクタンスL_Sは，励磁インダクタンスL_Pと巻き線比nから式(3)で求まります．

$$L_S = L_P n^2 \cdots\cdots\cdots\cdots\cdots\cdots\cdots\cdots\cdots (3)$$

図4(a)が，出力コンデンサの容量を100μF，220μF，470μF，1000μF，2200μFに変化させて出力電圧を求めるシミュレーション回路です．図4(b)が，電源投入からの4出力の電圧波形のようすです．100μFのとき，+18V出力では最低出力電圧が約+10Vでリプル電圧が大きく，容量不足であることが分かります．コンデンサの値が大きくなるにつれてリプル電圧が小さくなり，最低出力電圧が上昇していきます．

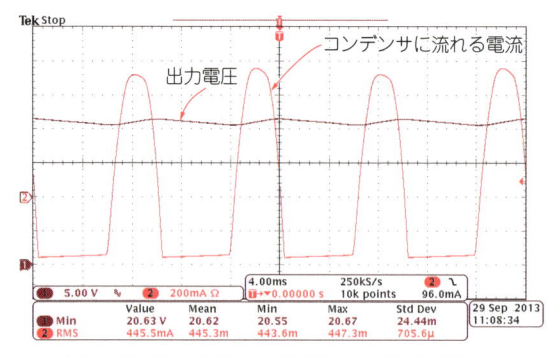

(d) ＋18V出力の出力電圧波形とコンデンサに流れる
電流波形（実測値）

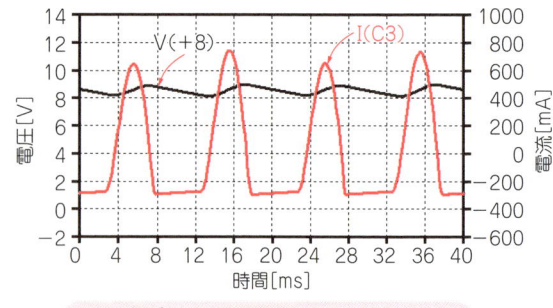

(e) 2200μFでの＋8V出力（定常状態の出力電
圧波形とコンデンサに流れる電流波形）
出力コンデンサに流れる実効値電流 366mA$_{RMS}$

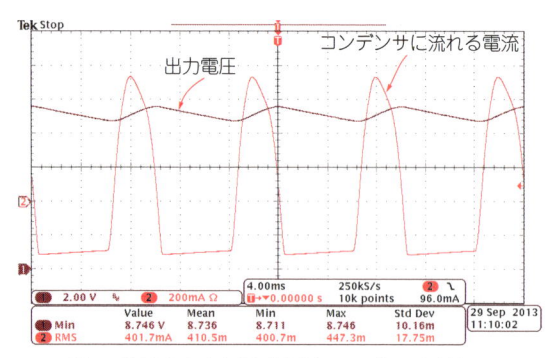

(f) ＋8V出力の出力電圧波形とコンデンサに流れる
電流波形（実測値）

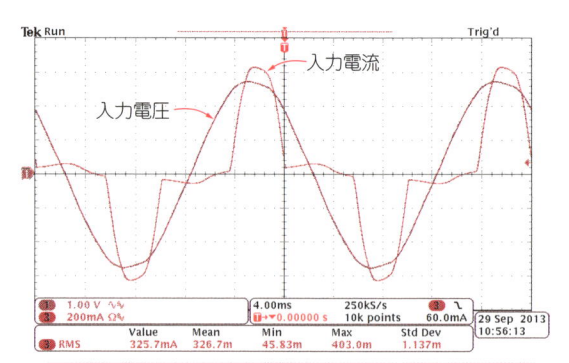

入力電圧はアイソレーション・アンプで1/50にしてから観測
(g) AC100V入力電圧波形と入力電流波形

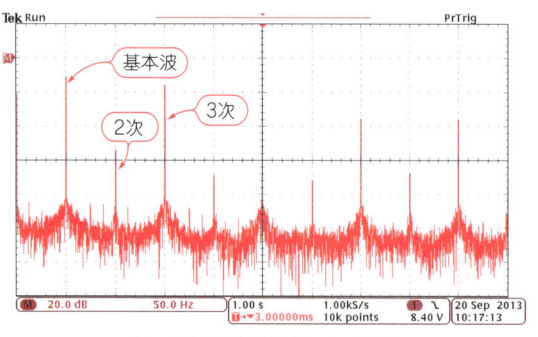

(h) 入力電流波形をFFTした結果

図4 整流回路の設計（つづき）

　図4(c)は，シミュレーションでの2200μFのときの＋18V出力の電圧波形とC_1に流れるリプル電流波形です．最低電圧が19.35 V，リプル電流が約1 A$_{P-P}$，そしてCTRLキーを押しながらグラフ名を左クリックすると電流の実効値が表示され，395 mA$_{RMS}$になりました．

　図4(d)は実測値です．最低電圧が20.63 V，リプル電流が446 mA$_{RMS}$で，シミュレーションの値よりも若干高くなっています．

　また，図4(e)と図4(f)は＋8V出力のシミュレーションと実測値です．最低出力電圧とコンデンサに流れる電流が，シミュレーションでは8.15 V，368 mA$_{RMS}$，実測値では8.746 V，402 mA$_{RMS}$と，こちらも実測値のほうが若干高くなっています．入力電圧をスライダックで100 V$_{RMS}$に調整しているのに違いがあるのは，AC 100 V波形のひずみとダイオードのモデリング値が影響しているものと推測しています．

　図4(g)がAC 100 Vの電圧波形と電流波形の実測値です．2次側の電流が入力波形のピーク付近しか流れないため，入力電流波形は正弦波とはかけ離れた波形になり，図4(h)のように高調波がたくさん含まれています．この高調波の量はJIS C61000などで規制されていますが，現在のところ照明機器を除く75 W以下の機器では規制がありません．

　図4(c)～(f)での出力電圧は入力電圧100 V$_{RMS}$のときの値です．実際の使用状態ではAC 100 Vが変動します．一般的な計測器では，AC 90 V～110 V程度の範囲で正常動作するように設計されています．入力電圧が90 Vのときには，最低電圧も入力電圧に比例して10％低下します．最低電圧は18 V出力で17 V程度になり，出力電圧15 Vとの差が2 Vで，この値でもレギュレータ回路が正常に動作する必要があります．

▶平滑コンデンサの許容電流の確認

電解コンデンサには許容リプル電流の値が決められており，この値を越えて使うと寿命が縮まり，最悪の場合は破壊してしまいます．

今回は秋月電子通商で安価に売られていた日本ケミコンのLXJ（2200 μF/35 V）を使用しました．LXJはスイッチング電源の出力用として販売されているため，100 kHzにおけるリプル電流が規定されています．2200 μF/35 V品では2.77 ARMSとあります．データシートには120 Hzの場合，補正係数が0.6と規定されています．今回の使用方法では許容リプル電流は約1.7 ARMSになります．シミュレーションと実測値より，リプル電流はこの値より十分に小さいので安全です．

● ±15 V出力レギュレータ
▶ 定番ワンチップICを使う

図1では，±15 V出力のレギュレータにLM723を使っています．発売は1/4世紀ほど前で非常に古いICです．しかし，基準電圧の安定度と雑音特性が優秀で，同等のICが各社から販売され入手性も良いことから，いまだに世の中でたくさん使用されています．

図1(b)に示すように，基準電圧出力（6ピン）と基準電圧入力（5ピン）が分離されています．このため，この間に雑音除去用のCR（R_2とC_4）を挿入することができ，基準電圧素子から発生した雑音を低減できます．

LM723は，出力電圧をR_4，R_5で分圧した4ピンの電圧と，基準電圧入力5ピンの電圧が等しくなるように動作します．出力電圧が+15 Vでは4ピンの電圧が6.875 Vになります．基準電圧7.15 VをRV_1とR_1で5ピンの入力電圧が6.875 Vになるよう調整します．

R_4とR_5の値を変更すれば7 V～15 Vの範囲で出力電圧を変更できます．基準電圧をV_{ref}とすると，出力電圧は次式から求められます．

$$V_{out} = V_{ref}\left(1 + \frac{R_4}{R_5}\right) \cdots\cdots\cdots\cdots\cdots\cdots (4)$$

▶ 平滑コンデンサのESRにこだわる

当然ながら，LM723の回路では出力電圧が15 Vになるように負帰還が施されています．レギュレータの負帰還ではループ・ゲインが1になる周波数で，60°以上の位相余裕が確保できるように設計します［詳しくは参考文献(4)のpp.86-122を参照］．

この位相余裕は，出力コンデンサのESR（等価直列抵抗）が大きく影響します．

今回使ったのは秋月電子通商で手に入れたルビコンのPKシリーズの1000 μF/25 Vの電解コンデンサです．スイッチング電源の出力に使用する電解コンデンサの場合にはデータシートにESRが記載されているのですが，一般的な電解コンデンサではESRの値がデータシートに記載されていません．

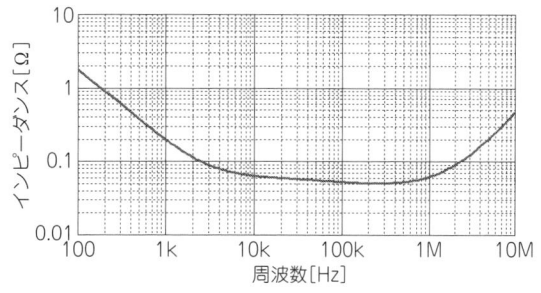

図5 出力コンデンサのインピーダンスと周波数特性の実測値
（PKシリーズ；1000 μF/25 V）

インピーダンス特性を実測したのが図5です．1 kHz以下では容量の1000 μFが支配的なので，インピーダンスが周波数に反比例しています．10 kHzから1 MHzではインピーダンスが平坦になり，抵抗成分が支配的であることを示しています．この平坦部のインピーダンスがほぼESRの値になり，約60 mΩです．

ESRはコンデンサ容量によって異なり，同じシリーズでは容量が大きいほどESRが低くなります．ESRがあまり低すぎるとレギュレータの負帰還の設計が難しくなります．シリーズ・レギュレータの出力にはPKシリーズ程度のESRが適しています．

▶ 正電圧から負電圧を生成する

LM723と同等な機能を持った負電圧用のリニア・レギュレータICがないので，図1(b)に示すように負の出力電圧は+15 Vを基準電圧としてIC₂とTr₃～Tr₅の回路で生成しています．

IC₂ₐの回路はIC₂ₐの+入力が0 V，そして$R_6 = R_7$なので，負電圧出力が正電圧出力と同じ電圧になるようにトラッキング動作します．

OPアンプの電源が変動すると，その変動がOPアンプ出力に若干現れます．このため変動のごく少ない±15 Vの出力電圧からIC₂ₐの電源を供給しています．IC₂ₐの出力電圧範囲は電源電圧の±15 Vよりも2～3 V狭くなります．しかし，Tr₄のベース電圧は，出力電圧の-15 Vよりもさらに1.2 V低い-16.2 V程度必要になります．そこで，Tr₃により数mAの電流を流し，D₁で約12 Vの電圧をシフトさせ，IC₂ₐの出力電圧を16.2 V - 12 V = 4.2 V付近で動作するようにしています．C_2の-端子では1 V程度のリプル電圧が現れますが，Tr₃の定電流特性によってTr₃に流れる電流のリプル成分はごく少なくなります．

R_{10}は，出力電流がごく少ないときTr₄のg_mの低下を防ぐとともに，Tr₂のI_{CBO}の対策としています．

● +5 V出力レギュレータ
▶ 低雑音OPアンプとディスクリート・トランジスタで作る

+5 V出力レギュレータにもLM723を使用したい

回路設計 97

写真2 ケースの穴あけは慎重に

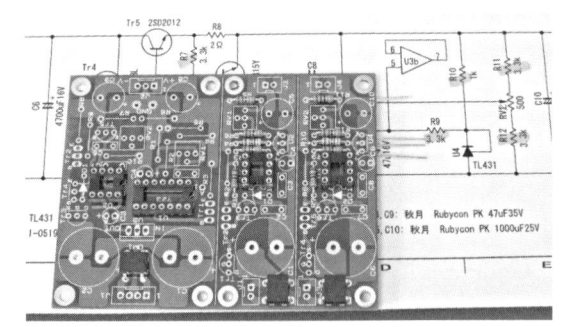

写真3 プリント基板に部品を実装する

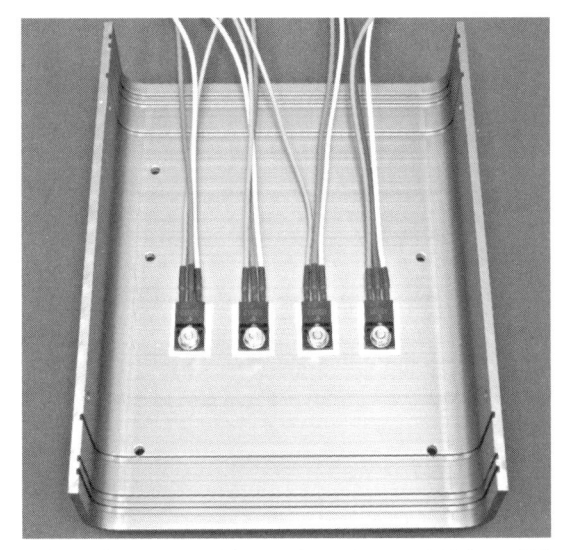

写真4 パワー・トランジスタはあらかじめリード線をはんだ付けしてケースに取り付ける

ところですが，LM723の基準電圧が7.15 Vのため，LM723の最低入力電圧はさらに高い電圧が必要になり，データシートには最低入力電圧が9.5 Vと書かれています．5 V出力の場合，LM723では必要な入力電圧が高くなりすぎてしまいます．このため部品点数が少々多くなりますが，図1(c)に示すようにOPアンプとトランジスタでレギュレータを構成しました．回路動作は−15 V出力のレギュレータとほぼ同じです．

基準電圧はTL431で生成し，2.5 Vです．TL431はツェナー・ダイオードよりも定電圧特性とその温度特性が優れています．市販のスイッチング電源には，たいていTL431かその同等品が使われています．このため生産量が非常に多く，低価格で手に入ります．

出力電圧は $V_{out} = 2.5\,\text{V} \times (1 + R_5/R_6)$ で決められます．R_5とR_6の値を変更することにより2.5 V〜5 Vの出力電圧に変更でき，電源トランスとOPアンプを変更すればさらに高い電圧も得られます．2.5 V以下の出力電圧が必要な場合は，基準電圧が1.25 VのTLV431かその同等品に変更します．

ここで使用したNJM2122は，電源電圧が最大±10 V（DIP品の場合SOPは±7 V）で，ヘッド・ルームが0.3 Vとレール・ツー・レールに近い特性を持っており，入力換算雑音電圧が $1.5\,\text{nV}/\sqrt{\text{Hz}}$ と低雑音です．GBW は12 MHz，スルー・レートは $2.4\,\text{V}/\mu\text{s}$ で，高ゲイン/低雑音の増幅器に向いています．秋月電子通商で入

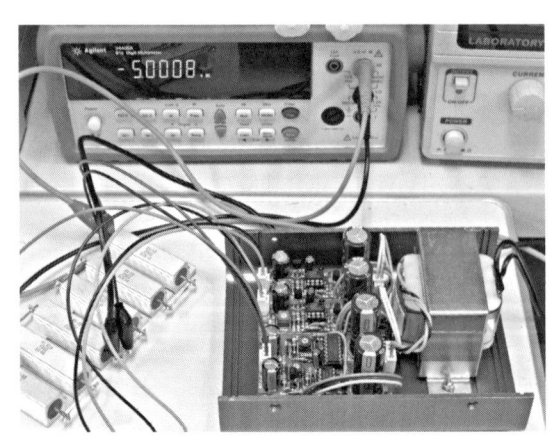

写真5 バラック状態で動作チェック

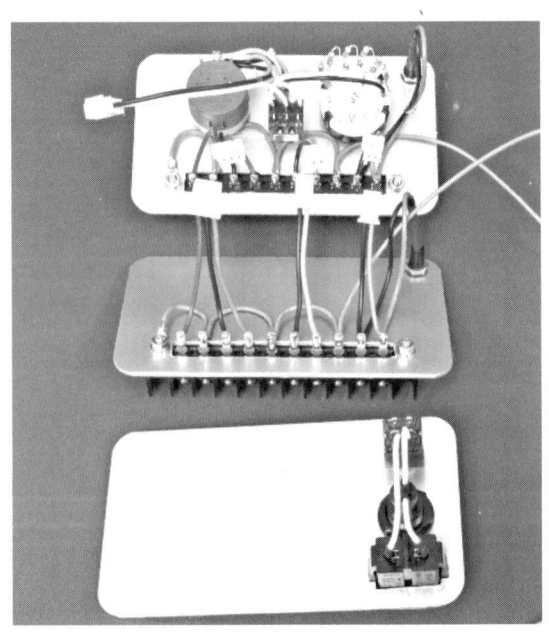

写真6 パネルは差し込み式なので取り付け前に配線を済ませる

98　第9章　低雑音＆高安定固定出力＆可変出力の4チャネル実験用低雑音電源の実験

製 作

今回使用したケースはタカチのUSシリーズです．**写真2**のように，基板の取り付け穴は基板を粘着テープでケースに貼り付けてガイドにすると正確に穴開けできます．プリント基板に部品を実装するときは，**写真3**のように背の低い部品から取り付け，間違えないように回路図にチェックを入れながら作業を行います．

今回の電源「LNPS1-TGKIT」は出力電流が比較的少ないため，**写真4**に示すように金属ケースを放熱器として使用しました．パワー・トランジスタはあらかじめリード線をはんだ付けしてから放熱シートを挟み，ねじ止めします．

写真5のようにトランジスタと基板をケースに取り付けたバラック状態で動作確認しておくと安心です．

UCシリーズはパネルが差し込み式なので，**写真6**に示すように組み立てる前に配線を済ませておきます．

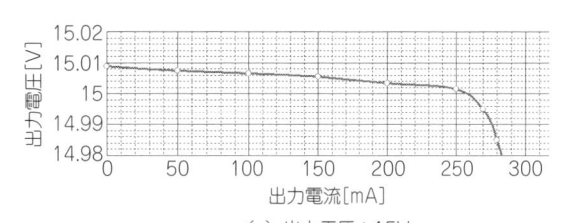

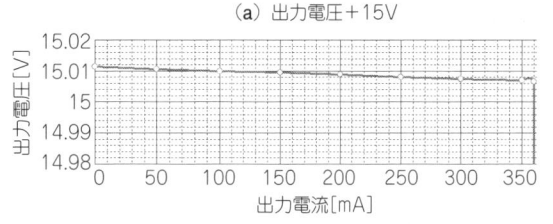

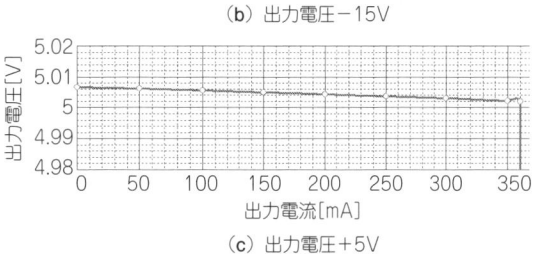

性 能

● 出力電圧-出力電流特性と出力インピーダンス

図6(a)～(c)は，出力電流を変化させたときの出力電圧の変動のグラフです．**図6**(a)の出力電流0 mAと

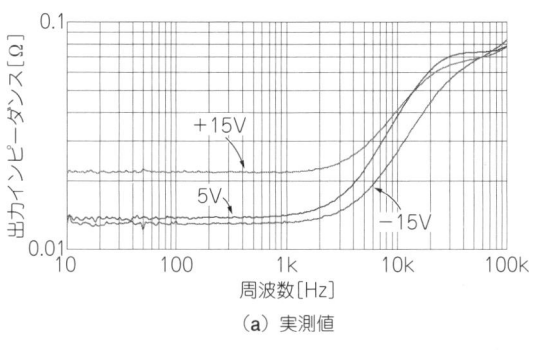

図6 出力電圧-出力電流特性

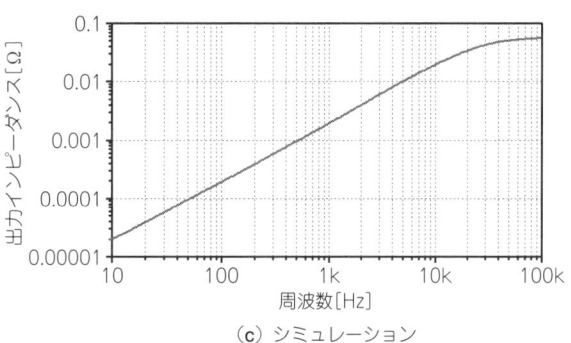

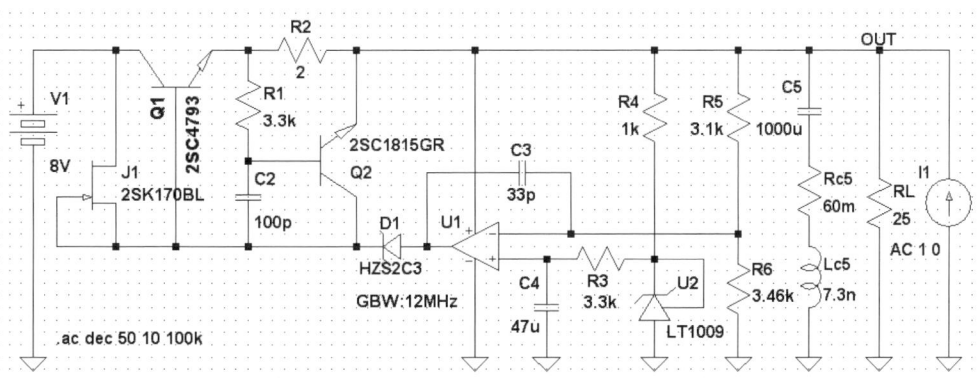

(a) 出力電圧+15V
(b) 出力電圧-15V
(c) 出力電圧+5V

250 mAの点から，+15 Vの直流出力インピーダンスを計算すると38 mΩになります．-15 Vと5 Vはほぼ同じ値で，約14 mΩになります．+15 V出力が若

(a) 実測値
(c) シミュレーション
(b) 出力インピーダンスのシミュレーション回路

図7 オーディオ向け低雑音実験用電源「LNPS1-TGKIT」の出力インピーダンスの周波数特性

性 能 99

干大きくなっているのは，LM723に内蔵されている誤差増幅器のゲインが数百倍と，OPアンプに比べて非常に少ないのが原因と考えられます．

図7は，出力インピーダンスの周波数特性のシミュレーションと実測値です．**図6**は出力電流が変動しない直流状態での出力電圧変動の値です．出力電流が変動する場合はその周波数成分によって変動値が異なり，その値が**図7**から読み取れます．周波数成分が高くなるほど出力インピーダンスも大きいので，出力電圧の変動が大きくなることを示しています．

図7(b)は，出力インピーダンスを求めるためのシミュレーション回路です．出力に1Aを注入し，発生した電圧から出力インピーダンスを求めます．シミュレーション結果を見ると，1kHz以下でもインピーダンスが下がり続け，実測値と大きな乖離が見られます．これはコネクタと配線の抵抗成分がシミュレーション回路に含まれていないためです．

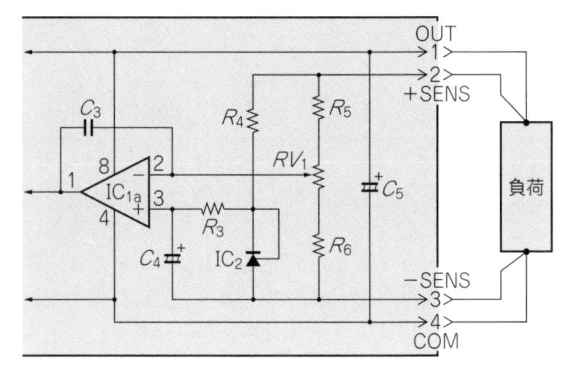

図7の低域での実測インピーダンスと**図6**のグラフの傾きが同じ値になっています．したがって，**図6**の変動はコネクタと配線による抵抗成分が支配的であることを示しています．

このように負帰還で出力電圧の変動は限りなく小さくできますが，実際の使用状態ではケーブルによる影響が支配的になります．ケーブルが長くなり，この影響が無視できないときには，**図8**に示すように電圧検出点［**図1(c)**ではR_5，R_6，U_2］を負荷端に接続する，リモート・センシングを行います．

±15V出力に80Ω，5V出力に30Ωの負荷抵抗を付けてAC 100Vの入力電圧を下げていって出力にリ

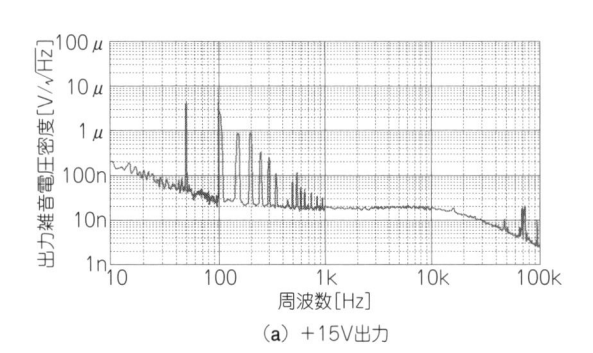

図8 ケーブルによる電圧降下の影響をなくすときは負荷端で出力電圧を検出してフィードバックする（リモート・センシング）

(a) +15V出力

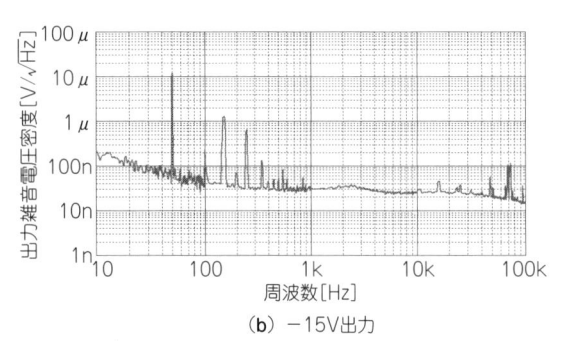

(b) -15V出力

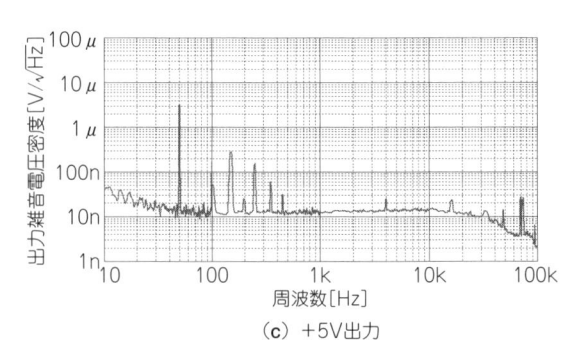

(c) +5V出力

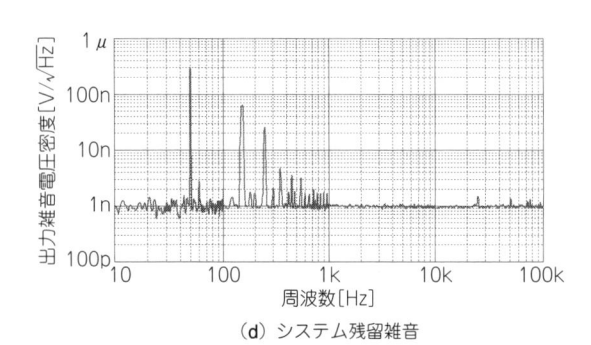

(d) システム残留雑音

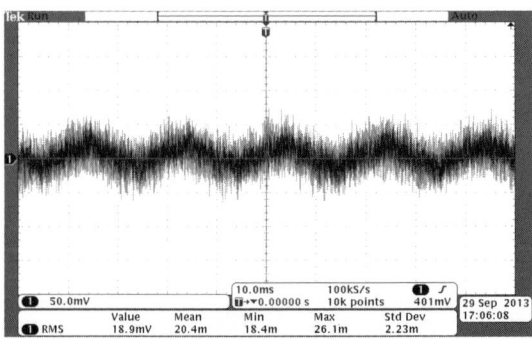

(e) +5V出力の出力雑音（1000倍の増幅器で増幅）

図9 製作した電源の出力雑音特性

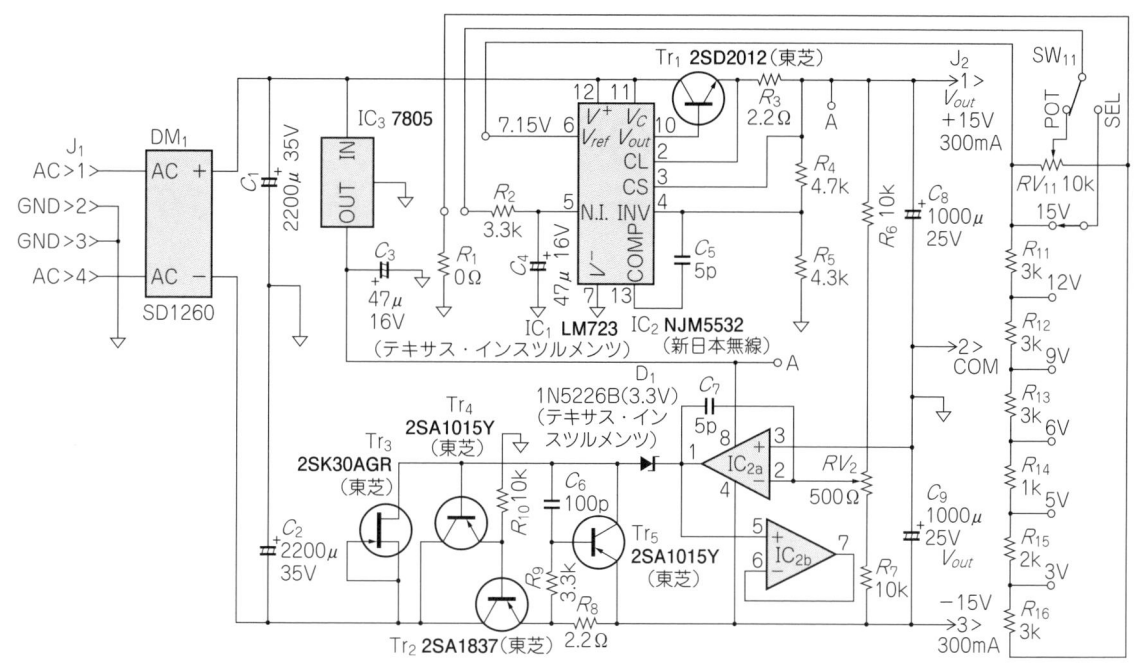

図10 ±3〜±15Vまで出力電圧を変えられる電源回路

プル波形の現れる電圧を調べたら，±15Vでは約82 V_{RMS}，5 V出力では約70 V_{RMS}と十分な余裕がありました．上記の負荷でAC 100 V入力電圧のとき，消費電力が21.7 VA，17.4 W，そして力率が0.8でした．

● 出力雑音特性

図9は出力の直流成分をコンデンサでカットし，交流成分だけを低雑音増幅器で1000倍増幅して出力雑音のスペクトルを観測した結果です（Y軸の目盛りはエクセルで換算している）．

電源周波数とその整数倍のスペクトルが目立ちます．よく見ると，図9(a)では偶数次の高調波が多いのに対して，図9(b)，(c)では偶数次の高調波が少なくなっています．基本波と奇数次の高調波は電源トランスからの漏れ磁束が支配的と考えられます．図9(a)はLM723内蔵の誤差増幅器のゲインが少ないため入力電圧の変動を抑圧する能力，リプル・リジェクション・レシオが少なく，50 Hzを両波整流した100 Hz成分の変動が出力に現れてしまった結果と考えられます．しかし一番大きな成分も10 μV程度の値なので，市販の電源に比べれば十分に小さな値になっています．

図9(e)は電源出力の交流成分を1000倍増幅したあとオシロスコープで観測した波形です．図9(c)の計測結果を裏付けるように50 Hz成分が支配的になっています．オシロスコープの計測機能で示された値が18.9 mV_{RMS}なので，電源出力での雑音電圧は18.9 $μV_{RMS}$になります．

● 出力電圧をパネル面で可変するには

電子回路の実験をするとき，出力電圧が可変であれば便利です．ここで製作した基板を使って±15Vの回路を図10に示す回路に変更すると，出力電圧を±3V程度〜±15Vまで可変できます．通常の電源として使用する場合はロータリ・スイッチで設定し，可変直流信号として使用する場合は10回転ポテンショメータで連続可変して使用できます．

＊　　　＊　　　＊

今回は小型に製作したためパネル面が狭く，ターミナルを取り付けることができなかったので端子台を使用しました．少し大きなケースにしてターミナルに変更すれば，さらに便利に使用できます．

◆参考文献◆
(1) 大塚 巌；直流安定化電源回路1971年11月，日刊工業新聞社．
(2) 金井 隆；定電圧電源回路，無線と実験1978年2月号pp193〜198，誠文堂新光社．
(3) 遠坂 俊昭；電子回路シミュレータPSpiceによるOPアンプ回路設計，2009年8月，CQ出版社．
(4) 遠坂 俊昭；電子回路シミュレータSIMetrix/SIMPLISによる高性能電源回路の設計，2013年6月，CQ出版社．

（初出：「トランジスタ技術」2013年12月号　特集　第7章）

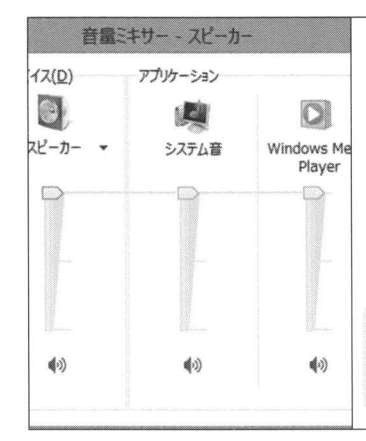

第10章 微細な音粒を取りこぼさずスピーカに届ける
まさかの落とし穴！研究！ボリューム調整とディジタル音源データのロス

岡村 喜博

パソコンは様々な場所でボリューム調節ができますが，どれも同じというわけではありません．Windows内部でどのようにボリューム調節が扱われているかを知ることで，音質への影響を最小限に抑えたボリューム調節をしましょう．

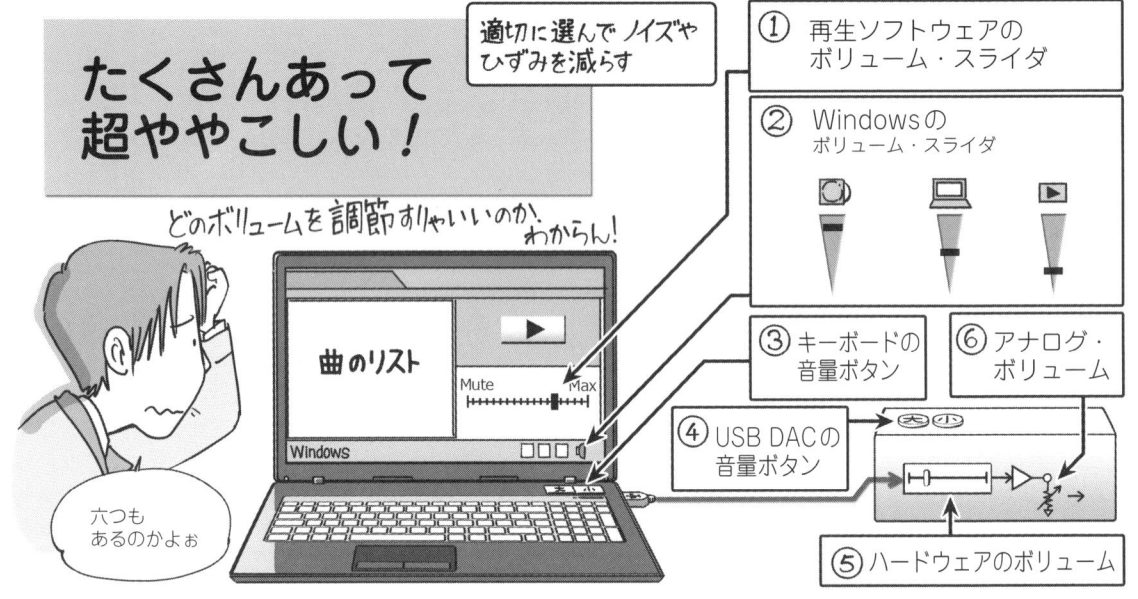

図1 ディジタル・オーディオの音量は，こんなにたくさん！ちゃんと使わないとノイズやひずみ発生の原因に…

ボリュームを調整するとき，オーディオ信号への影響など考えることは少ないでしょう．しかし，ハイレゾ音源再生には重要な意味を持ちます．図1に示すように，Windowsパソコンからスピーカにオーディオ信号が届けられるまでの間に，音量を調節する個所（スライダ）がたくさんあります．

どれも似かよったスライダで表示されていますが，ソフトウェアのボリューム・コントロールを操作していることもあれば，ハードウェアのボリューム・コントロールを操作していることもあります．その中には，ハイレゾ音源のデータを台無しにしてしまう信号処理が含まれる場合もあります．

本章では，USB D-Aコンバータ PCM2707C（テキサス・インスツルメンツ，以下TI社）を例にWindowsのボリューム調整のしくみを研究します．PCM2707Cは，定番のUSB D-AコンバータPCM2704Cシリーズの一つです．機能に少し違いがありますが，基本的な動作は共通です．

ソフトウェア・ボリュームは分解能をスポイルする

● ソフトウェア・ボリュームは信号劣化の要因になる

Windowsのバージョンや，目的が録音か再生かによってもボリュームの実装方法に違いがあります．

再生時のソフトウェアでのボリューム・コントロールは，アッテネータとして実装されています．

アプリケーションからオーディオAPIに渡されたオーディオ・データ（通常はPCMデータ）は，ソフトウェアでのボリューム・コントロールによってレベルが調整されてからハードウェアに渡されます．PCMデータがボリューム・コントローラを経由するということは，USB D-Aコンバータに入力される前に振幅

が小さくなることを意味します．ディジタル信号の場合，振幅が小さくなるとそのぶん分解能も落ちるので，信号が劣化します．

● USB D-Aコンバータにもボリュームが内蔵されている

ほとんどのUSB D-Aコンバータでは，ハードウェアでボリューム・コントロールが実装されています．一般的な単体のD-AコンバータやCODECと同様，USB D-Aコンバータのボリューム・コントロールにもいくつかの実装方法があります．

▶ディジタルならソフトウェアと大差ない

USBコントローラとUSB D-Aコンバータ・コアの間にディジタル・アッテネータが入っているような場合には，ソフトウェアのボリューム・コントロールと大きな違いはなく，信号の劣化が考えられます．今回取り上げるPCM2707Cも，DACのゲインを操作するディジタル・アッテネータを内蔵しています．

▶アナログICによるボリュームなら分解能は落ちない

USB D-Aコンバータ出力の後にアナログICのプログラマブル・ゲイン・コントローラが付いてハードウェア・ボリュームになっていれば，USB D-Aコンバータの持つ分解能を引き出すことができます．

最適なボリューム・コントロールとは

基本的に，USB D-Aコンバータに入力される前にボリューム・コントロールを通過すると，信号は劣化（分解能が低下）します．

例えば，16ビットの音楽ソースであっても，ボリュームを6dB下げると1ビット・シフトに相当するので，有効ビットは15ビットになってしまいます．

音質を重視するのであれば，USB D-Aコンバータのボリューム・コントロールだけで音量を調節し，ソフトウェアのボリューム・コントロールはすべて最大にして使うのがよいでしょう．

他の音を再生する必要がないのであれば，Windowsの持つオーディオ機能とは独立してオーディオ・データの入出力を可能にするASIOというしくみや，Vista以降で実装された「排他モード」を使えば，予期せずソフトウェアのボリューム・コントロールを通過してしまうことを防げます．

Windows XPのボリューム・コントロールのしくみ

それでは，ボリューム・コントロールのしくみを具体的に見ていきましょう．

Windowsは，XPからVistaへの世代交代で，オーディオの処理が一新され，大きな違いがあります．そ

こで，この二つを分けて解説します．

■ XP以前ではオーディオ・データはカーネル・ミキサを通過する

● Windows XPのオーディオ信号経路

図2に示すのは，Windows XPに実装されていたオーディオのアーキテクチャです．

XP以前のWindowsでは，カーネル・ミキサ(KMixer)と呼ばれるミキサを経由してオーディオ・データが再生されます．

カーネル・ミキサは，文字どおりOSのカーネル・モードに存在していて，ボリューム・コントロールもこのカーネル・ミキサに実装されています．

カーネル・ミキサには，ボリューム・コントロール以外にも，ミキシングやサンプリング周波数／ビット深度を変換する機能などが実装されています．

● サンプリング周波数が変換されてしまうことがある

再生しようとするオーディオ・データのフォーマットとデバイスが再生可能なフォーマットとが一致している場合には，サンプリング周波数は変換されずに再生されます．

ところが，既にオーディオ・データが再生されてい

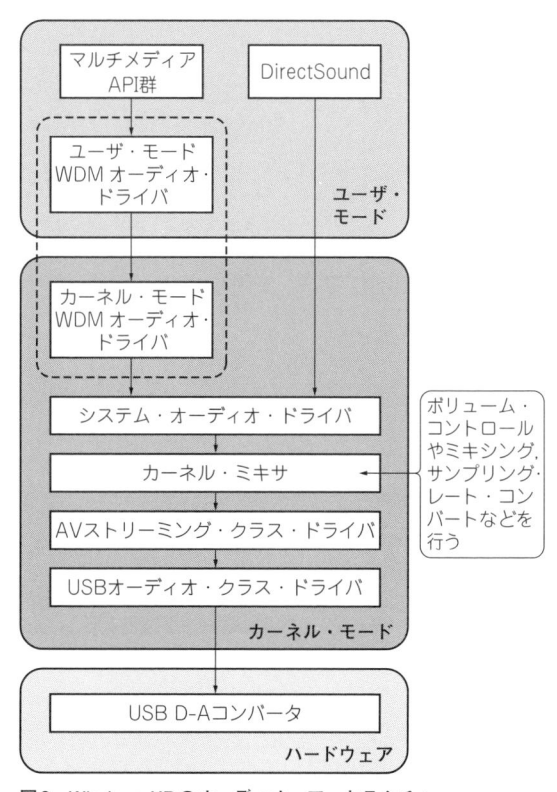

図2 Windows XPのオーディオ・アーキテクチャ
カーネル・ミキサ(KMixer)と呼ばれるミキサを経由してオーディオ・データが再生される．

る状態で，別のフォーマットのオーディオ・データを再生しようとした場合には，後から再生しようとしたオーディオ・データは，たとえハードウェアがサポートしているフォーマットであっても，先に再生されていたオーディオ・フォーマットに変換されてミキシングされます．

例えば，XPでシステム音として一般的に使用されている22.1 kHzの音が再生されている時に，96 kHzのオーディオ・ファイルを再生しようとすると，96 kHzのオーディオ・ファイルは22.1 kHzに変換されたうえでミキシングされます．これではせっかくのハイレゾ音源が台無しです．

■ ボリュームの操作方法とその内容

XP以前のWindows OSでボリュームを設定する最も一般的な方法は，Windowsに含まれている「ボリューム・コントロール」を操作することでしょう．

実行ファイルの名前（SndVol32.exe）からSndVol32と呼ばれることもあります．

● 「ボリューム・コントロール」の呼び出し方法

タスク・トレイにあるスピーカ・アイコンはSndVol32.exeが常駐していることを表しています．単にクリックすると図3に示すマスタ・ボリュームだけを表示します．

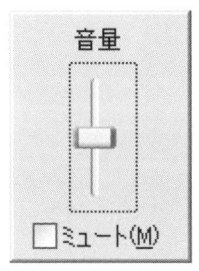

スピーカ・アイコンをダブルクリックするか，右クリック・メニュー（図4）から［ボリューム・コントロールを開く］を選択すると，図5のようなボリューム・コントロールを表示できます．

図5は，PCM2707CをWindows XPに接続したときのボリューム・コントロールです．

個別に調節可能なボリュームのスライダが表示されますが，すべてのスライダが表示されていない場合があります．右クリック・メニュー（図4）の「オーディオ プロパティの調整」でダイアログを表示できます．図6に示す「表示するコントロール」のチェック・ボックスから，ボリューム・コントロールで表示されるスライダを制御できます．

スタート・メニューからも起動できます．［アクセサリ］-［エンターテイメント］-［ボリューム・コントロール］です．

● マスタ・ボリュームの操作内容はUSB D-Aコンバータへのコマンドになる

「ボリューム・コントロール」の一番左にあるスライダがマスタ・ボリュームです．タスク・トレイにあるスピーカ・アイコンを左クリックしたときに表示されるマスタ・ボリューム単体と同じものです．

PCM2707Cの場合は「スピーカ」と表示されますが，デバイスによっては別の表示になることもあります．

マスタ・ボリュームの設定は，USB D-Aコンバー

図3 タスク・トレイのスピーカ・アイコンをクリックするとマスタ・ボリュームだけが表示される
キーボードの音量UP/DOWNボタンやミュートボタンを押すとマスタ・ボリュームが変わる．

図4 ボリューム・コントロール（SndVol32）の常駐を示すスピーカ・アイコンの右クリック・メニュー
このメニューから，ボリューム・コントロールのメイン画面や，プロパティ画面を表示できる．

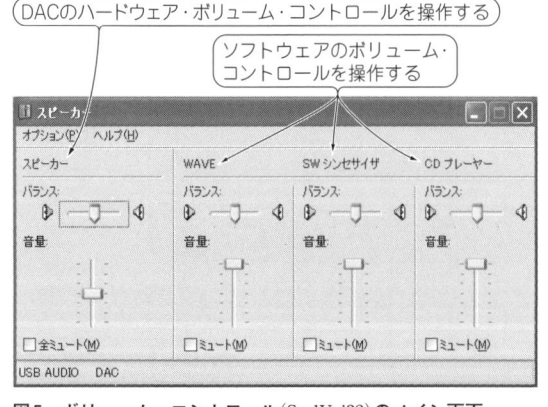

図5 ボリューム・コントロール（SndVol32）のメイン画面
個別に調節可能なボリュームのスライダが表示される．スライダの表示はプロパティ（図6）から制御できる．

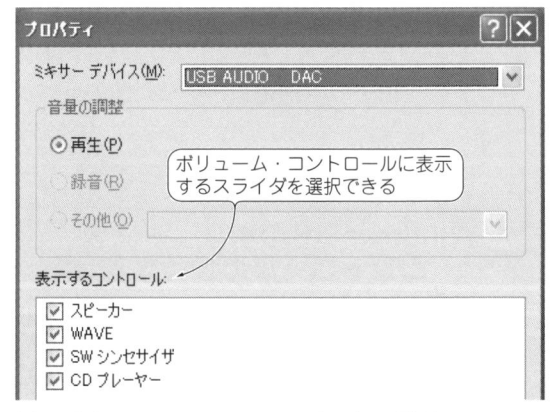

図6 ボリューム・コントロールのプロパティ画面

タへ音量調節のコマンドとして直接渡されます．USB D-Aコンバータは，受け取ったコマンドに基づいて内蔵のハードウェア・ボリュームを設定します．

● 音楽ソースごとのボリュームはカーネル・ミキサのソフトウェア・ボリュームが働く

右側の残りのスライダは，システムに存在するさまざまな音楽ソースを示しています．これらの音楽ソースがカーネル・ミキサ内部でミキシングされて，USB D-Aコンバータに送られます．

「WAVE」と表示されたスライダでは，DirectSoundまたはwaveoutに送られたオーディオ信号のボリュームを調整します．ほとんどのアプリケーションのオーディオ信号は，このボリューム・コントロールで一括して調節されることになります．

「WAVE」，「SWシンセサイザ」，「CDプレーヤー」など個別のボリューム・コントロールは，ソフトウェアで実装されています．

● 再生デバイス固有のボリュームもある

ハードウェアの構成によっては，追加のボリューム・コントロールが表示されます．例えば，マイク入力がミキシングされて再生されるハードウェア構成で，ミキシングのパスにハードウェア・ボリューム・コントロールが実装されていると，該当するハードウェアを操作するスライダが表示される場合があります．

図7は，PCM2912（TI社）をWindows XPに接続した場合の「ボリューム・コントロール」です．「マイク」と表示されたスライダは，PCM2912自体が持っている，マイク入力からヘッドホンへつながるループ・バック・パスにあるハードウェア・ボリューム・コントロールを操作します．

● デバイスのプロパティに表示されるボリュームはマスタ・ボリュームと同等

「サウンドとオーディオのプロパティ」ダイアログの「音量」タブにも図8に示すボリューム・コントロールがあります．これは前述のマスタ・ボリュームと同等のもので，USB D-Aコンバータに直接コマンドとして渡されます．

図9に示す「サウンドとオーディオのプロパティ」ダイアログの「音声」タブの「音量…」ボタンからも，ボリューム・コントロール（SndVol32.exe）を呼び出すことができます．

● キーボードの音量調節ボタンもマスタ・ボリュームの操作となる

キーボードの音量調節ボタンが押されると，OS内部でマスタ・ボリュームのレベル変更メッセージが発行され，そのメッセージに反応して図3のスライダが変化します．スライダは500ステップで，1回のボタン操作ごとに20ステップ変化します．USB D-Aコンバータにハードウェア・ボリュームがあれば，スライダの動きに対応した値が設定されます．

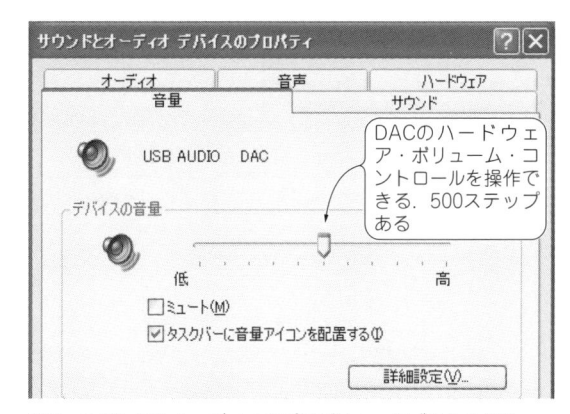

図8 サウンドとオーディオのプロパティ・タブにあるボリューム・コントロール
マスタ・ボリュームと同じようにUSB DACに直接コマンドとして渡される．

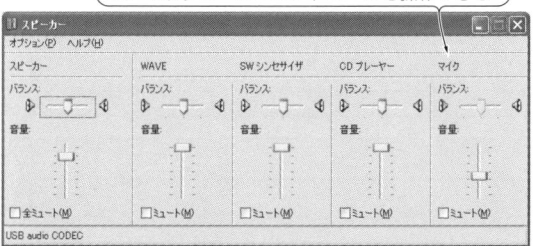

図7 Windows XPに接続した場合のPCM2912のボリューム・コントロール
PCM2912にはマイク入力を内部で出力に接続する経路があり，その音量調節用のスライダが右端にある．

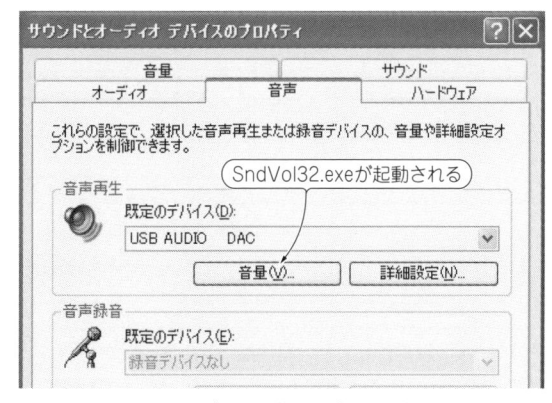

図9 サウンドとオーディオの音声タブにある音量ボタンからもボリューム・コントロールを呼び出せる

Windows XPのボリューム・コントロールのしくみ　105

● PCM2707Cの音量調節ボタンはキーボードと同じ

　PCM2707Cには音量調節ボタンを付けられます．これらのボタンは，USB接続のヒューマン・インターフェース・デバイス(HID)としてDACとは独立して実装されており，USB接続のキーボードにある音量調節ボタンと全く同じ働きをします．

　つまり，ボタンが押された情報は一度パソコン(PC)に送られ，あらためてPCからマスタ・ボリューム設定の指示がPCM2707Cに送られることで内部のハードウェア・ボリュームが操作されます．

　もし，PCにPCM2707C以外のオーディオ・デバイスがあり，そのデバイスがデフォルトのデバイスに設定されていた場合，PCM2707Cの音量調節ボタンを押すと，PCM2707Cのマスター・ボリュームではなくデフォルトのオーディオ・デバイスのマスター・ボリュームが変更されます．

　USB D-Aコンバータによっては，別の音量調節機能を持っている場合もあります．その場合，オーディオ・データへの影響は個別に判断する必要があります．

Windows Vista以降の再生アーキテクチャ

■ OSが信号処理をしない再生経路もある

● Vista以降のオーディオ信号経路

　図10は，Windows Vista以降のOSに実装されているオーディオ・アーキテクチャです．Windows Vista以降，オーディオ・データの処理は一新されました．ボリューム・コントロールを司る部分を含め，ほとんどのファンクションはカーネル・モードからユーザ・モードへ移されました．

　従来のカーネル・ミキサに相当する部分の名称も，オーディオ・エンジンと呼ばれています．ソフトウェアのボリューム・コントロールは，このオーディオ・エンジンに実装されています．

● オーディオ・ストリームとオーディオ・セッション

　Windows XP以前では，ほとんどのアプリケーショ

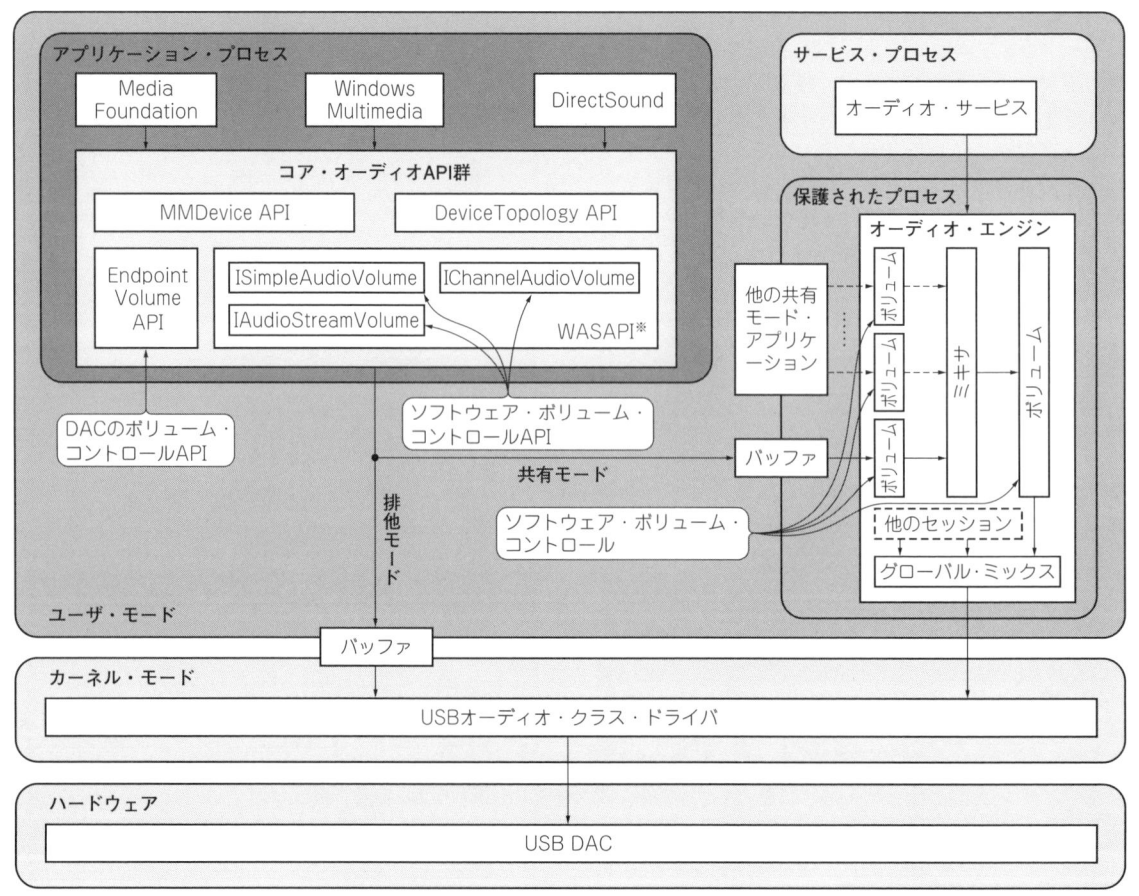

※WASAPIにはボリューム・コントロール以外にも多くのインターフェースがある

図10 Windows Vista以降のオーディオ・アーキテクチャ
ボリューム・コントロールを司る部分を含めた大部分がカーネル・モードからユーザ・モードに移された．オーディオ・データへの影響がない(ビット・パーフェクトを実現できる)「排他モード」が用意された．

ンのオーディオ信号が一つにまとめられてボリューム・コントロールされていました．

対照的に，Windows Vista以降では，オーディオ・ストリームとオーディオ・セッションと呼ばれる単位で独立してボリュームの設定ができるようになっています．オーディオ・ストリームを生成するのは一般に個々のアプリケーションですが，システム通知音のようなものも含まれるため，総称として「クライアント」と呼びます．

▶オーディオ・ストリーム

クライアントが生成するオーディオ・データの一つのストリームをオーディオ・ストリームと呼びます．

クライアントがオーディオ・インターフェースを初期化した際にオーディオ・ストリームは生成され，後述のオーディオ・セッションに関連付けられます．

一つのオーディオ・ストリームは，一つのオーディオ・セッションにだけ属することができます．

一つのクライアントが複数のオーディオ・ストリームを生成する場合，通常は同一のオーディオ・セッションに属します．ただし，WASAPIではクロス・プロセス・セッションのしくみが提供されているので，異なるプロセスのストリームから構成されるセッションも可能です．このクロス・プロセス・セッションのしくみによって，音量ミキサでは，「システム音」と呼ばれる一つのスライダだけで，すべてのアプリケーションに対応したシステム通知音を管理できます．

▶オーディオ・セッション

端的に表現すると，オーディオ・セッションは，オーディオ・ストリームの集合体です．通常は，音量ミキサの一つのスライダは，一つのオーディオ・セッションを表示します．

一つのオーディオ・セッションは，一つのオーディオ・デバイスにだけ関連付けられます．

● グローバル・ミックス

一つのオーディオ・デバイスを共有するすべてのアプリケーションのセッションは，「グローバル・ミックス」と呼ばれるミキサで最終的に一つにまとめられます．

● 共有モードと排他モード

Windows Vista以降のOSに実装されているオーディオ・エンジンは，共有モードと排他モードの二つのモードを持ちます．この二つのモードでは，ソフトウェアのボリューム・コントロールの動作が変わります．

▶共有モード

クライアントが共有モードでストリームをオープンした場合，オーディオ・データは，バッファを経由してオーディオ・エンジンに渡されます．共有モードで

は，クライアントは他のプロセスのクライアントとUSB D-Aコンバータを共有します．オーディオ・エンジンは，クライアントから送られたオーディオ・データをミキシングしてハードウェアに渡します．

共有モードの場合は，USB D-Aコンバータへ出力されるオーディオ・データのボリューム・レベルは次の四つの要因によって決まります．

(1) 各ストリームのチャネルごとのボリューム
 (IAudioStreamVolume)
(2) 各セッションのマスタ・ボリューム
 (ISimpleAudioVolume)
(3) 各セッションのチャネルごとのボリューム
 (IChannel AudioVolume)
(4) オーディオ・サービスによって管理されているポリシに基づくセッションのボリューム・レベル

▶排他モード

クライアントが排他モードでストリームをオープンした場合，そのクライアントはUSB D-Aコンバータを排他的に使用します．

排他モードでは，クライアントのオーディオ・データはオーディオ・エンジンを経由せずバッファを介してドライバに直接送られます．このためオーディオ・エンジンに実装されているソフトウェア・ボリューム・コントロールは利用できません．つまり，OSのソフトウェア・ボリュームによる信号の劣化は発生しないようになっています．

■ 音量ミキサの操作方法とその操作内容

Windows Vista以降のOSでボリュームを設定する最も一般的な方法は，「音量ミキサー」の操作でしょう．

● 音量ミキサの操作画面を呼び出す方法

図11は，Windows 8の音量ミキサです．実行ファイルの名前(SndVol.exe)からSndVolと呼ばれることもあります．呼び出し方は2通りあります．

(1) 通知領域の［スピーカ］アイコンをマウスの右ボタンでクリックします．図12のメニューが表示されるので，［音量ミキサーを開く］を選びます．
(2) コントロール・パネル(図13)の［ハードウェアとサウンド］をクリックします．すると図14の画面が表示されるので，「サウンド」に分類されている［システム音量の調整］をクリックします．

● 「音量ミキサ」の画面は二つのグループに分かれる

音量ミキサは，次の二つのグループに分かれており，操作する対象が異なります．

▶(1)デバイス・グループのスライダはUSB D-Aコ

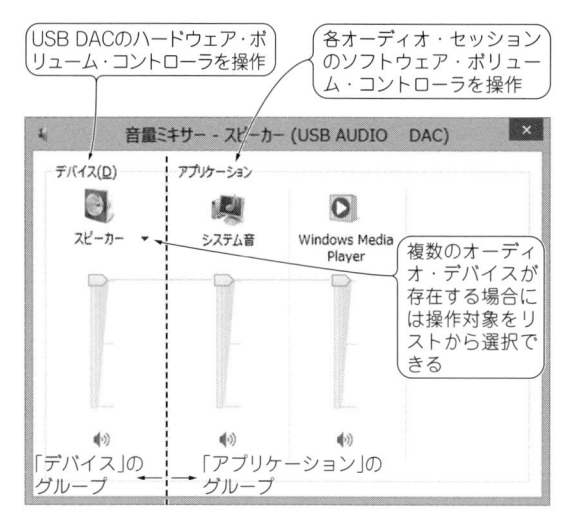

図11 Windows8の音量ミキサ(SndVol)のメイン画面
実行ファイルの名前SndVol.exeからSndVolと呼ばれることもある.

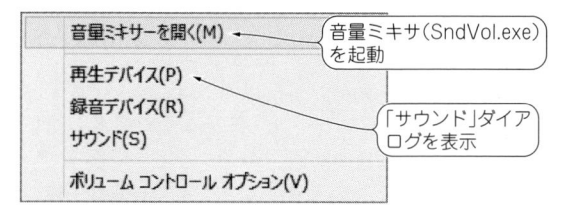

図12 音量ミキサ(SndVol)の常駐を示すスピーカ・アイコンの右クリック・メニュー
ここから音量ミキサのメイン画面やプロパティ画面を呼び出せる.

図13 コントロール・パネル(カテゴリ表示)
「ハードウェアとサウンド」を選ぶと図14の画面が表示される.

ンバータのハードウェア・ボリューム・コントロールを操作する

左側の「デバイス」と表示されたグループは，デバイス，今回の例ではUSB D-Aコンバータのボリューム・コントロールを操作します(EndpointVolume API).システムに複数のオーディオ・デバイスが存在する場合には，操作する対象をリストから選択できます.

「デバイス」グループのスライダは，USB D-Aコンバータのボリューム・コントロールを操作するので，排他モードの場合も共有モードの場合も，USB D-Aコンバータに実装されているハードウェアのボリューム・コントロールを変更する指示が送られます.

USB D-Aコンバータがハードウェアとしてボリューム・コントロールを実装していない場合には，オーディオ・エンジンが自動的にソフトウェアのボリューム・コントロールを実装します.オーディオ・エンジンがソフトウェアのボリューム・コントロールを提供するため，排他モードでは機能しません.

▶(2)アプリケーション・グループのスライダはオーディオ・エンジン内部のソフトウェア・ボリュームを操作する

右側の「アプリケーション」と表示されたグループには，現在オーディオ・デバイスを共有しているアプリケーション(クライアント)が表示されます.

アプリケーション・グループにある個々のボリューム・コントロールは，一つのオーディオ・セッションのマスタ・ボリュームに相当します.

Windows XP以前の「ボリューム・コントロール(SndVol32)」のようにバランス調整はありませんが，APIそのものは存在するので，アプリケーションは，

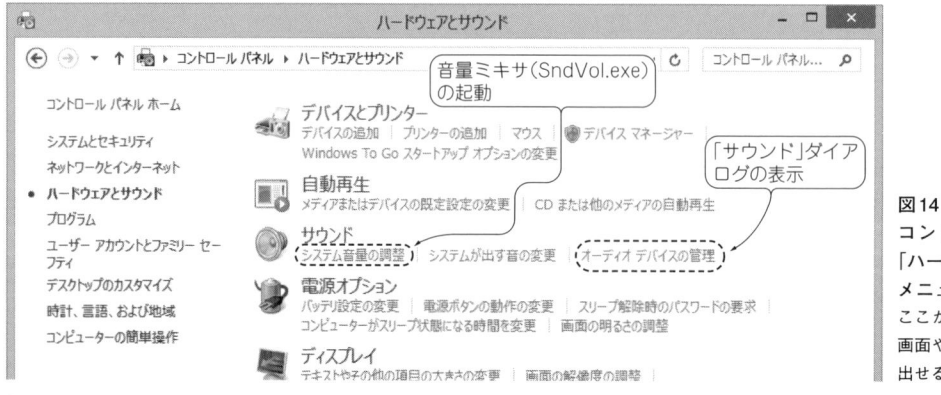

図14 コントロール・パネルの「ハードウェアとサウンド」メニュー
ここから音量ミキサのメイン画面やプロパティ画面を呼び出せる.

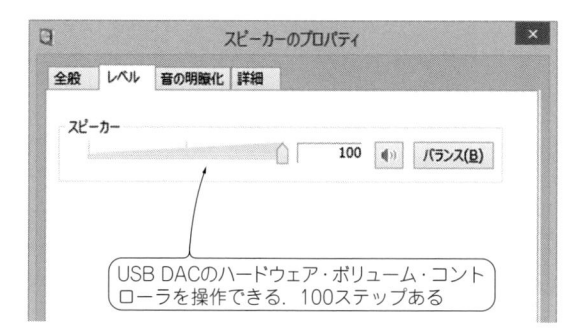

図15 スピーカ(ここではPCM2707Cのこと)のプロパティ(レベル・タブ)
このスライダも，音量ミキサにあるデバイスのスライダ同様，再生デバイス内のハードウェア・ボリュームを操作する．

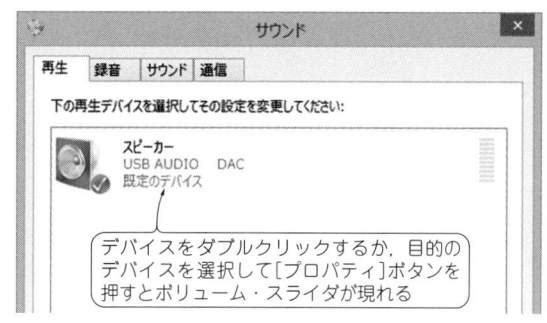

図16 サウンド・ダイアログ
音楽を再生できるデバイスの一覧が表示されている．このスピーカを選ぶと図15の画面が表示される．

自身のセッション・ボリュームのバランスを調整できます．

「共有している」と表現したとおり，排他モードでは，アプリケーション・グループのボリューム・コントロールは機能しません．排他モードでオーディオ・データを再生した場合でも，アプリケーションのグループにその再生アプリケーションは表示され，スライダを操作することはできるのですが，スライダを変化させても音量は変化しません．

● オーディオ・セッションの寿命と音量ミキサの表示

オーディオ・セッションは，所属する最初のオーディオ・ストリームがアクティブ状態になった時点で自身もアクティブとなります．

この時点で音量ミキサにスライダが表示されます．一つ以上のアクティブなストリームがある間は，オーディオ・セッションはアクティブな状態を維持します．所属するすべてのオーディオ・ストリームが非アクティブな状態になると，オーディオ・セッションも非アクティブな状態になります．

オーディオ・セッションが非アクティブな状態で一定期間が過ぎると，そのオーディオ・セッションは無効な状態になるか，すべてのストリームが削除された場合にオーディオ・セッションは終了します．このとき音量ミキサの表示もなくなります．

このルールには一つだけ例外があります．システム通知音(音量ミキサでは「システム音」と表示)は，そのオーディオ・セッションの状態に関係なく常に有効な状態を保ちます．音量ミキサに「システム音」が常に表示されているのはこの例外のためです．

● 各デバイスのプロパティにあるレベル・タブはハードウェア・ボリュームを操作する

図15は，PCM2707Cの「スピーカのプロパティ」ダイアログのレベル・タブです．

これを表示するには，①通知領域の［スピーカ］アイコンを右クリックしたメニュー(**図12**)から［再生デバイス］を選ぶか，②コントロール・パネル(**図13**)の［ハードウェアとサウンド］(**図14**)から「サウンド」の［オーディオ・デバイスの管理］をクリックします．

すると，**図16**に示す「サウンド」のダイアログが表示されます．このサウンド・ダイアログに表示されているデバイスをダブルクリックするか，目的のデバイスを選択してプロパティ・ボタンを押すと，**図15**のような各デバイスのプロパティ画面が表示されます．

ここで表示されるスライダは，USB D-Aコンバータのハードウェアのボリューム・コントロールを操作します．従って，排他モードでも共有モードでも同じように動作します．

▶バランス調整

図15の「スピーカーのプロパティ」ダイアログのレベル・タブでバランス・ボタンを押すと，**図17**に示すチャネルごとのボリュームを調節するダイアログが表示されます．こちらもUSB D-Aコンバータのボリュームを操作するので，排他モードでも共有モードでも同じように動作します．

▶デシベル表示に変更することもできる

プロパティ・ダイアログのレベル・タブでは，ボリューム・レベルがスライダの横に表示されます．デフ

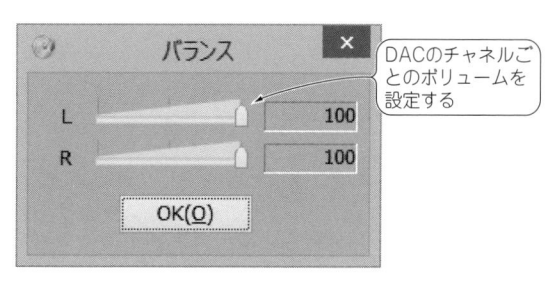

図17 図15の画面から呼び出せる「バランス」のダイアログ
チャネルごとのボリュームを調節するダイアログが表示される．

Windows Vista以降の再生アーキテクチャ　**109**

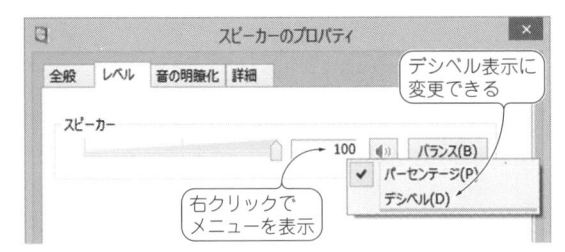

図18 デバイスのスライダは%表示からdB表示へ変更できる

（a）Windows Media Playerのボリューム・スライダ

（b）iTunesのボリューム・スライダ

図19 音楽再生アプリケーションのボリューム・スライダ
これらが何を操作しているのかは，アプリケーションに依存しているので，一概にはいえない．

ォルトではこの表示は百分率で表示されますが，デシベル表示に変更できます．

図18に示すように数値の上で右クリックするとポップアップ・メニューが表示されるので，このメニューから選択します．

デシベル表示の場合，USB D-Aコンバータが返すボリューム・レベルの最大/最小値の間でスライダを設定できます．PCM2707Cの場合，最大が0.0 dBで最小が－64 dBと設定されているので，スライダもこの範囲で変更できます．

● USB DACに付いている音量調節は自身のボリュームを変更する

Vista以降で，PCM2707CのようにHIDによる音量調節ボタンがDACに付属している場合，HIDとDACがOS内部で関連付けられるようになりました．既定のデバイスの設定にかかわらず，操作された音量調節ボタンは実装されているDACのボリュームに反映されます．

ボリューム・スライダは100ステップで構成されていて，ボタン操作ごとに2ステップずつ変化します．

アプリケーションが持つボリューム・スライダ

図19（a）は，Windows Media Playerにあるボリューム・スライダで，図19（b）は，iTunesのボリューム・スライダです．

このようなアプリケーションの内部に存在するボリューム・コントロールは，アプリケーション自身が管理しているので，動作もアプリケーションの設計に依存します．この二つのソフトウェアを例に，動作を解説します．

● Windows Media Playerのボリューム
▶ Vista以降

Vista以降は自身でセッション・ボリュームを設定します．このため，SndVol32の「Windows Media Player」スライダが連動して変化します．
▶ XP以前

Windows XP以前では，アプリケーション自体でボリュームの調節を行っています．Sndvolには現れないWindows Media Player独自のボリューム・コントロールとなります．

● iTunesのボリューム

iTunesの場合，Windowsのバージョンに関係なくアプリケーション自体がボリュームの調節を行っています．つまり，アプリケーション内部のソフトウェア・ボリュームが働きます．

● アプリケーションの音量調節で何が操作されるかは一概にはいえない

Windows XP以前から，ソフトウェアのボリューム・コントロールを操作するAPIは存在するので，Windows Vista以降のWindows Media Playerのように，システムのソフトウェアのボリューム・コントロールを変更するアプリケーションが存在するかもしれません．

またOSのバージョンに関係なく，アプリケーションからUSB D-Aコンバータのボリュームを操作することもできます．

使う音楽再生アプリケーションがボリューム・コントロールを持っている場合，表示されているスライダがどのボリュームを操作するものなのか，注意する必要があります．

Windows APIを使ってボリュームを操作した場合はSndVol（またはSndVol32）のスライダが連動して変化します．SndVol（またはSndVol32）を表示した状態でアプリケーションのボリューム・コントロールを操作すると，どのボリュームを操作しているのか分かる場合があります．

◆参考文献◆
(1) MSDN（Microsoft）http://msdn.microsoft.com/

（初出：「トランジスタ技術」2013年12月号　特集　第8章）

第11章 安定・安全・安心！アマチュアの工作と言わせない…
メーカ製に一歩ずつ近づく仕上げのテクニック

三田村 規宏

> 本章は，ノイズを抑制するノウハウと発振や発熱などを防止して回路を保護するテクニックを紹介します．グラウンドや配線パターンでノイズを減らしたり，オフセット電圧や温度，過大出力を検出するミュート回路を使ったりして安定・安全・安心のシステムを組み上げます．〈編集部〉

メーカ製に近づくためのその1
回路ごとに専用グラウンドを用意する

● アナログ回路用とディジタル回路用を分ける

　スイッチング電源やディジタル回路とアナログ回路を一つの筐体に構成するシステムでは，GND（グラウンド）を複数に分けます．GNDの接続方法を吟味すれば，ノイズに強いシステムを作ることができます．

　「GNDが一つではない」と聞いてピンと来ない方もいるかもしれません．また，感覚的にGNDが一つではないことが分かっていても，実際にどのようにGNDを接続したらよいか分からない方もいるでしょう．筆者が駆け出しのころに先輩エンジニアから「画や音は出て当たり前，本当の仕事はノイズとのあくなき戦い！」と言われたことが印象に残っています．新しい技術がオーディオと融合していく中でノイズの種類も変わるので，ノイズを知ることは質の高いシステムを組むために欠かせません．

● 大電流が流れるパワー・アンプのグラウンドと小信号を扱うプリアンプのグラウンドは分けるのが鉄則

　スピーカを駆動するパワー・アンプはGNDにも大電流を流すので，図1のように小信号を扱うプリアンプのGNDとは分けて設計するべきです．また，図2のように大電流が流れるGNDパターンは小信号系のGNDを経由させてはいけません．後述する共通インピーダンスによるノイズの飛び込みを抑えるためです．また，スピーカを駆動する電流をパワー・アンプの入力側のGNDに流さない配慮が必要です．

　プリアンプのGNDは小信号を扱います．ここで言うプリアンプとはアナログ回路を示しており，ハム・ノイズ，静電ノイズなどを極力排除した設計が，高いS/Nや低ひずみのオーディオを作るポイントです．

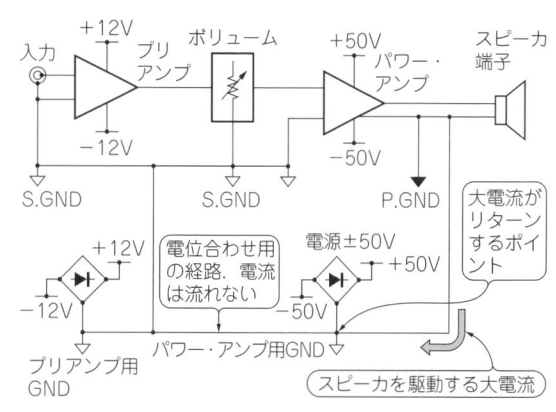

図1　メーカ製に近づくためのその1…パワーとプリアンプのグラウンドを分ける

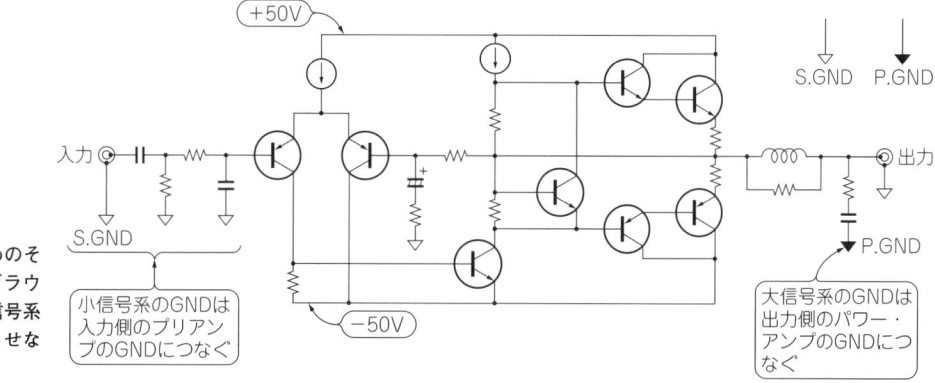

図2　メーカ製に近づくためのその1…電流が流れるグラウンド・パターンは小信号系のグラウンドを経由させない

回路ごとに専用グラウンドを用意する　111

● ディジタル系のグラウンドはまとめる

　マイコンやDSP，FPGAのディジタル系のGNDは一つにする方がよいでしょう．輻射ノイズを最小とするためにいかにGNDインピーダンスを下げるかがポイントです．

　ビデオ信号はアナログ信号ですが，オーディオから見ると高周波のノイズとなるので，オーディオ系のGNDからは分離します．

―― メーカ製に近づくためのその2 ――
ノイズや干渉の発生メカニズムを知る

　ノイズに強いGNDの接続を検討するにはノイズの性質を知る必要があります．ここではGNDに関連したものとして，ノイズの種類を誘導ノイズ，静電ノイズ，共通インピーダンスによるノイズに大きく分類しました．また，その他のノイズとして，素子から固有に発生する熱雑音や動作ノイズがあります．

● 誘導ノイズ…アンプの入力回路に侵入する

　ワイヤやパターンに電流が流れると伝送路の周辺には電流の変化とともに磁界が発生します．発生した磁界での磁束密度の変化は，その磁界の中を通る伝送路に対して電流を発生させます．

　オーディオ・アンプではスピーカを駆動するパワー・アンプの出力ライン，電源ラインやGNDラインに電流が流れると筐体の内部に磁界が発生します．また，電源回路に使用されるトランスは電力を伝送する際にコアから磁束が漏えいします．これらの磁束の変化は特にアンプの入力回路のインピーダンスが高い部分などに影響を与え，磁束の変化で流れる電流によりノイズとなります．

● 静電ノイズ…信号ラインやGND電位に侵入する

　電位差のある二つの電極が接触すると，電位の高い側から低い側へ電流が一気に流れます．冬の乾燥した時期にウールなどの帯電しやすいコートを着てドアのノブを触ったときにパチッと放電された経験があると思います．オーディオ機器に触れたとき同様の放電が起こると信号ラインやGND電位の変動によりノイズとなります．

● 共通インピーダンスによるノイズ…右チャネルと左チャネルの干渉

　特に気を使いたいのが共通インピーダンスによるノイズです．信号は伝送される際には，それが電圧伝送であっても微小な電流が発生し，その電流はGNDを伝い電源へリターンされます．その際GNDが持つインピーダンスにより電位が発生します．異なる二つの系でGNDが共通のインピーダンスを持っていると，片方の信号はノイズとしてもう一方に飛び込みます．

　電力伝送では電流値が大きい場合に顕著に表れるので，パワー・アンプの出力側における各チャネルのGNDは極力分ける必要があります．

　図3のステレオ・アンプでは，Lチャネルに流れる電流をI_L［A］，LチャネルとRチャネルの共通インピーダンスをZ_C［Ω］とすると，Rチャネルにクロストークとして$I_L Z_C$［V］のノイズが発生します．

● 電子部品から発せられる熱雑音や動作ノイズ

　ノイズは外から来るものばかりではありません．電子部品が発するノイズを把握して設計するべきです．抵抗の熱雑音，トランジスタやD-Aコンバータのノイズ，スイッチング電源の動作ノイズ，ダイオードの整流ノイズ，リプル・ノイズ，クロック・ノイズなどもノイズ源になります．

―― メーカ製に近づくためのその3 ――
グラウンドはシャーシに接続する

● アナログ回路は1点で，ディジタル回路は多点で接続する

　GNDを安易につなぐと，GNDループが形成されることがあります．特に電源トランスやパワー・アンプ出力からの誘導ノイズをGNDのループがアンテナとなって拾うため，信号ラインにノイズが飛び込む原因となります．

　基板上のパターンはループを極力なくし，シャーシに1箇所で接続します．

　一部の計測器は回路GNDとシャーシが絶縁されていますが，一般的な民生機器のオーディオ機器は回路GNDとシャーシGNDが同電位です．シャーシに接続するポイントは**図4(a)**のように入力端子のGNDが一般的です．

　スピーカGNDや電源回路のGNDはループを形成す

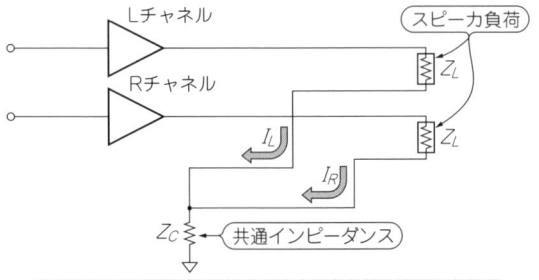

図3 メーカ製に近づくためのその2…共通インピーダンスがあると左チャネルの大電流の影響で右チャネルに信号が現れる（クロストークの発生）

Lチャネル→Rチャネルに発生するクロストークは$I_L Z_C$
このクロストークを減らすには，Z_Cを極力小さくすることが必要

る原因になるのでシャーシに接続してはいけません．電源のGNDをシャーシに接続している機器もありますが，入力端子をシャーシから浮かせています．

ディジタル回路は，スイッチング・ノイズを極力減らすためにGNDインピーダンスをいかに下げるかが最も重要です．輻射ノイズを極力減らすためにも図4(b)のようにシャーシに多点で接続するケースが一般的です．同じくGNDループを作ることは望ましくないため，高周波特性の良いコンデンサを介してシャーシに接続します．

── メーカ製に近づくためのその4 ──
各グラウンドを一点で接続する

● 電位合わせは細い配線で十分

電源から流れ出た電流は各回路に電力を供給したのち，GNDの中点（リターン・ポイント）に帰ってきます（図1参照）．このリターン・ポイントまでの経路を明確にすることは重要です．

アナログGNDやディジタルGNDなどオーディオ機器の中で全てのGNDはどこかで接続して，その電位を合わせなければなりません．

リターン・ポイントでつなぐのが一つの手法です．太いパターンは必要ありません．

● D-AコンバータのアナログGNDとディジタルGNDはICの近くでつながない

ディジタルのGNDは不要輻射を抑えるためにも入出力端子のGNDをシャーシに接続します．アナログ入力端子のGNDをシャーシに接続する場合は，アナログとディジタルのGNDがシャーシ（多くの場合バック・パネル）で電位が合います．この場合，機器の中でディジタルGNDとアナログGNDをつなぐとGNDループが発生するのでつないではいけません．

多くのD-AコンバータICはディジタルGNDとアナログGNDを持っていますが，ICの直近でつないではいけません．図5に示すようにディジタル用の電源から供給された電流はディジタルGNDへ，アナログ用の電源から供給された電流はアナログGNDへ返すのが基本です．

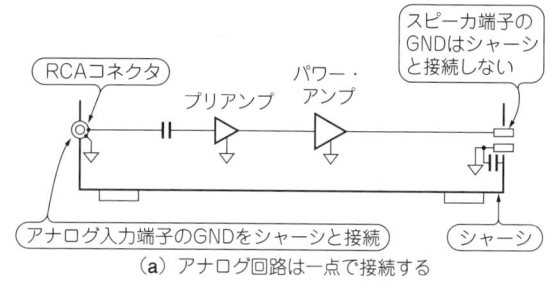

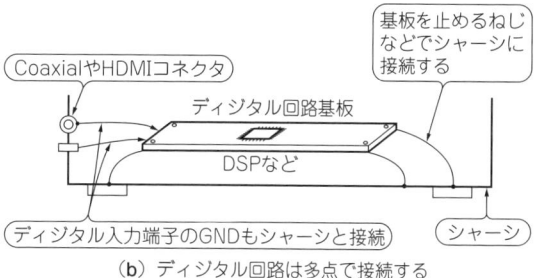

図4　メーカ製に近づくためのその3…GNDはシャーシと接続する

── メーカ製に近づくためのその5 ──
パターンにスリットを入れて
電源リプル・ノイズを抑制する

● グラウンド電位のノイズはパターンとコンデンサの合わせ技でなくす

共通インピーダンスをなくすには，図6のように相互に影響を与えたくない配線パターンを電流のリターン・ポイントで分けます．やむなくパターンが分けら

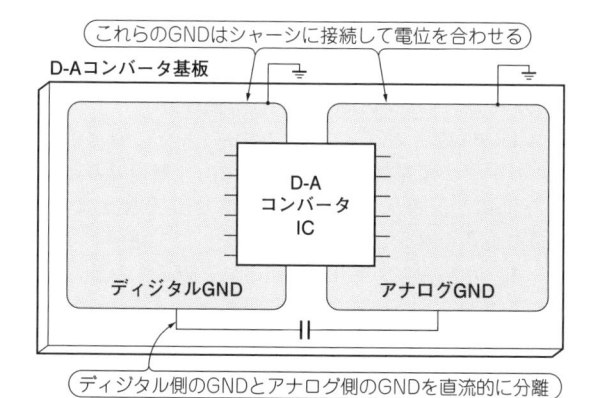

図5　メーカ製に近づくためのその4…ディジタル側のGNDとアナログ側のGNDは分離する
これらの二つのGNDはシャーシで電位が合うようにする．

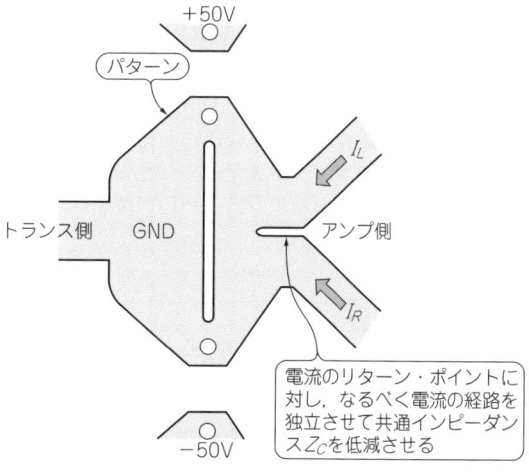

図6　メーカ製に近づくためのその5…共通インピーダンスを抑えるために配線パターンを工夫する

パターンにスリットを入れて電源リプル・ノイズを抑制する

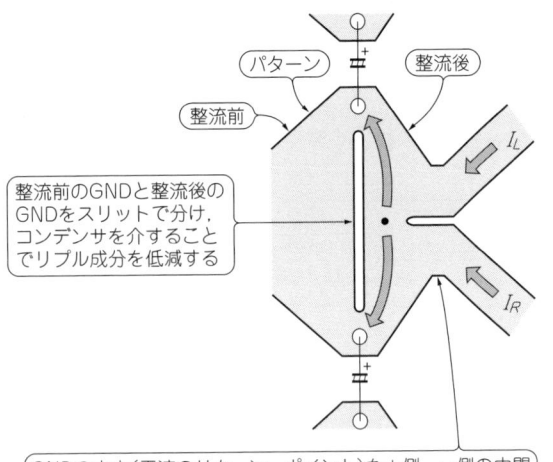

図7 メーカ製に近づくためのその5…グラウンドをパターンのスリットで分けてリプル成分を低減

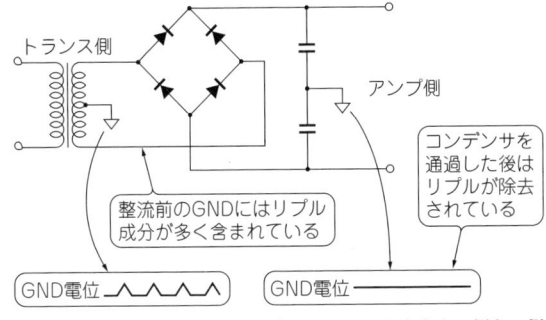

図8 メーカ製に近づくためのその5…GNDの中点を＋側と－側とで対称に描いてリプル成分をキャンセル

れない場合は，なるべく共通部分のインピーダンスを小さくし，電流が流れた際に発生する電位を小さくします．

残留ノイズの原因となる電源のリプル・ノイズを抑えるには以下の二つが重要です．

① AC側とDC側のGNDを分ける

図7のように整流前と整流後のGNDをスリットで分けることでリプル成分を減らせます．

② GNDの中点（電流のリターン・ポイント）を＋側と－側とで対称に描く

さらに図8のように＋側，－側のリプル成分をキャンセルさせたあとコンデンサを通過させると，GND電位に乗るノイズを除去できます．

メーカ製に近づくためのその6
発振しにくいアンプに仕上げる

● ゲインと位相の周波数特性を測る

現代のパワー・アンプの多くは負帰還をかけてノイズやひずみ，周波数特性などのオーディオ特性を改善しています．この負帰還は，安定度が低いと出力につながれたインピーダンスの変化により発振する可能性があります．安定度はゲインと位相の周波数特性を調べると分かります．

（1）ゲイン余裕度

負帰還システムは，位相が180°回転すると，ゲインを持った出力が入力に帰ることで正帰還となり発振します．位相が180°回転した時点でのゲインが0 dB以下なら，発振に至る可能性は下がります．ループ・ゲイン特性における位相が180°のときのゲインが何dB減衰しているかをゲイン余裕度と呼びます．

（2）位相余裕度

同様にゲインが0 dB以上ある状態で位相が180°以上回転すると正帰還になります．ゲイン特性が0 dBのときの位相特性を評価し，180°回転するまで何°の余裕があるかを位相余裕と呼びます．

＊

ループ・ゲインの評価には5 M～15 MHzの帯域を持つ周波数アナライザを用います．一般的にオーディオ・アンプのループ・ゲイン特性のゲイン交点は数百k～3 MHzが最適といわれており，その倍の周波数まで評価できれば十分です．

● 位相余裕は45°以上，ゲイン余裕は7 dB以上確保する

位相余裕は45°以上，ゲイン余裕は7 dB以上というのが最良の応答時間を確保しつつ，発振に対する余裕も取れた値だといわれています．この値以下に位相余裕，ゲイン余裕が落ちた場合には矩形波応答においてリンギングが増え，スピーカ負荷のような容量性，誘導性負荷がつながれたときに発振を起こす可能性があります．

また，オーディオ帯域といわれている20 kHzを超える帯域までループ・ゲインを確保することは高域のノイズ特性やひずみ特性を改善するために必要です．

● ループ・ゲインの周波数特性の測り方

ループ・ゲインの測定は，図9のように帰還抵抗Z_{in2}の手前に帰還抵抗Z_{in2}から見て十分無視できる小さな抵抗R_iを挿入し，外部から信号E_gを加えます．図9のようなアンプ・ブロックにおいて，電圧ゲインは，Z_{out}とR_{in}がZ_{in}より十分小さいと仮定すると，

$$(V_{in} - V_{out}\beta)A = V_{out} \quad \cdots\cdots(1)$$

より，

$$\frac{V_{out}}{V_{in}} = \frac{A}{1+A\beta} \simeq \frac{1}{\beta} \quad (1 \ll A\beta) \quad \cdots\cdots(2)$$

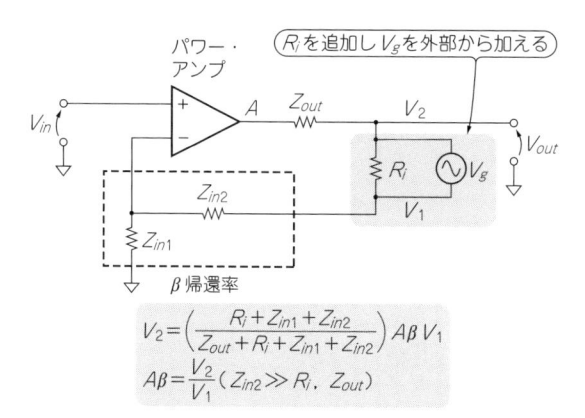

図9 メーカ製に近づくためのその6…ループ・ゲインを測定するには小さな抵抗を挿入する

$$V_2 = \left(\frac{R_i + Z_{in1} + Z_{in2}}{Z_{out} + R_i + Z_{in1} + Z_{in2}}\right) A\beta V_1$$

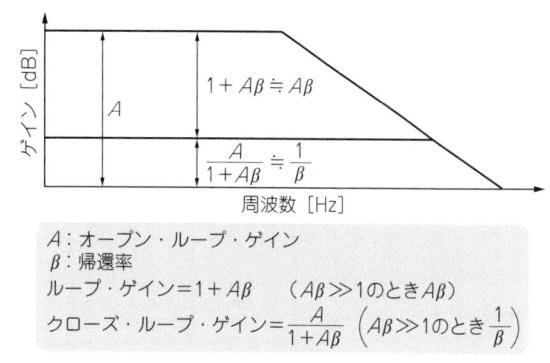

$$A\beta = \frac{V_2}{V_1} (Z_{in2} \gg R_i, Z_{out})$$

図10 メーカ製に近づくためのその6…ゲインと位相をプロットしてループ・ゲイン特性を把握する

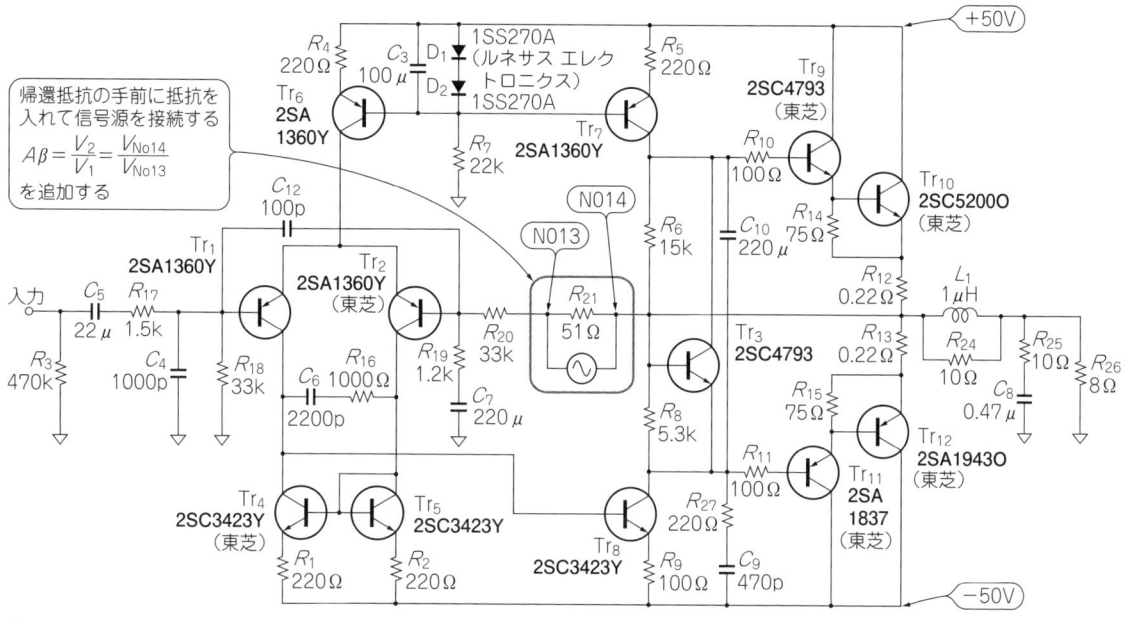

A：オープン・ループ・ゲイン
β：帰還率
ループ・ゲイン＝$1+A\beta$ （$A\beta \gg 1$のとき$A\beta$）
クローズ・ループ・ゲイン＝$\dfrac{A}{1+A\beta}$ （$A\beta \gg 1$のとき$\dfrac{1}{\beta}$）

図11 メーカ製に近づくためのその6…シミュレーションする

で表されます．R_iに電圧源V_gをかけたとき，R_iの両端に発生する電圧をそれぞれV_1，V_2とすると，オープン・ループ・ゲインA，帰還率βであるこの系では以下が成り立ちます．

$$V_2 = \left(\frac{R_i + Z_{in1} + Z_{in2}}{Z_{out} + R_i + Z_{in1} + Z_{in2}}\right) \times A\beta \times V_1 \cdots (3)$$

アンプの出力インピーダンスZ_{out}と電流注入抵抗R_iが帰還抵抗Z_{in2}に対して十分小さいときにはループ・ゲイン$A\beta$は以下となります．

$$A\beta = V_2/V_1 \cdots (4)$$

このループ・ゲイン$A\beta$の周波数応答をゲインと位相についてプロットすると，**図10**のようになります．

● シミュレーションで事前検討する

実際にシミュレーションでループ・ゲインを確認します．

図11は差動1段のシンプルなパワー・アンプ回路です．帰還抵抗33 kΩの手前に51 Ωの抵抗を挿入し，その両端に10 mV$_{peak}$の電圧を加えます．抵抗値は帰還抵抗に対して十分小さいもの，加える電圧はノイズ・フロアに埋もれない程度の値を選びます．

シミュレーションはAC解析で帯域は0.1 Hz～15 MHz解析ポイントは1オクターブ100ポイントで行いました．Add traceでV_2，V_1に当たるノードをV_2/V_1という数式でプロットします．今回の場合はノードの番号がN014とN013でしたのでV(N014)/V(N013)を入力します．**図12**のように，ループ・ゲイ

発振しにくいアンプに仕上げる

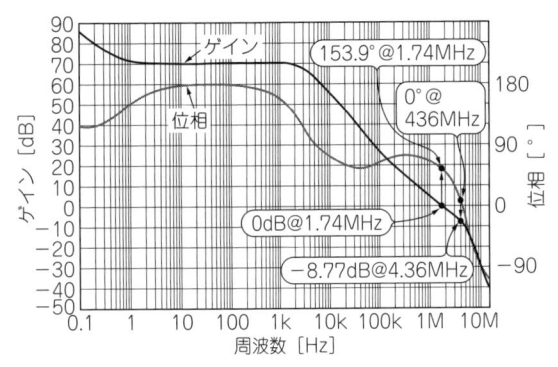

図12 メーカ製に近づくためのその6…位相余裕を測定する
ループ・ゲインが0 dBのときゲイン交点1.74 MHzで位相余裕は53.9°，位相が180°回った時の位相余裕は8.77 dB．

ンが0 dBとなるゲイン交点が1.74 MHz，そのときの位相余裕は53.9°，位相が180°回ったときのゲイン余裕は8.77 dBと解析できました．

● 矩形波応答を調べる

発振余裕度は矩形波応答でも分かります．信号は10 kHzの矩形波を2 V$_{peak}$程度出力し，負荷に100 p～1 μF程度の容量性負荷をつなぎます．

スピーカ負荷インピーダンスは抵抗成分だけではないので，容量性負荷をつないで位相が回転した場合でも発振しないことが要求されます．

メーカ製に近づくためのその7
ヒートシンクで十分放熱する

● パワー・トランジスタは冷やす

パワー・アンプの出力デバイスは，スピーカ（負荷）に電力を供給する際，発熱します．パワー・トランジスタによるシングル・プッシュプルの構成の出力回路の場合，出力デバイスで消費される電力は，

$$P_C = V_{CE} I_C \cdots\cdots (5)$$

です．電源電圧V_C = 50 V，出力100 W/8ΩのAB級アンプでは，50 W/8Ω出力するとき，パワー・トランジスタのコレクタで30 W以上もの電力を消費しています．パワー・アンプの出力デバイスに大きなヒートシンクが必要なのはこの電力が消費されるときに発生する熱を放熱するためです．

このヒートシンクを排除するためにD級アンプが有効で，商品化も進んでいますが，パワー・アンプの設計で放熱設計は重要な項目であることには変わりません．

● アイドリング電流の温度変化を小さくする

一般的にV_{BE}は－2.6 mV/℃という負の温度係数を持っており，ダーリントン出力段を持つパワー・アン

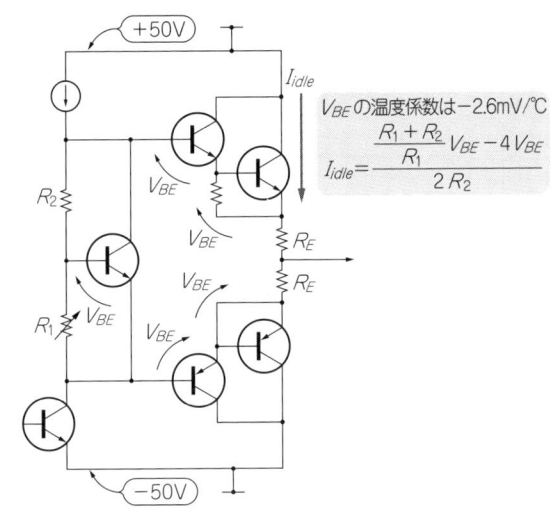

図13 メーカ製に近づくためのその7…アイドリング電流は温度係数で計算する

プのR_Eを0.22 Ωとするとパワー・トランジスタの温度が1℃上がるごとに，

$$2.6 \text{ mV} \times 2 / R_E = 23.6 \text{ mA} \cdots\cdots (6)$$

ずつエミッタ電流が増加します．これは出力デバイスのエミッタ電流が正の温度係数を持っていることを意味し，熱暴走の危険性を示唆しています．熱暴走を防ぐためには，以下の三つの対策が考えられます．

① エミッタ電流が増加してもトランジスタの温度が増加しないような大きなヒートシンクを取り付ける
② エミッタ抵抗を増やして温度係数を減らす
③ トランジスタの温度が増加してもエミッタ電流が負の係数を持つように温度補償素子を取り付ける

アイドリング電流は図13のように，

$$I_{idle} = \frac{\left(\dfrac{R_1 + R_2}{R_1} V_{BE} - 4 V_{BE}\right)}{2 R_e} \cdots\cdots (7)$$

で表されます．このとき出力段の変化よりも温度補償デバイスの変化量を大きく取れば，エミッタ電流は負の温度係数を持ち安定します．

$$\Delta V_{BE} \frac{R_1 + R_2}{R_1} > 4 \Delta V_{BE} \cdots\cdots (8)$$

厳密には出力側の素子と温度補償素子の温度特性は異なるので，実測データを基にばらつきも含めた検証が必要です．

温度補償がしっかりかかっているかを確認するためにはR_Eの両端の電圧をモニタし，アンプ出力を止めたときのアイドリング電流の挙動を確認します．図

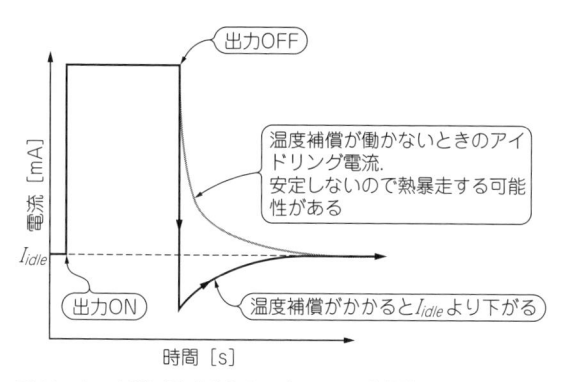

図14 メーカ製に近づくためのその7…温度補償を最適にしてアイドリング電流を安定させる
温度補償をかけすぎると温度が上昇した際にアイドリング電流が流れず，THD＋N特性が悪化する．

14のように温度補償が足りないとアイドリング電流 I_{idle} は安定せず熱暴走の危険性があります．一方で温度補償をかけ過ぎると，発熱時にアイドリング電流が流れなくなりクロスオーバひずみの原因になります．

メーカ製に近づくためのその8
パワー・アンプの直流オフセットを小さくする

● パッシブ直流サーボ・アンプ回路を使う

スピーカを駆動するパワー・アンプは，スピーカのボイス・コイルの破損を防ぐために直流電圧を出力してはいけません．一般的なパワー・アンプでは，図15のようにパッシブ直流サーボ・アンプとして直流に全帰還をかけて直流の安定度を上げています．

このとき図16のようにアンプ出力に発生するオフセット電圧は，

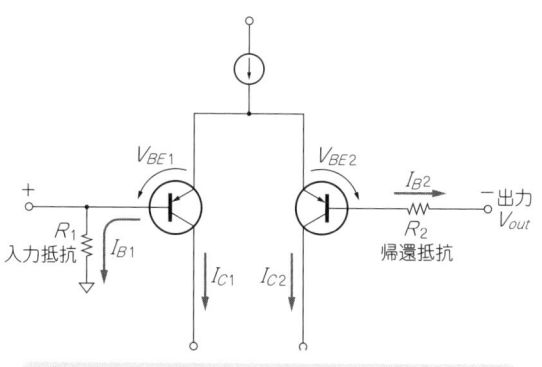

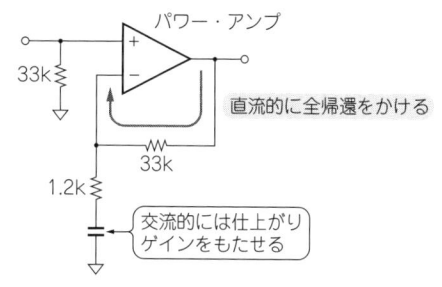

図15 メーカ製に近づくためのその8…パッシブ型直流サーボ回路で直流の安定度を上げられる
コンデンサの容量値は 100μ～330μF．

$$V_{out} = V_{BE1} + I_{B1}R_1 - V_{BE2} - I_{B2}R_2$$
$$R_1 = R_2, \ I_{C1} = I_{C2} \cdots\cdots\cdots\cdots\cdots\cdots (9)$$

とすると，

$$I_{B1} = I_{C1}/h_{FE1}$$
$$I_{B2} = I_{C2}/h_{FE2} \cdots\cdots\cdots\cdots\cdots\cdots (10)$$

です．これより入力抵抗 R_1 と帰還抵抗 R_2 を同じ値にした場合，オフセット電圧 V_{out} は V_{BE} と h_{FE} のばらつきによって変わります．

帰還抵抗を不用意に大きくするとノイズの増加を招きます．一方で帰還抵抗を小さくすると，周波数特性を低域まで伸ばすために大きなコンデンサが必要なうえ，アンプの出力負荷にもなります．

入力抵抗を大きく取らなければならず，かつ帰還抵抗を大きく取ることができない場合は，図17のように，直流帰還用の抵抗と交流帰還用の抵抗を分けた多重帰還型のパッシブ直流サーボ・アンプ回路を使います．交流帰還の抵抗に小さな値を選べ，ノイズ面で有利です．

● アクティブ型の直流サーボ・アンプを使う
初段にコンプリメンタリ・エミッタ・フォロアを持

図16 メーカ製に近づくためのその8…アンプ出力に発生するオフセット電圧を計算

直流オフセットは，
$V_{out} = V_{BE1} + I_{B1}R_1 - V_{BE2} - I_{B2}R_2$
入力抵抗 R_1 と帰還抵抗 R_2 は同じ値とすること．
V_{BE1} と V_{BE2} および h_{FE1} と h_{FE2} はばらつかないようにする

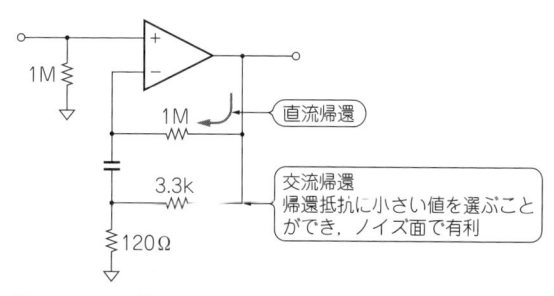

図17 メーカ製に近づくためのその8…直流帰還用の抵抗と交流帰還用の抵抗を分けた多重帰還型のパッシブ型直流サーボ回路を使うとノイズ面で有利
コンデンサの容量値は 4.7μ～10μF．

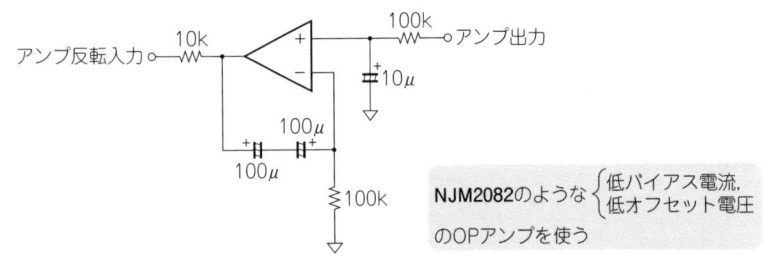

図18 メーカ製に近づくためのその8…アクティブ型の直流サーボ・アンプ回路を使う

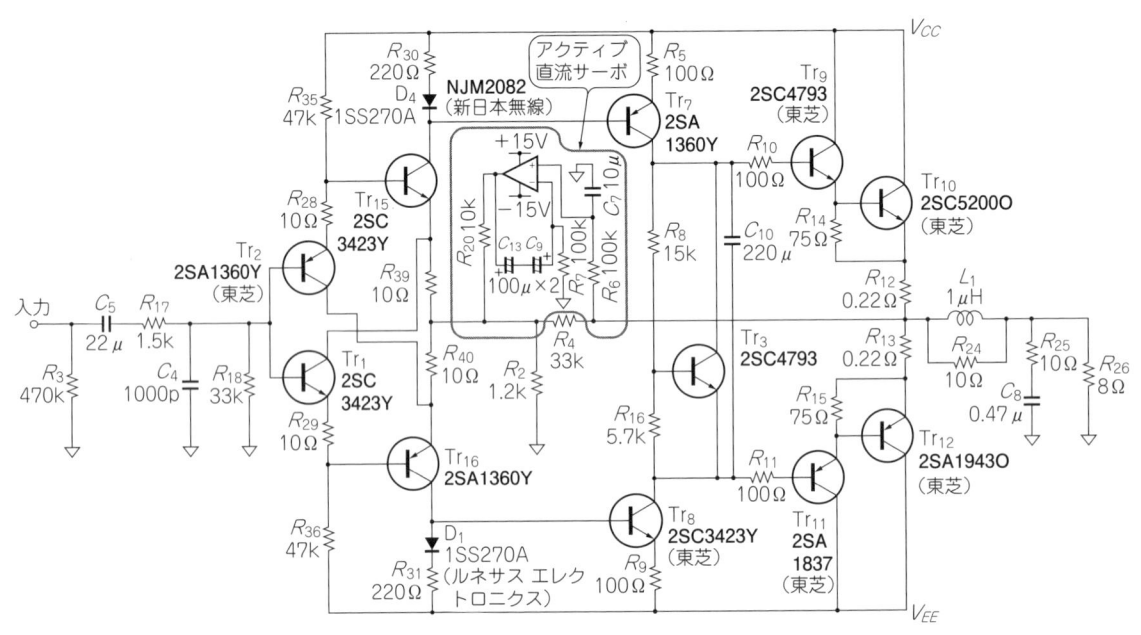

図19 メーカ製に近づくためのその8…初段が差動回路でないパワー・アンプにアクティブ型直流サーボを追加する

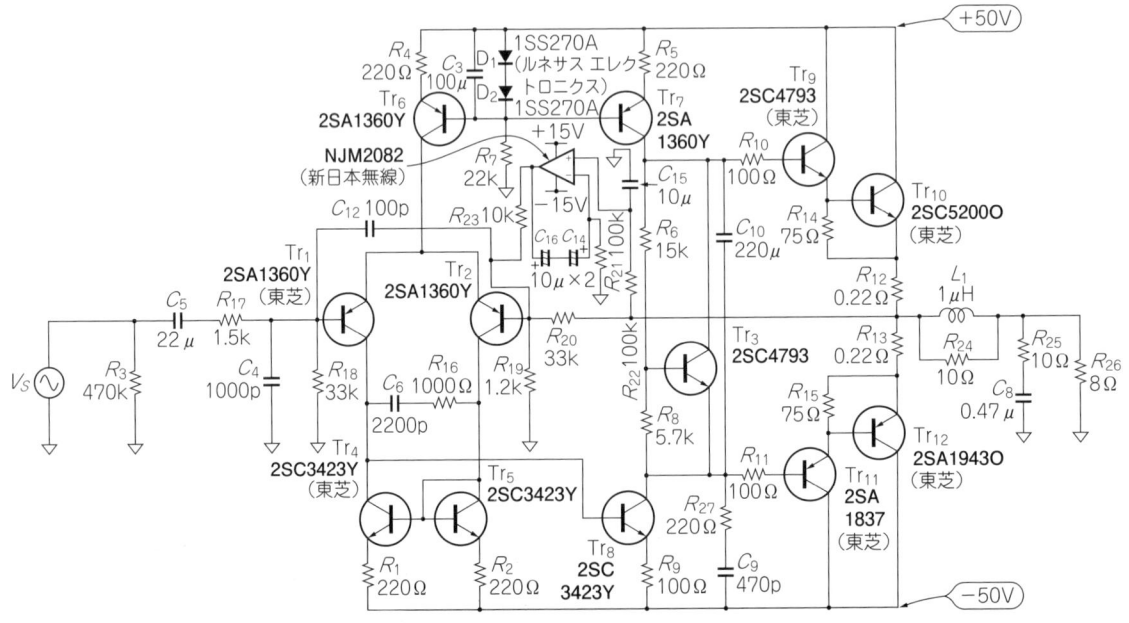

図21 メーカ製に近づくためのその8…初段が差動回路のパワー・アンプにアクティブ型直流サーボを追加する

つような回路は，直流を全帰還してもV_{BE}の温度ドリフトによる直流のオフセットを抑えることはできません．その際は図18のアクティブ型の直流サーボ・アンプ回路を図19のように入れると効果的です．図20のように出力に発生するオフセット電圧をOPアンプで検出し，入力側に電流を注入すると，オフセット電圧をOPアンプのオフセット電圧まで抑えられます．

初段に差動回路を持つアンプにおいても，図21のようにアクティブ型の直流サーボによりオフセットを抑えられます．接地抵抗R_4に流れるI_{B4}，帰還抵抗R_3に流れるI_{B3}をサーボ・アンプから供給し，アンプ出力が＋側にオフセットした場合にはI_{B3}を増やしR_3の電圧降下によりオフセットを抑え，アンプ出力が－側にオフセットした場合はその逆の動作をします．このとき，サーボ・アンプのバイアス電流が微小とすると，パワー・アンプのオフセット電圧V_{out}はサーボ・アンプのオフセットV_{offset}となります．

$$V_{out} = R_1 I_{bias} + V_{offset} + R_2 i_{bias} \fallingdotseq V_{offset} \cdots\cdots (11)$$

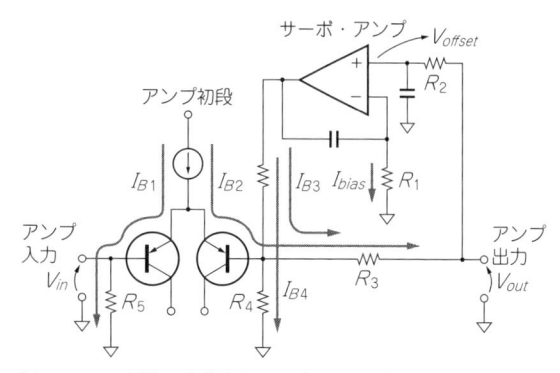

図20 メーカ製に近づくためのその8…出力に発生するオフセット電圧をOPアンプで検出し，入力側に電流を注入してオフセット電圧を抑える
アンプ出力が＋側にオフセットするとサーボ・アンプからI_{B3}を供給し，帰還抵抗R_3の電圧降下によりアンプ出力を下げる．－側にオフセットするとサーボ・アンプにI_{B3}を引き込みアンプ出力を上げる．

メーカ製に近づくためのその9
温度検出回路で熱破壊から部品を保護する

● 瞬時に温度上昇を検出したいならPTCサーミスタ

部品を熱破壊から保護するには，温度検出回路は最も有効です．一般的な半導体の接合温度T_Jにおける絶対最大定格は150℃なので，破壊を防ぐために100～120℃程度で検出できる回路にします．

出力デバイスのヒートシンクで検出する方法が一般的ですが，熱容量の大きいパワー・アンプのヒートシンクでは温度の上昇を瞬時に検出することが難しいため，図22のようにPTCサーミスタを出力デバイスのリードに取り付け異常発熱を瞬時に検出します．パワー・アンプの電源から電流を引くので別途電源を必要としません．

メーカ製に近づくためのその10
アンプが直流を出力したら
スピーカと切り離す

● 1～2Vを検出できれば十分保護できる

図23の回路は，アンプの直流出力を検出する回路です．入力側の抵抗値を調整することで検出値を調整します．低域の応答特性も見ながら決定しますが，1～2Vに設定すると十分スピーカを保護できます．

メーカ製に近づくためのその11
過電流を検出する

● 過電流でスピーカが壊れないようにする

スピーカ端子のホットとコールドがショートすると出力デバイスに過電流が流れてアンプが壊れる可能性があります．

過電流を検出する回路を図24に示します．エミッ

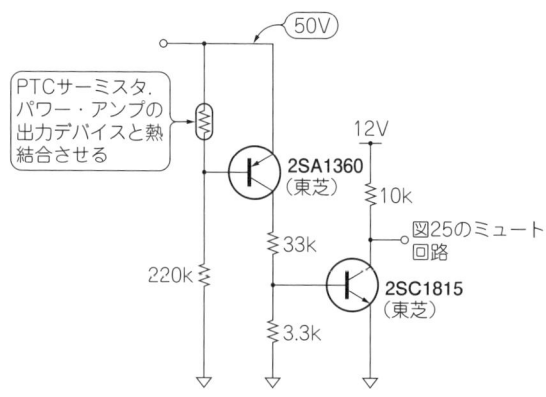

図22 メーカ製に近づくためのその9…PTCサーミスタを出力デバイスのリードに取り付け，異常発熱を瞬時に検出

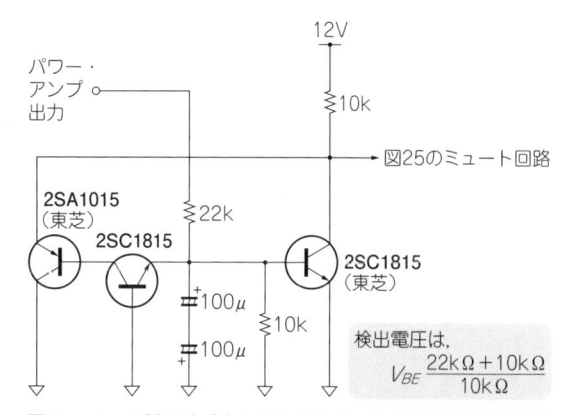

図23 メーカ製に近づくためのその10…入力側の抵抗値を調整して直流を検出，スピーカを保護する

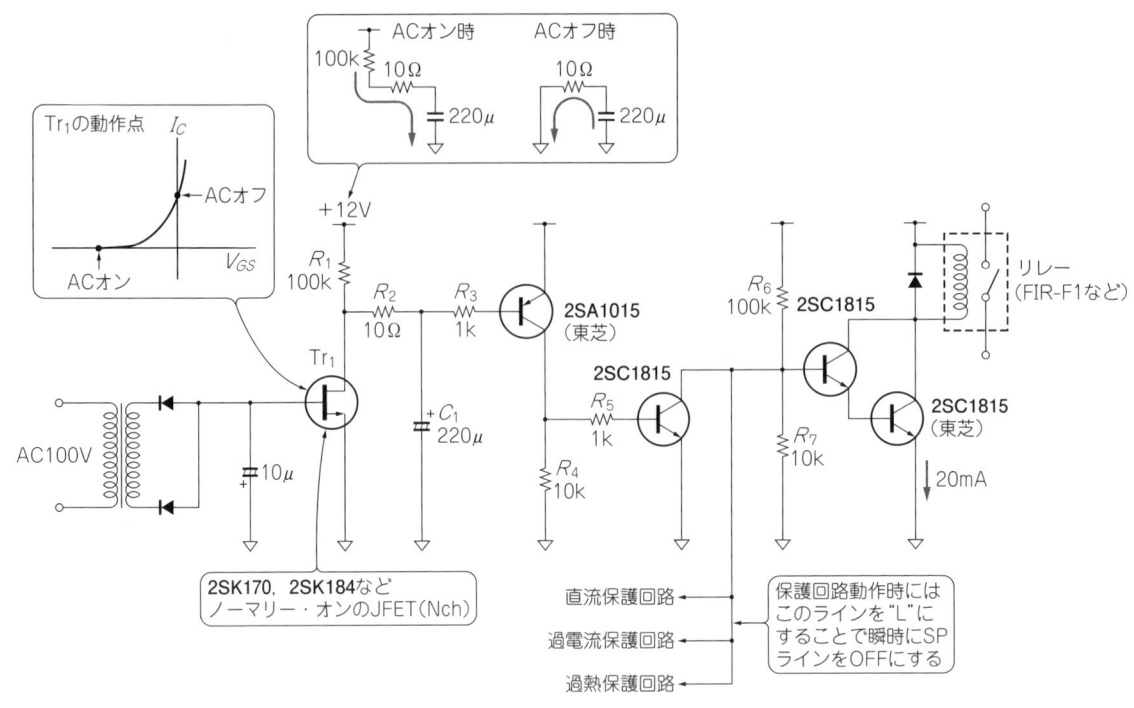

図25 メーカ製に近づくためのその12…時定数で電源ON時のミュート回路の動作を決定する

タ抵抗の両端に発生する電圧をモニタし，過電流が流れたときは検出用のトランジスタがONします．

ダイオードは出力の信号振幅が大きいときには検出電流をGNDに逃がすことで重負荷（低インピーダンス負荷）がつながれた際にも小振幅で確実に過電流を検出できます．

メーカ製に近づくためのその12
スピーカとアンプを切り離せるリレー式ミュート回路を入れる

● 切り替えノイズの抑制やスピーカの保護ができる

電源投入時や停電時，入力切り替え時に発生する耳障りな切り替えノイズを抑制したり，オーディオ回路の異常を検出して過大な出力をスピーカに送らないためにミュート回路を入れます．昨今はMOSFETのオン抵抗が飛躍的に下がり20mΩ程度のものが出てきましたが，コスト面などからリレーが多く使われます．

● 電源投入時のリレーのON/OFFは時定数で決定する

電源投入時はパワー・アンプの出力が安定しないので，スピーカのボイス・コイルを傷めないためにミュート回路で切り離しておきます．時定数を持たせリレーがONするまでに一定の時間をおきますが，一方で電源がOFFされたときは瞬時にリレーをOFFにしなければなりません．

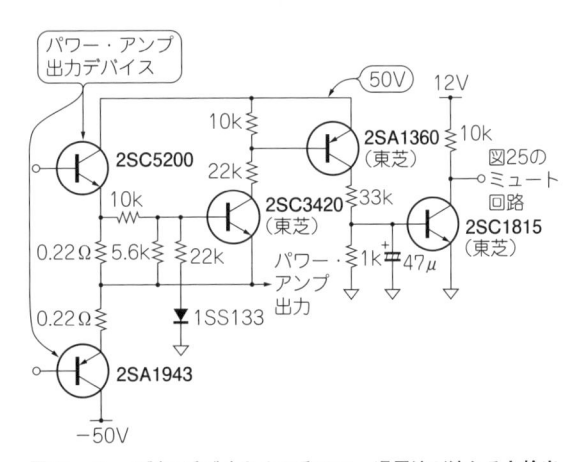

図24 メーカ製に近づくためのその11…過電流が流れると検出用のトランジスタがONする過電流保護回路で出力デバイスを保護する

図25のように電源ON時にはR_1によるC_1への充電の時定数でリレーONの時間を決め，電源OFF時にはR_2による放電の時定数でリレーOFFの時間が決まります．

（初出：「トランジスタ技術」2013年2月号 特集 第10章）

Supplement パソコンのアプリケーションにもこだわろう
リッピング・ソフトウェアのいろいろ　田力 基

● 重要機能や欲しい機能を確認して選ぶ

リッピング・ソフトウェアとして必要な機能や欲しい機能には，どのようなものがあるでしょうか．筆者は次のように考えています．

(1) 正確にデータを吸い上げる
(2) リッピング時に同時にメタ・データを付けてファイル化する（メタ・データについては後述）
(3) メタ・データにジャケットの画像を取り込む
(4) データをファイル化する際には所望のコーデックでエンコードする

条件や操作性などを考えて，自分に合ったリッピング・ソフトウェア（表1）を選ぶとよいでしょう．

● CDなどの音楽メディアからデータをきちんと抽出する二つのポイント

▶ポイント①…CDの盤面を奇麗にする

傷のないCDなどの音楽メディアを，汚れが付かない状態で読み込めば基本的にはエラーは起きません．

逆に，ひどい傷だらけのディスクは，どのようなドライブとリッピング・ソフトウェアを使って読み込んでも読み込みエラーの発生は免れないでしょう．

盤面にちょっとした傷が付いていても，リッピングしたときの偶発的な読み取りエラーをどれだけ防げるかは重要なポイントです．

▶ポイント②…データを正しく読み込んでくれるリッピング・ソフトウェアを選ぶ

リッピング・ソフトウェアでも差が出てきます．

音楽CDのデータを読み出す際に，ドライブには二重のエラー訂正機能がありますが，それでも訂正しきれないエラーをC2エラーと呼びます．ドライブによってはエラー・フラグを読み出して，C2エラーが発生したセクタを検出できるものもあります．リッピング・ソフトウェアによって同じセクタを2回読み出して，結果が異なっていたらC2エラーと判断しているようです．

C2エラーと判断された場合には，以下の機能①を使って正しくデータを読み込み，機能②により読み込み結果を検証します．

● 機能①…セキュア・リッピング

該当するセクタを複数回読み出し，同じデータが読み出せればそれを正しいデータと判断します．最後に同じトラックを2回読み出して，チェック・サムが一致していれば正しく読み取りができている，と判断する機能です．

● 機能②…AccurateRip

セキュア・リッピングで読み出した結果と，オンライン上のデータベースにおける（同種の別のディスクを読み出した場合の）チェック・サムとが一致すれば読み込み結果の信頼性がさらに高まります．

正しくデータを読み込む機能を持ったリッピング・ソフトウェアを選ぶことをお奨めします．

● 曲名やジャケット写真などのメタ・データを付けられるリッピング・ソフトウェアも増えている

ディスクを読み出す際に，オンラインでCD情報のデータベースを参照し，曲名などのメタ・データを引っ張ってくれば便利です．

多くのリッピング・ソフトウェアでは，海外のCD情報データベースから情報を取得できるようになっていますし，日本語などのローカルな情報を含む国内CDのデータベースを指定できるようにもなっています．

CDジャケットの取得については，iTunesのように自社の配信サイトからデータを取得できるものや，FreeDB，それでも駄目ならAmazonの商品情報からデータを取り込めるものもあります．

現在，WindowsではExact Audio Copy（無料）やdBpoweramp（有償）がよく使われています．Macでは高品質なデータの取り込みができるため，Mac X Lossless Decoderが人気があります．

（初出：「トランジスタ技術」2013年12月号　特集　イントロダクション）

表1　よく使われているリッピング・ソフトウェア

ソフトウェア名	URL	OS/フリーまたは商用	特徴
Exact Audio Copy	http://www.exactaudiocopy.de/	Windows用 フリー	Secure Rip/AccurateRip/FreeDB対応．デフォルトではWAV取り込みのみ．エンコーダは含まれないのでユーザが追加する
dBpoweramp	http://www.dbpoweramp.com/	Windows用 商用	Secure Rip/AccurateRip/FreeDB対応．WAV/AIFF（非圧縮）のほか，Flac/Apple lossless/MP3に標準で対応．複数のエンコーダの同時使用も可能
X Lossless Decoder	http://tmkk.undo.jp/xld/	Mac用 フリー	Secure Rip/AccurateRip/FreeDB対応．Amazonからカバー・アート取得可能 AIFF/WAVのほか，Flac/Apple losslessに標準で対応（そのほか多くのエンコードに対応）
iTunes	http://www.apple.com/jp/itunes/	Windows用/Mac用 フリー	初期設定では非可逆圧縮のAAC（MP3より圧縮効率が高い）で取り込む設定になっている．WAVやAIFFか，可逆圧縮のApple Losslessで取り込む設定にすると高音質なリッピングが可能

第4部 [2015年版] オーディオ規格スッキリ便利帳

Appendix 6　音の3要素から室内音響まで
音の性質と定量化

河合 一

音波の定義

ギターを弾いているところを観察すると，弦が振動している様子を見ることができます．これは周期的な往復運動，すなわち「振動」です．この振動が空気という媒体を介して伝わります．この伝搬する空気の振動を「音波」と定義しています．

● 伝搬速度

音波の伝搬速度は温度により異なりますが，空気中では340 m/sが標準伝搬速度です．正確には，伝搬速度Sは温度をT[℃]とすると次の通りです．

$$S [\text{m/s}] = 331.5 + 0.6 T$$

音は振動なので空気以外も媒介とします．主な材質（媒体）における標準的な音波の伝搬速度を表1に示します．ゴム系材質は伝搬速度が遅いので，防振材料として用いられています．

● 音の3要素

音波の基本3要素を表2に示します．
音程は音楽用語ではピッチと呼ばれます．実際の楽器の音は，一番周波数が低い基本波(基音)と，基本波の整数倍(倍音)で構成されます．一般的な楽器では，ほとんどが倍音成分です．基本波の周期t[s]で音の高さ周波数f[Hz]が決定され，基本波と倍音の組み合わせで音色がほぼ決定されます．

音楽における12平均律(ドレミファソラシド，CDEFGAB)と基本周波数の関係は，表3に示すように厳密に規定されています．
同じ音名，例えば同じ「ド(C)」でも，低いドと高いドがあります．この違いはオクターブ(Octave)で表現し，1オクターブは周波数比で2倍です．音程はA = 440 Hzから定義されています．

● 音圧レベル

音波の大きさは音圧レベルで規定されます．音波を気圧の変化する波としての物理量で表現するもので，基準の音圧レベル(聴感可能な1 kHzの最小レベル)を規定し，実際の測定音圧との比をdBで表現するものです．本来dBは相対値なのに対し，音圧は基準の決まっている単位です．そのことを示すために，音圧の単位はdB SPL(Sound Pressure Level)と表記することもあります．

$$\text{基準音圧 0 dB} = 2 \times 10^{-4} \mu\text{bar}$$
bar：バール，気圧の単位

音圧レベルの具体的な例を表4に示します．人間の聴感での音圧レベル範囲は110〜120 dB程度までです．また，音楽コンサートでの音圧レベル範囲は最大で90〜100 dB程度です．したがって，オーディオ機器が扱う必要がある最小信号から最大信号までの範囲（ダイナミック・レンジ）も，90〜120 dBを目安に考えます．

表1　音(振動)の伝わる速度

媒体	標準伝搬速度 [m/s]
空気	340
水中	1500
木材	4500
金属(鉄)	5950
ゴム	35〜70

表2　音の3要素

要素	物理特性
大きさ	音圧
高さ	周波数
音色	波形

表3[1]　音階と周波数

音階	オクターブ1	オクターブ2	オクターブ3	オクターブ4	オクターブ5	オクターブ6	オクターブ7
C	65.4064	130.8128	261.6256	523.2511	1046.5023	2093.0045	4186.0090
C#	69.2957	138.5913	277.1826	554.3653	1108.7305	2217.4610	4434.9221
D	73.4162	146.8324	293.6648	587.3295	1174.6591	2349.3181	4698.6363
D#	77.7817	155.5635	311.1270	622.2540	1244.5079	2489.0159	4978.0317
E	82.4069	164.8138	329.6276	659.2551	1318.5102	2637.0205	5274.0409
F	87.3071	174.6141	349.2282	698.4565	1396.9129	2793.8259	5587.6517
F#	92.4986	184.9972	369.9944	739.9888	1479.9777	2959.9554	5919.9108
G	97.9989	195.9977	391.9954	783.9909	1567.9817	3135.9635	6271.9270
G#	103.8262	207.6523	415.3047	830.6094	1661.2188	3322.4376	6644.8752
A	110.0000	220.0000	440.0000	880.0000	1760.0000	3520.0000	7040.0000
A#	116.5409	233.0819	466.1638	932.3275	1864.6550	3729.3101	7458.6202
B	123.4708	246.9417	493.8833	987.7666	1975.5332	3951.0664	7902.1328

▶単位：Hz

表4 音圧レベルの具体例

音圧レベル [dB]	具体例
140	ジェット・エンジン
120	ロック音楽演奏会場最前列
100	オーケストラ会場
80	雑踏，繁華街
60	一般的な会話
40	夜間の郊外
20	1m先から聞こえてくるつぶやき

聴感特性

● 可聴周波数

人が音として感じることができる周波数範囲は一般的に20Hz～20kHzとされています．これは可聴範囲とも表現されますが，オーディオにおいては扱う電気信号の周波数帯域をこの可聴帯域としており，「オーディオ帯域」として標準的に扱われています．

● ラウドネス曲線

人の感じる音の大きさは，低音と高音では鈍感になる傾向があります．個人差のある特性ですが，多くの人による測定データを元に学術的に規定したものが，ラウドネス曲線(図1)です．ISO(International Organization for Standardization，国際標準化機構)のISO226:2003が最新です．

全体的に，200Hz以下の低域周波数に対する感度が著しく低下することと，特性曲線が音圧レベルにより異なることを示しています．

音圧レベルの小さい時に鈍感になる傾向が強いので，小音量での聴取向けに，低域と高域を持ち上げた特性にする機能をオーディオ・アンプに持たせることがあります．ラウドネス(Loudness)機能と呼ばれています．

● A特性

ラウドネス曲線は，人間の騒音に関する聴感感度ともいえます．騒音の計測時には，この特性を加味します．騒音計の規格，IEC61672およびJIC C1509に，昔のラウドネス特性をベースにしたA特性(図2)が規定されています．Aウェイト(A-Weighted)・フィルタと称されています．

オーディオ機器でも，アンプのノイズなどが耳に聴こえる大きさを考え，A特性を加味してノイズを評価することがあります．

室内音響

● 透過係数(損失)と吸音率

スタジオ，コンサート・ホールなどのオーディオ用途建築物はもとより，不動産/建築業界でも用いられる音響特性のひとつに，透過係数(損失)があります．図3に示すように遮音物に音が入射すると，一部が反射され，遮音物内で一部が吸収され，残りが透過します．この遮音特性を透過係数(または透過損失)T_Lと

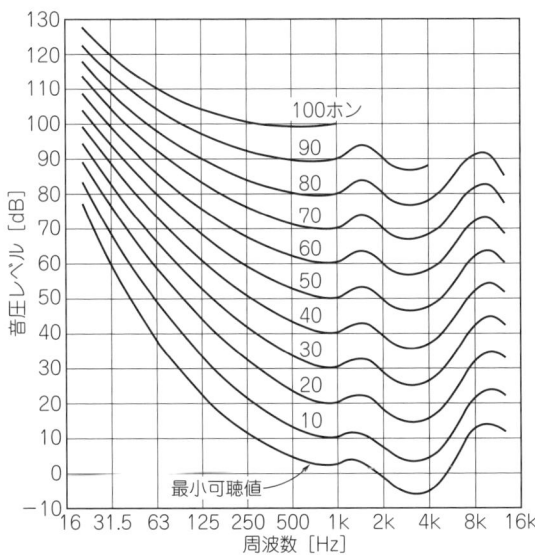

図1[(2)] 音圧と人間の耳に聞こえる音の大きさとの差を示すラウドネス特性
ラウドネス特性の補正をかけたあとの音量の単位が「ホン」になる．

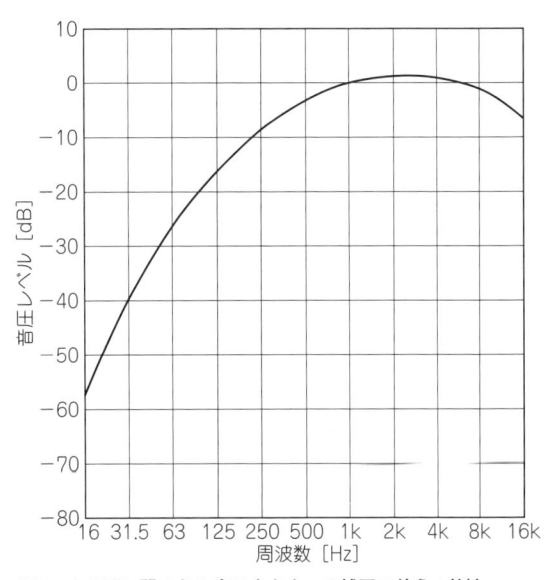

図2 人の耳に聞こえる音の大きさへの補正に使うA特性
騒音値の算出や，オーディオ機器のノイズ特性の評価に使う．

Appendix 6 音の性質と定量化

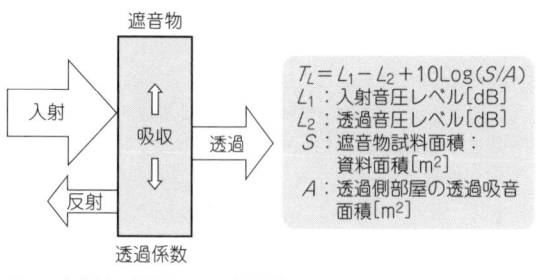

図3 遮音材の特性を示す透過係数

定義しています.

例えば，70 dBの音圧レベルが50 dBの透過係数の遮音物に入射すると，70 − 50 = 20 dBの音圧レベルが透過することになります.

遮音物が特に音を吸収する効果を有する物を吸音材と呼び，その吸音率 V_A は次式で求められます.

$$V_A = 1 - (反射エネルギー / 入射エネルギー)$$

● 残響時間

室内においては，発音体から出た音は聴音位置に直接到達する「直接音」と，時間遅れをもって壁に反射して到達する「反射音」とが総合されることになります．この反射音も複雑に反射して到達するので，これらが総合され「残響音」となります．そして，この残響音が直接音レベルに対して60 dB低下するまでの時間が残響時間で定義され，図4に示すように「RT60」として規定されています.

残響時間 T_r を推定する代表的な方法に，アイリングの残響時間計算式があります.

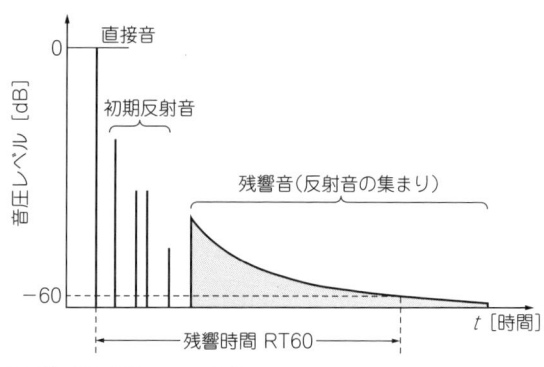

図4[3] 残響時間RT60の定義

$$T_r = \frac{0.161 \cdot K}{-S \cdot \ln(1-Z)}$$

K：部屋容量 [m²]
S：部屋の内表面積 [m²]
Z：部屋の平均吸音率

実際の残響時間は，部屋だけでなく，部屋内の場所でも変わります．録音スタジオとコンサート・ホールでは大きく異なりますし，同じホールでも測定ポイントで異なります．設計/施工においては，単純な残響時間の長短だけでなく，人間の聴感による残響時間の質も判断材料となります．

◆引用文献◆
・第13章を参照

(初出:「トランジスタ技術」2013年12月号　特別企画　第1章)

ラウドネス特性の移り変わり　Column

ラウドネス特性は，古くはフレッチャー・マンソン特性として知られていたカーブです．音圧から聴感への補正値であるA特性は，フレッチャー・マンソン特性の40ホンでの値をベースに作られています.

フレッチャー・マンソン特性，現在のラウドネス特性，A特性の比較を図Aに示します.

ラウドネス特性としては，ロビンソン・ダッドソン特性も有名です．現行のISO226規格は2003年に改訂されたものですが，それ以前のISO226規格にあったラウドネス特性がロビンソン・ダッドソン特性でした．

フレッチャー・マンソン特性のときは，1 kHzの音圧0 dBと，0ホン(最低可聴値)とが一致していました．ラウドネス曲線が更新されたため，最低可聴値は0 dBと一致しなくなりました.

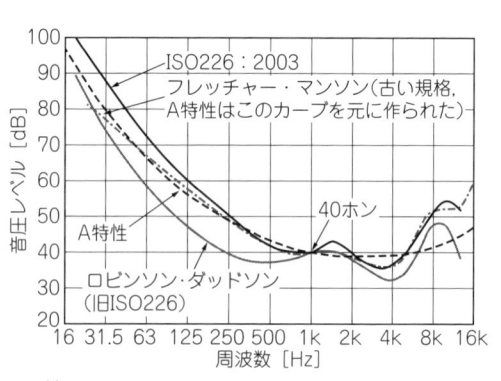

図A[2] A特性とラウドネス特性の比較

第12章 SN比，ひずみから周波数特性まで
ディジタル・オーディオの測定法

河合 一

測定規格

ディジタル・オーディオでの測定規格は，JEITA CP-2402A「CDプレーヤーの測定法」が最も標準的に用いられています．

民生用オーディオ機器での帯域制限用フィルタとしては，JEITA規格およびAES17規格に規定されている20kHz LPF(図1)とJEITAでのA-weighted(聴感補正Aカーブ)フィルタ(図2)の両フィルタが測定用標準フィルタとして用いられます．

A-weightedフィルタはフレッチャー・マンソン曲線を元にした周波数特性です．旧IHF規格でも制定されていたのでIHF-Aと表記されることもあります．

測定器の例

オーディオ測定の基本構成は，テスト信号発生器と信号アナライザの組み合わせです．代表的なオーディオ・アナライザを表1に示します．信号ソースとアナライザを一体化した製品もあります．

信号ソースにはアナログ信号ソースとディジタル信号ソース(PCM/SPDIF信号)があり，同様に信号アナライザもアナログとディジタルがあります．

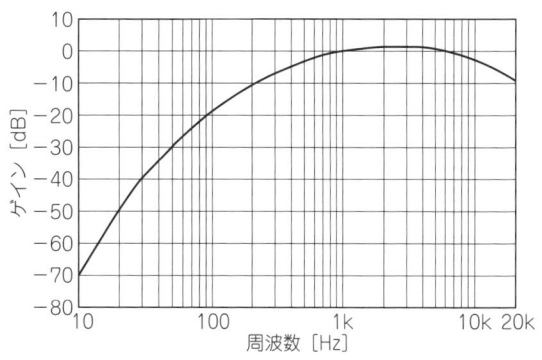

図2 ダイナミック・レンジ，SN比の測定に使用するA-weightedフィルタの周波数特性

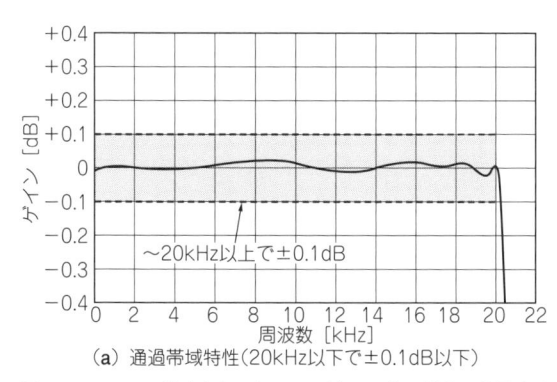

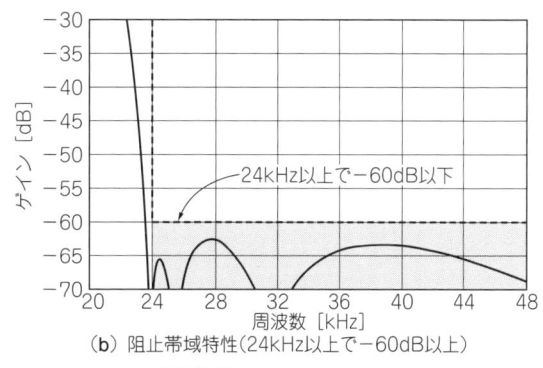

(a) 通過帯域特性(20kHz以下で±0.1dB以下)

(b) 阻止帯域特性(24kHz以上で-60dB以上)

図1 THD+N，ダイナミック・レンジ，SN比の測定に使用するAES17 20kHz LPFの周波数特性

表1 主なオーディオ測定器とその基本機能

測定器名	会社名	信号ソース機能 アナログ	信号ソース機能 ディジタル	信号解析機能 アナログ THD+N	信号解析機能 アナログ FFT	信号解析機能 ディジタル THD+N	信号解析機能 ディジタル FFT
AP2700ファミリ	Audio Precision	○	○	○	○	○	○
U8903A	キーサイト・テクノロジー	○	○	○	○	○	○
R&D UVP	ローデ・シュワルツ	○	○	○	○	○	○
MAK6630	目黒電波測器	×	×	○	×	×	×
AD725D	シバソク	×	×	○	×	×	×

主要特性とその測定法

● THD＋N

ディジタル・オーディオでは，ノイズ特性や周波数特性を比較的簡単に確保できます．最も重要な特性はTHD＋N(Total Harmonic Distortion＋Noise，全高調波ひずみ＋雑音)となるでしょう．測定方法を図3に示します．THD＋Nの定義は次の通りです．

$$THD＋N\,[\%]＝(全高調波＋雑音)／基準信号$$

単位として［％］でなく［dB］を使うこともあります．

純粋アナログ信号，D-A変換信号などの信号ソースや測定帯域(フィルタ条件)などの違いにより，相応の測定条件を整えなければなりません．

THD＋N特性は基準信号レベル(通常はフルスケール・レベル)，基準信号周波数(通常1kHz)で規定されるのが標準です．より詳細な特性を示すため，信号レベルや信号周波数を変えてプロットしたグラフを示すこともあります．

▶LPFを通して測定している

ディジタル・オーディオ，D-A変換システムにおいては，理論上，オーディオ信号以外に，サンプリング周波数の成分など，帯域外ノイズを含みます．正確な測定にはこれらを除去しなければなりません．そのために，AES17 20kHz LPFが必要です．

図4に，D-AコンバータのTHD＋N測定例を示します．周波数の高い部分でTHD＋N値が小さくなるのは，20kHz帯域制限により高調波成分が除去されるためです．例えば，信号周波数10kHzでは20kHz帯域内は2次高調波のみで，3次(30kHz)以上の高調波はフィルタリングされ，測定できなくなります．

図5に示すOPアンプのTHD＋Nのように，純粋なアナログ信号のTHD＋N測定においては，AES17 20kHz LPFは必要ではありません．しかしLPFなしではオーディオ帯域外のノイズも測定してしまい測定値が悪くなるので，通常は何らかのLPFを使っています．AES17 20kHz LPFとは限らず，測定器に内蔵されているフィルタ(具体的には22k／30k／80kHzのLPFなど)が用いられます．

● ダイナミック・レンジ

ダイナミック・レンジDRは前述のJEITA規格でその定義と測定法が規定されています．

$$DR\,[dB]＝|-60\,dB出力時のTHD＋N\,[dB]|＋60$$

測定方法を図6に示します．THD＋N測定に近いのですが，民生向けオーディオではA-Weightedフィルタを用いる点がTHD＋Nと異なります．

例えば，－60dB出力時のTHD＋N値が－40dBであれば，DR＝40＋60＝100dBとなります．業務用オーディオ機器の測定ではA-weightedフィルタを用いないので，フィルタのあり／なしでの値を併記している製品もあります．

ビット数から計算できる理論上のダイナミック・レンジをカタログに記載している場合がありますが，アナログ特性とは区別しなければなりません．

図3 THD＋N測定時の接続例

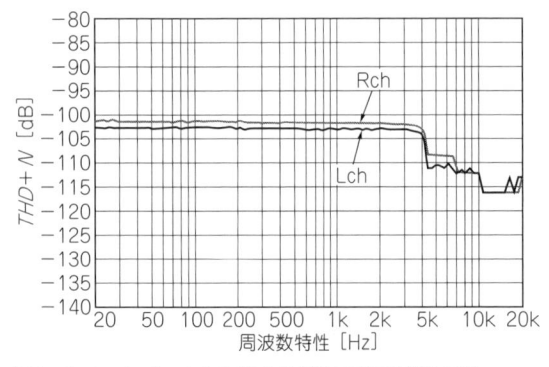

図4 D-AコンバータのTHD＋N対信号周波数特性の例

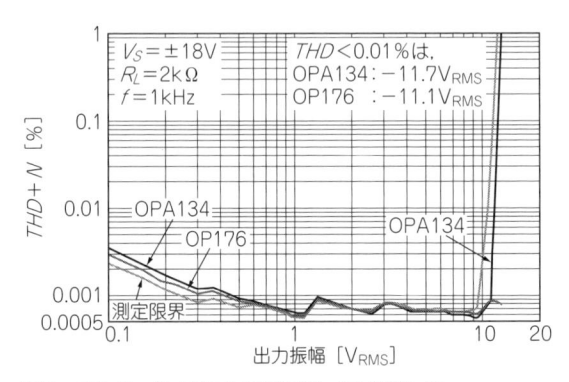

図5 OPアンプのTHD＋N対信号レベル特性の例

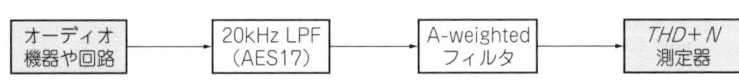

図6 ダイナミック・レンジ特性測定の接続

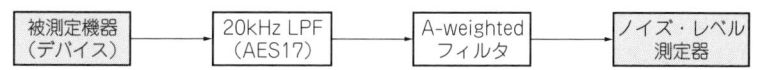

図7 SN比特性測定時の接続例

● SN比

SN比はオーディオ回路/機器総合の無信号時の出力ノイズNと信号フル・スケールSとの比で定義されています．

SN比［dB］ = 20 log(S/N)

ここで，ノイズNは，機器内半導体デバイスや電子部品で発生するノイズや，実装におけるノイズの総合値として出力されているものです．

測定時の接続を図7に示します．民生向けオーディオの測定法と定義はJEITA規格で規定されており，ダイナミック・レンジ特性と同様に，A-weightedフィルタを用います．

● 周波数特性

基準信号レベル（任意），基準周波数（標準1 kHz）に対しての測定周波数での基準レベルに対する実信号レベルとの偏差（dB表示）で定義されます．具体的には「20 Hz～22 kHz/ ± 1 dB」などです．図8に実測した例を示します．

従って，$THD+N$測定などに用いる20 kHz LPFは使用せず，被測定器→測定器（レベル・メータ），という単純な接続となります．

ハイ・サンプリング・レート（f_S = 96/192 kHz）対応機器，SACD機器では，原理上再生可能な帯域を「再生周波数範囲：2 Hz～100 kHz」などと表示していて，偏差を示した周波数特性が表記されていない場合があります．

● チャネル・セパレーション

チャネル・セパレーションはステレオ対応など，2チャネル以上のチャネル数があるオーディオ機器に適用される特性です．クロストーク特性とも表現されます．定義と測定法はJEITA規格で制定されています．チャネル・セパレーションCHは次式になります．

$$CH[\text{dB}] = 20 \log\left(\frac{S_{nosignal}}{S_{output}}\right)$$

$S_{nosignal}$：無信号チャネルの信号レベル［V_{RMS}］
S_{output}：信号を出力しているチャネルの信号レベル［V_{RMS}］

測定時の接続を図9に示します．基準信号レベルは標準フル・スケール・レベル，信号周波数は標準1 kHzです．通常，クロストーク成分は寄生容量が影響するので，信号周波数が高くなるほどクロストーク量は多くなる傾向があります．

● FFT測定

FFT測定は，標準測定に関する規格はなく，特性表示にもあまり使われませんが，実動作検証/評価に非常に有効です．

$THD+N$測定における$THD+N$測定値は，高調波の成分，例えば2次高調波と3次高調波のレベルやノイズ・レベルの成分構成比までは分かりません．

$THD+N$の特性のうち，THDとNの成分比率や，THDの高調波成分の比率を的確に測定できるのがFFT測定です．測定結果を図10に示します．オーディオ機器や回路の素性をより明確にできます．FFT測定機能を，現行オーディオ・アナライザのほとんど

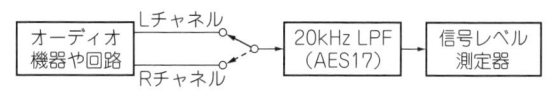

図9 チャネル・セパレーション特性測定時の接続例

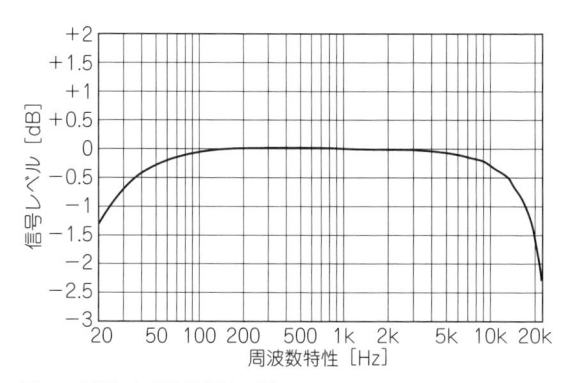

図8 実測した周波数特性の例

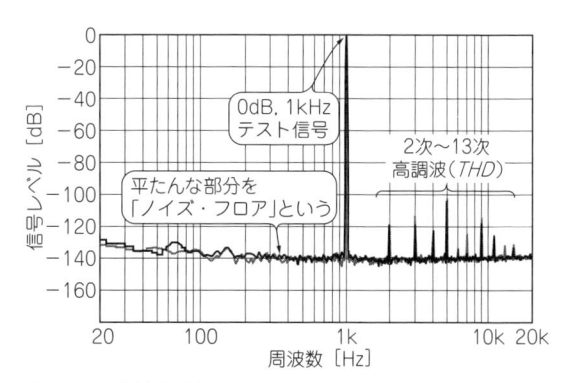

図10 FFT測定結果例

が有しています.

FFT測定においては，測定帯域幅，周波数分解能，測定ポイント数，窓関数(ハニング，ブラックマン・ハリスなど)の各条件により測定結果は若干異なります．

データの相互比較には，測定条件の確認が必要です．

(初出：「トランジスタ技術」2013年12月号　特別企画　第3章)

Column

ノイズの定義

Noise(雑音)には多くの種類が存在しますが，オーディオ回路/機器においては大別して，低周波領域の帯域内ノイズと，高周波領域の帯域外ノイズに区別できます．

▶帯域内ノイズ

主な帯域内ノイズを**表A**に示します．

半導体デバイスにおいてはショット・ノイズとフリッカ・ノイズが主要ノイズとなります．

サーマル・ノイズN_S [V_{RMS}]は以下の式で求められます．

$$N_S = \sqrt{4kTBR}$$
k：ボルツマン定数1.38×10^{-23} [J/K]，T：絶対温度 [K]，B：帯域幅 [Hz]，R：抵抗値 [Ω]

例えば，20℃で1kΩの抵抗が20 Hz～20 kHzで発生するノイズ電圧N_Sは，帯域$B = 200000 - 20 = 19980$ Hz，絶対温度$T = 273.15 + 20 = 293.15$ Kから，

$$N_S = \sqrt{4 \times 1.38 \times 10^{-23} \times 293.15 \times 19980 \times 1 \times 10^3}$$
$$= 0.56 \ \mu V_{RMS}$$

となります．

OPアンプの場合，ノイズは入力換算雑音電圧や入力換算雑音電流(単位は雑音密度，$V/\sqrt{Hz}$や$A/\sqrt{Hz}$)で規定されています．

実効値N_{RMS}への換算は，ノイズ領域の雑音値N_Gと帯域幅Bで簡単に計算できます．

$$N_{RMS} = N_G\sqrt{B}$$

例えば，雑音電圧密度が$5.5 \ nV/\sqrt{Hz}$，周波数帯域が20 Hz～20 kHzの場合，ノイズ電圧N_{RMS}は，

$$N_{RMS} = 5.5 \times \sqrt{20000 - 20} \fallingdotseq 0.78 \ \mu V_{RMS}$$

となります．

総合雑音レベルを規定帯域幅条件での実効値(例えば，残留雑音レベル=10 μV以下/20 Hz～20 kHz帯域)と表示するケースもあります．

実アプリケーション回路においては，入力換算雑音N_{RMS}は回路のノイズ・ゲインG_N倍されて出力ノイズになります．入力等価抵抗値にも影響されます．

出力ノイズ$N_o = G_N N_{RMS}$

▶帯域外ノイズ

$\Delta\Sigma$型のA-DコンバータやD-Aコンバータでは，その動作理論から動作サンプリング・レートf_Sに対して，$f_S/2$以上の帯域に量子化ノイズを多く含んでいます．一般的にこれを帯域外ノイズと呼称しています．ノイズの例を**図A**に示します．

帯域外ノイズはコンバータICによってそのノイズ・レベルと分布状態が異なります．実アプリケーションにおいてはポストLPFによりある程度低減させています．しかし，測定には不十分なことが多いので，測定ではAES17 20 kHz LPFを必要とします．

SACD再生では$\Delta\Sigma$変調スペクトラムがそのまま出力されるので，20 k～100 kHz帯域でのノイズ・レベルはPCMに比べて約40 dB以上大きくなり，ポストLPFの役目はより大きくなります．

表A　主な帯域内ノイズ

帯域内ノイズの種類	単位	概要
ショット・ノイズ	$V/\sqrt{Hz}$	電流値によって決まる電子粒子によるランダムなノイズ
フリッカ(1/f)ノイズ	$V/\sqrt{Hz}$	ショット・ノイズの1/fに比例増大する領域のノイズ
サーマル(ジョンソン)ノイズ	V_{RMS}	温度と抵抗値によって決まる自由電子によるノイズ

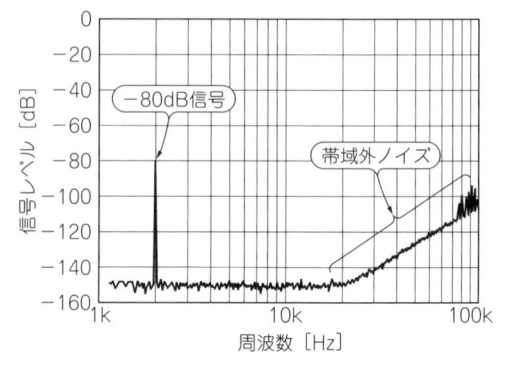

図A　帯域外ノイズの例(D-Aコンバータ出力)

第13章 量子化，サンプリングからΔΣ変調まで
ディジタル・オーディオのキーワード

河合 一

基本特性

● 量子化とダイナミック・レンジ

振幅方向への離散化が量子化です．

信号V_S［V］を分解能M［ビット］で量子化すると，量子化ステップNと量子化ノイズN_qが求まり，これにより理論的なダイナミック・レンジDRが決定されます．

$$N_q = V_S/(N-1) = V_S/(2^M - 1)$$

量子化された信号のダイナミック・レンジDRはN_qのサイン波に対する分布と電力から計算できます．

$$DR\,[\mathrm{dB}] = 6.02 \times M + 1.78$$

これはあくまでもディジタル領域での理論値で，アナログ性能のダイナミック・レンジは，これより悪くなります．

● サンプリング・レート

時間方向への離散化がサンプリングで，サンプリング周波数のことをサンプリング・レートともいいます．

サンプリング周波数f_S［Hz］と，再生可能最大周波数f_A［Hz］は，

$$f_A = f_S/2$$

の関係があります．サンプリング周波数はメディアごとに標準化されており，その代表的なものは次の通りです．

- CD（CD-DA）　　：f_S = 44.1 kHz
- DVD（Audio）　：f_S = 48 k/96 k/192 kHz
- BS　　　　　　：f_S = 32 k/48 kHz

● ΔΣ（デルタ-シグマ）変調

ΔΣ変調は，現在のオーディオ用A-DコンバータやD-AコンバータICの基本アーキテクチャです．ΣΔ変調と呼ばれることもあります．量子化ノイズの分布をシェープする動作から，ノイズ・シェーピングとも呼称されています．ブロック図を図1に示します．

量子化器は通常1ビット（なので1ビット方式ともいう）ですが，最近のコンバータICでは高性能化のために量子化器を多値化しているものも多く見られます．理論特性，すなわち量子化雑音の振幅と周波数分布は，ΔΣ変調器のステージ数（次数）と動作サンプリング・レートnf_Sで決定されます．

ΔΣ変調器のサンプリング・レートには，基準サンプリング・レートf_S（例えばf_S = 44.1 kHz）に対して64f_S，128f_Sなどが用いられています．

SACDでは64f_Sの動作サンプリング・レート（44.1 k × 64 = 2.8224 MHz）をSACDのサンプリング・レートと称しています．

● サンプル・レート変換

サンプル・レート変換は，入力サンプリング・レートf_{S1}を変換器で出力サンプリング・レートf_{S2}に変換する機能です．これを実行するデバイスはサンプル・レート・コンバータと呼ばれています．

パソコン内部のオーディオ・コーデックなどでは，多くの音楽ファイルに対応するためにサンプル・レート変換機能が用いられています．

▶例1：f_{S1} = 44.1 kHz→f_{S2} = 192 kHz

D-Aコンバータ機器で，内部D-Aコンバータを入力フォーマット（サンプリング・レート）に関係なく固定のサンプル・レートで動作させる目的の変換

▶例2：f_{S1} = 96 kHz→f_{S2} = 44.1 kHz

スタジオで96 kHzサンプリングで録音した音楽データをCD-DAフォーマットのデータにするためマスタリング工程で変換

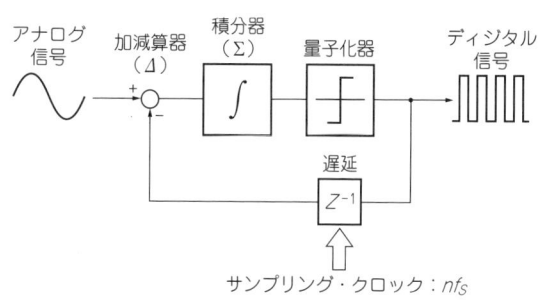

図1　1次ΔΣ変調器のブロック図

表1[6] 高性能D-AコンバータICでのレイテンシ（Group Delay）特性規定例

Parameter	Test Conditions	min	typ	max	単位
Low Rate（32/44.1 kHz）PCM Filter Response 1					
Group Delay			43		fs
Low Rate（32/44.1 kHz）PCM Filter Response 2					
Group Delay			8		fs
Low Rate（32/44.1 kHz）PCM Filter Response 3					
Group Delay			7		fs

● レイテンシ

　A-DコンバータICやD-AコンバータICは，折り返し雑音を除去するために，ディジタル・フィルタを搭載しています．ディジタル・フィルタは，遅延と積和演算でできているので，次数（タップ数）とサンプリング・レートに応じた遅延時間があります．

　この遅延は，民生用の再生機器ではほとんど影響しませんが，業務用オーディオ機器，特に録音機器や放送機器では複数のチャネルを同時に扱うことから，この遅延要素が問題となります．この遅延要素は**レイテンシ**（latency）と呼称されています．

　レイテンシはオーディオ機器内コンバータICのディジタル・フィルタ特性でほぼ決定されます．コンバータICでは群遅延（group delay）の仕様で規定されています．市場要求に対応して複数の特性を選択できるものもあります．

　実際のレイテンシ仕様の例を**表1**に示します．fsは基準サンプリング・レートです．例えばfs = 48 kHzのときResponse2のフィルタを使うと，群遅延GD = 8 × 48 kHz = 384 kHz，遅延時間TはT = 1/384 kHz = 2.6 μsとなります．

● ジッタ

　ジッタはクロックの時間的不確定要素で，周波数偏差やドリフトとは異なる特性です．オーディオ関連では，通常，クロックの立ち上がり-立ち上がり周期のジッタ（Period JitterまたはCycle Jitter）を規定するのが一般的です（**図2**）．

　ジッタにはこの他に，ハーフ・ピリオド・ジッタ，タイム・インターバル・ジッタなどがあります．

　別の分類として，S/PDIFなどのディジタル伝送路におけるジッタと，クロック・ソース（水晶発振器やPLLなど）で発生するクロック・ジッタとに分ける考え方もあります．

　オーディオ機器においては，A-DコンバータICやD-AコンバータICのマスタ・クロックの周期ジッタは変換精度に最も影響します．マスタ・クロックは，ICによってはシステム・クロックとも呼び，256fs，384fsなどの周波数になります．

▶ジッタの定義と測定

　クロック・ジッタは，周期ジッタのヒストグラム測定における標準値（Standard Deviation/RMS値，単位は秒）をジッタと定義して一般的に仕様化されています．ジッタ測定には，この他にも位相雑音，FFTスペクトラム，アイパターン測定などの方法がありますが，D-A変換（D-AコンバータIC）の精度と最も相関関係を持つのがヒストグラム測定の標準値です．

　ジッタ特性の測定には，専用の測定器であるインターバル・アナライザや，あるいはサンプリング・オシロスコープにジッタ解析のオプションなどが必要です．測定例を**図3**に示します．

▶オーディオ特性との関係

　実際のオーディオ機器においては，D-AコンバータICの動作マスタ・クロックの周期ジッタが変換性能に影響します．マスタ・クロックの生成は大別する

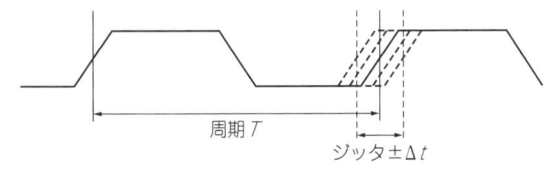

図2　ジッタの概念：周期Tに対して時間不確定Δtにより周期が変動する

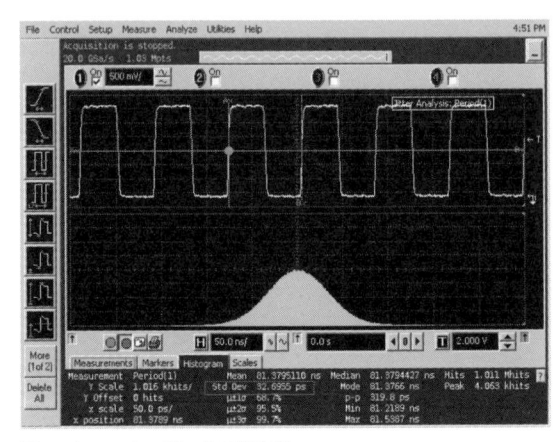

図3　クロック・ジッタの測定例
キーサイト・テクノロジーのオシロスコープDSO54853Aによる．立ち上がりクロック周期（画面上）のヒストグラム測定（画面下），Std Dev = 32.6599 ps，p-p = 319.8 psと測定されている．

表2[7] クロック用水晶発振モジュールのジッタ仕様の例

1 Sigma Jitter	J_{sigma}	Measured with Wavecrest DTS-2079 VISI 6.3.1	$1.8 \leq fo < 40$ MHz	–	8	ps
			$40 \leq fo \leq 100$ MHz	–	5	ps
			$100 < fo \leq 170$ MHz	–	4	ps
Peak to Peak Jitter	J_{PK-PK}		$1.8 \leq fo < 40$ MHz	–	80	ps
			$40 \leq fo \leq 100$ MHz	–	40	ps
			$100 < fo \leq 170$ MHz	–	30	ps

表3[8] S/PDIFレシーバICが生成するマスタ・クロックのジッタ仕様の例

パラメータ	min	typ	max	単位
PLL Clock Recovery Sample Rate Range	30	–	200	kHz
RMCK Output Jitter*	–	200	–	ps RMS

＊：Typical RMS cycle-to-cycle jitter.

と水晶発振によるものとPLLによるものがあります．

表2に例を示すように，水晶発振は通常50 ps未満と低ジッタで，D-Aコンバータ特性にはほとんど影響しません．

問題は，S/PDIFやUSBなどのアプリケーションでの生成クロック・ジッタです．表3にS/PDIFレシーバが受信信号からPLLで生成するマスタ・クロックのジッタ仕様を示します．水晶発振器に比べるとかなり悪いことが分かります．最近では，多くの機器が低ジッタ化を実現する技術を組み込んでいて，より良い値が得られるようになっています．

ジッタの影響を受けるD-Aコンバータの特性としては$THD+N$特性とダイナミック・レンジ特性ですが，コンバータICのアーキテクチャや各モデルにより，その影響度は異なります．

音源のデータ・フォーマット

● ディジタル記録メディア

オーディオ信号のディジタル記録メディアの代表的なものを表4に示します．

CD-DA(Compact Disc Digital Audio)が最も普及していますが，映像信号とともに記録するDVDや，音楽に限らず圧縮フォーマットを記録する各種カードなど，多くの種類があります．基本的には2チャネル・リニアPCMで信号を記録しますが，CD-DAとSACDのハイブリッド型ディスクもあります．映像も含むDVDなどでは，DolbyやDTSのフォーマットを用いてマルチチャネルに対応しているソフトも多数あります．

● CD/DVD/SACDのフォーマット…PCMとDSD

CD-DAやDVD音声部には，PCM信号が用いられています．いわゆるディジタル信号ですが，圧縮方式（後述）と区別するために，リニアPCMと呼称することもあります．

一方，SACD(Super Audio CD)には，DSD(Direct Stream Digital)という1ビット信号フォーマットが用いられています．1ビット$\Delta\Sigma$変調器のビット列をそのままデータとしたものです．

この2種類の方式の違いを表5に示します．

● PCで扱う音楽データの記録形式

iPodやMP3プレーヤなどに代表されるポータブル・オーディオ，ネット環境下でのディジタル・オーディオなどの普及により，多くのデータ圧縮形式，およびそれを用いたファイル形式が存在しています．代表的なものを表6に示します．

表5 CD/DVDで使われるPCMとSACDで使われるDSD

基本特性／方式	PCM	DSD
量子化ビット数	16～32ビット	1ビット
サンプリング・レート	32 k～192 kHz	2.8224 M/5.6448 MHz
代表的な記録媒体	CD-DA, DVD	SACD
ディジタル・コード定義	2's Complement	–
伝送フォーマット	I^2S, 右詰め，左詰め	–

表4 代表的なディジタル音楽データの記録メディア

記録媒体	形状	量子化	サンプリング・レート	規格	関連規格
CD(CD-DA)	12 cmディスク	16ビット	$fs = 44.1$ kHz	Red Book	JEITA
SACD	12 cmディスク	1ビット	$fs = 2.8224$ M/5.6448 MHz	Scarlet Book	–
DVD	12 cmディスク	16/24ビット	$fs = 48$ k/96 k/192 kHz	DVDフォーラム	Dolby, DTS
Blu-ray	12 cmディスク	16/24ビット	$fs = 48$ k/96 k/192 kHz	Blu-ray Disc Association	Dolby, DTS
DAT	カートリッジ入りテープ	16ビット	$fs = 44.1$ k/48 kHz	DAT	

表6 代表的なディジタル音楽データのファイル形式

ファイル形式	圧縮/圧縮率		概要
WAV	非圧縮		Windows用PCM信号ファイル
AIFF	非圧縮		Mac用PCM信号ファイル
MP3(MPEG1 Audio Layer-3)	非可逆圧縮	1/10	ダウンロード用音楽データの標準的存在
AAC(Advanced Audio Cording)	非可逆圧縮	1/20	iTunesサイト，着うたなどで使用
ATRAC3	非可逆圧縮	1/10	SONY製品で使用
WMA(Windows Media Audio)	非可逆圧縮	1/20	Microsoft対応製品で使用
ALAC(Apple Lossless Audio Codec)	可逆圧縮		Apple製品で使用
FLAC(Free Lossless Audio Codec)	可逆圧縮		Oggプロジェクト対応
MPEG4-ALS/SLS	可逆圧縮		MPEG4規格における可逆圧縮方式

　MPEGに代表される圧縮方式は，圧縮した元データの品質/性能をそのまま再現できる可逆圧縮と，元データの品質/性能からは劣化する非可逆圧縮に分類されます．

● マルチチャネル

　マルチチャネルとは，通常のステレオ2チャネルに対して，4チャネル以上の多チャネルを有するオーディオ・フォーマットのことです．現在においては，映画に用いられているDolbyやDTSに代表されるディジタル信号処理技術を巧みに応用したものが主流となっています．DVD再生時のAVアンプには必須の対応機能です．

表7 Dolbyのマルチチャネル・フォーマット

フォーマット	チャネル数	概要
Dolby Digital	5.1	別名AC-3，マルチチャネルの標準的存在
Dolby Digital Plus	7.1	E-AC-3，Dolby Digitalの次世代版
Dolby Prologic II	5.1	2チャネルを5.1チャネルに変換
Dolby Prologic IIx	7.1	2チャネルまたは5.1チャネルを7.1チャネルに変換
Dolby Prologic IIz	9.1	7.1チャネルにハイト（高さ方向）の2チャネルを追加
Dolby TrueHD	7.1	100%ロスレスのフォーマット
Dolby Digital EX	6.1	5.1チャネルにセンタ・サラウンドを追加

▶ Dolby

　ドルビーラボラトリーズ社が開発，制定しているマルチチャネルおよび圧縮のフォーマットです．多くの種類が存在します（**表7**）．

　民生向けのホーム・シアター・システム用としてはDolby Digitalの5.1チャネルとDolby Prologic IIxの7.1チャネルの二つが最も普及しています．

▶ DTS

　Digital Theater Systems社が提供するマルチチャネル・システムで，Dolbyと同じように複数のフォーマットが存在します（**表8**）．ロゴはdtsと小文字で表示されています．DTSは可逆圧縮方式なので，24ビット/48kHzサンプリングのリニアPCM信号を再現できます．

▶ THX

　Lucasfilm社の提唱するマルチチャネル方式で，pm3規格を制定しており，これに適合すると認証された映画館，スタジオ，オーディオ機器はTHXロゴを表示できます．基本的には5.1チャネルまたは7.1チャネルですが，DolbyやDTSとややスピーカ配置が異なります．

▶ スピーカ配置

　5.1チャネル，7.1チャネルなどのマルチチャネル・システムにおいては，リスニング・ポジションに対するスピーカ配置が重要です．

　AVアンプなどの説明書に記載されている推奨配置はITU-R BS.775-1（ITU：国際電気通信連合）による勧告での推奨配置をベースにしています（**図4**）．

表8 DTSのマルチチャネル・フォーマット

フォーマット	チャネル数	概要
DTS Digital Surround	5.1	ホーム・シアタの基本型
DTS Express	6.1	センタ・サラウンドを追加
DTS 96/24	5.1	24ビット96kHzサンプリング対応
DTS HD High Resolution Audio	7.1	Blu-rayおよびHD DVD用，非可逆圧縮
DTS HD Master Audio	7.1	Blu-rayおよびHD DVD用，可逆圧縮
DTS Neo6	7.1	2チャネルを5.1チャネル，6.1チャネル，7.1チャネルに変換

(a) ITU勧告のスピーカ配置 (b) 7.1チャネルのスピーカ

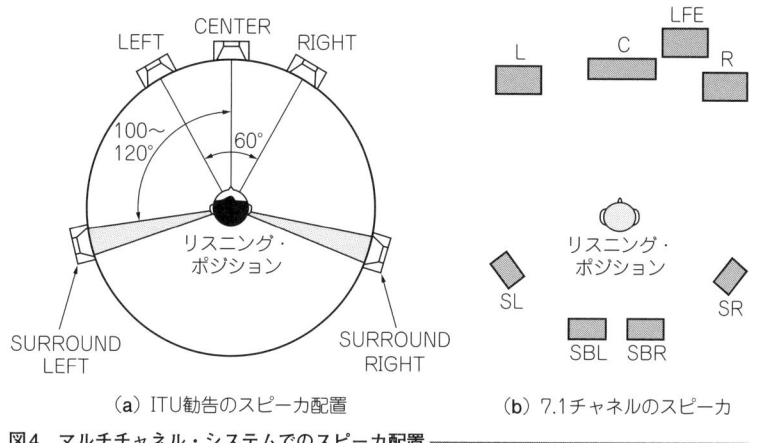

図4 マルチチャネル・システムでのスピーカ配置

インターフェース規格

● S/PDIF，AES/EBU

オーディオ信号のみ(画像を含まないもの，コンベンショナル方式という)を伝送する規格の代表例は，民生用のS/PDIF(Sony-Philips Digital InterFace)です．

インターフェース規格としてIEC, AES, EBU, JEITAでそれぞれ詳細な仕様が規定されています(**表9**)．

転送データは，フレームと呼ばれる単位で区切られます．フレーム構造を**図5**に示します．民生向けのS/PDIF規格も，IECやAESなど業務用に定義されている規格も，フレーム構造は同じです．チャネル・ステータス・データの定義が異なるだけです．チャネル・ステータスでは，民生向け/業務用，著作権保護あり/なし，オーディオ・データ/非オーディオ・データなどの情報が定義されています．

信号伝送時の整合インピーダンスは，業務用がバランス110Ω(ツイステッド・ペア・ケーブル)，民生向けがアンバランス75Ω(同軸ケーブル)です(**図6**)．光ファイバも用いられます．

伝送ジッタは，UI(Unit Interval，1 UI = 1/128f_S, f_Sはサンプリング・レートなのでUIの単位は秒)の単位で図7のように規定されています．

例えばf_S = 48 kHzにおける1 UIは，1 UI = 1/(128 × 48 kHz) = 162.76 nsとなります．

● HDMI

HDMI(High Definition Multimedia Interface)はAV機器間の映像，制御，音声情報を1本のケーブルで伝送できる方式です．SONY，フィリップス社などで共同規格を制定しています．コネクタ/ケーブルもいくつか規格化されていますが，据え置き型の機器ではA

表9 ディジタル・オーディオ用インターフェース規格

規格	用途	伝送媒体	伝送ジッタ規定
IEC60958-3	民生向け	75Ω同軸, トスリンク	あり
IEC60958-4	業務用	110Ωバランス	あり
AES3-1985	業務用	110Ωバランス	あり
EBU Tech 3253	業務用	110Ωバランス	あり
JEITA CP-1201 (S/PDIF)	民生向け	75Ω同軸, トスリンク	なし

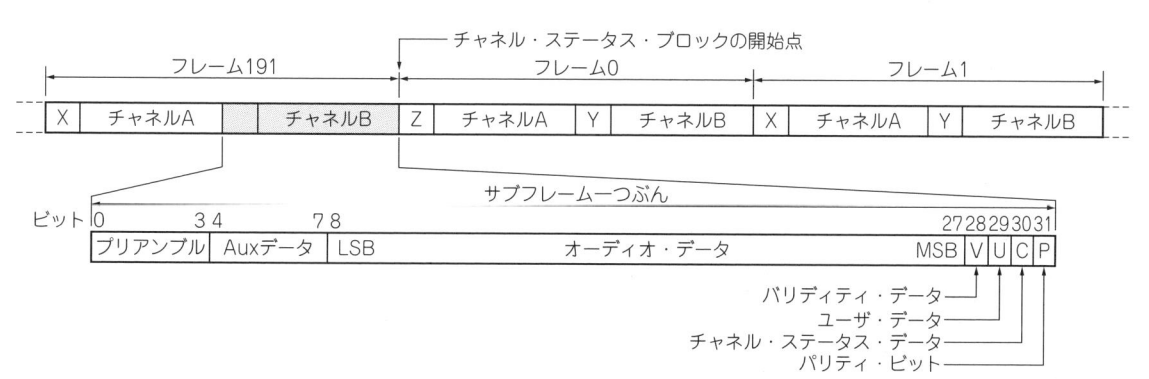

図5 ディジタル・オーディオ用インターフェース規格のデータフレーム構造

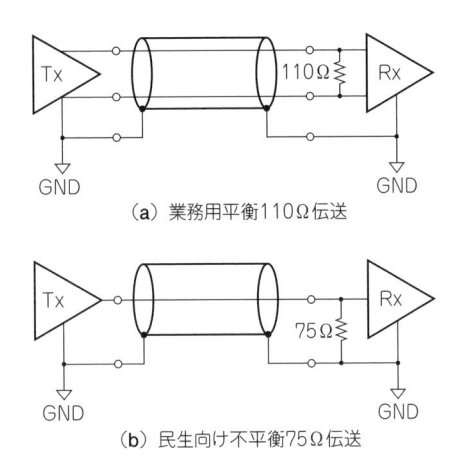

図6 ディジタル・オーディオ用インターフェースのケーブルとインピーダンス

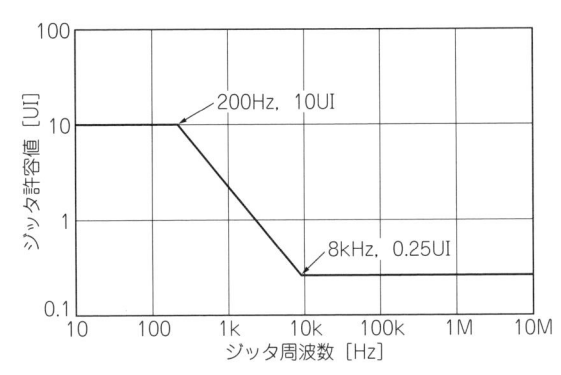

図7 業務用ディジタル・オーディオ用インターフェースに規定されているジッタの許容値

タイプが主流です.

● ワイヤレス・オーディオ
▶Bluetooth

Bluetoothは,エリクソン,インテルなどにより提唱され,IEEEで定めた近距離ディジタル機器用無線伝送規格です.オーディオ・アプリケーションでは主にポータブル・オーディオ機器やワイヤレス・ヘッドホンなどに用いられています.

音声データは非可逆圧縮で転送されます.圧縮コーデックとして,オプションで高音質なmp3やAAC,aptXなどを使うこともできますが,送信機器と受信機器の両方がそれに対応している必要があります.

▶Air Play

Air Playはアップル製品,iPhone,iPadなどのポータブル機器(iOSデバイス搭載)で動画や音楽をワイヤレス(無線)ストリーミング再生/伝送するフォーマットです.後述するネット・オーディオの一例です.

音楽再生ではiTunesに保存した音楽データをワイヤレスでAir Play対応機器に伝送できます.最近のAVアンプやステレオ・コンポではAir Play対応製品が増えています.

再生システム

高音質な音楽ソフトウェアをパソコンで扱えるファイル(WAV,FLACなど)で保存し,D-Aコンバータ機器で再生するシステムがここ数年急速に普及しています.これらのオーディオ形式は,PCオーディオ,USBオーディオ,ネット・オーディオなどと呼称されています.用語に関しては,業界統一標準がないので,雑誌媒体で先行しているのが現状です.

これらのオーディオ形式は大別すると,PCオーディオ/USBオーディオと,ネット・オーディオとに分類できます.高音質ソフトは「ハイレゾ音源」と呼称されており,量子化24ビット,サンプリング・レートf_Sが88.2 k,96 k,176.4 k,192 kHzのいずれかに対応したものを意味しています.

● PCオーディオ/USBオーディオ

音楽ファイルの保管場所はパソコン(PC)です.再

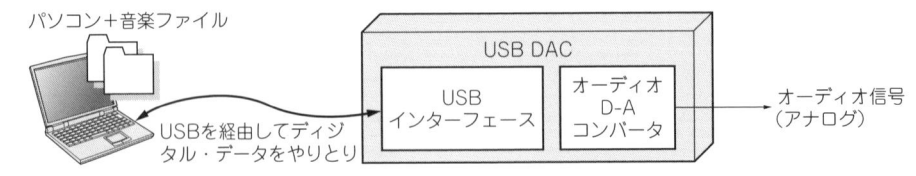

図8 PCオーディオの一般的な構成

表10 パソコンとUSB D-Aコンバータをインターフェースする USB の規格

USB規格	伝送速度	ドライバ・クラス	最高対応フォーマット
USB1.0	フル・スピード(12 Mbps)	USB Audio Class1	24ビット,96 kHzサンプリング
USB1.1	フル・スピード(12 Mbps)	USB Audio Class1	24ビット,96 kHzサンプリング
USB2.0	フル・スピード(12 Mbps)	USB Audio Class1	24ビット,96 kHzサンプリング
USB2.0	ハイ・スピード(480 Mbps)	USB Audio Class2	24ビット,192 kHzサンプリング

表11 USBのデータ転送方式

伝送方式	特　徴	主な用途
Control伝送	制御情報を相互伝達	すべてのデバイスに必要
Bulk伝送	非周期的に大量データ伝送	プリンタ，スキャナ，USBメモリ
Interrupt伝送	周期的で小容量データ伝送	マウス，キーボード
Isochronous伝送	リアルタイム伝送	電話，オーディオ
Syncronous Mode	デバイス側がSOFに同期	あまり使われない
Adaptive Mode	デバイス側に一方的伝送	USBオーディオ
Asynchronous Mode	デバイス側から伝送速度要求	最近のUSBオーディオ

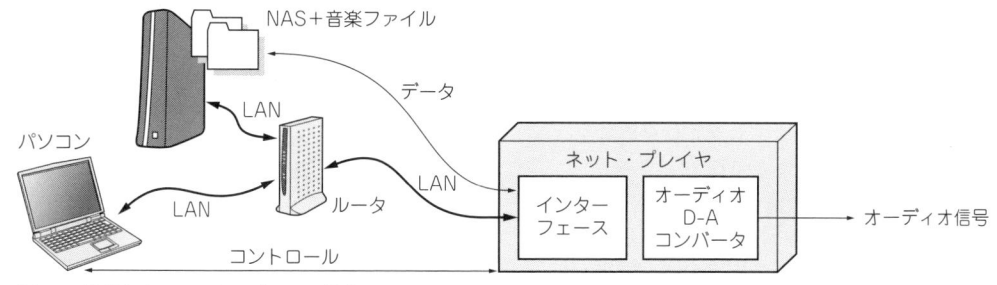

図9 一般的なネット・オーディオの構成

生時にはUSBインターフェースでUSBを経由してアナログ・オーディオ信号を再生するUSB DACを使います（図8）．

オーディオ用に使われるUSB規格を表10に示します．Windows OS内部に用意されている標準のUSBオーディオ・デバイス・ドライバでは，USB Audio Class2に対応しないので，サンプリング・レートは96 kHz以下の音源しか再生できません．192 kHzの再生に対応するには，専用ドライバ（USB Audio Class2でハイ・スピード対応）が必要です．Mac OSは標準で192 kHzに対応しています．

データ変換による劣化を防ぐには，PC内部のオーディオ・ミキサをパスするWASAPIなどの機能を利用することも必要です．USBインターフェースでのPCノイズ対策や，DAC動作用に低ジッタなマスタ・クロックを生成する方法が重要な要素となります．

USBの伝送方式を表11に示します．最近は，低クロック・ジッタが実現できるのでAsynchronous Modeが用いられることが増えています．

● ネット・オーディオ

ネット・オーディオでは，音楽ファイルの保存場所はNAS（Network Attached Storage）と呼ばれる，LANに接続したHDD（またはSSD）です．NASに保存した音楽ファイル・データをLAN接続でネットワーク・プレーヤに伝送，ネットワーク・プレーヤでアナログ・オーディオ信号に変換します（図9）．PCは制御（音楽ライブラリ管理）に用いるだけなので，PCからのノイズの影響を受けずに済む方式です．

ネットワーク・プレーヤはUSB DAC機能を兼ねているものも多くあります．

ネットワーク・プレーヤでは，AV機器やPCなどの相互接続を目的としたDLNA（Digital Living Network Alliance）のガイドライン（規格ではない）に準拠したインターフェース機能を備えています．ルータを無線LAN対応にしてWi-Fiアプリケーションを利用するとワイヤレス対応も可能です．

● D-Dコンバータ

D-Dコンバータは，現存のS/PDIF入力対応オーディオ・システムでPC/USBオーディオを利用するための機器です．その機能はシンプルで，USB→S/PDIF変換です．

D-Dコンバータの入力はUSBインターフェース（USB2.0対応，Audio Class2対応のものも多い），出力はS/PDIF（最大24ビット192 kHz）となります．ほとんどの機器はバス・パワーで動作し，機器設定を必要としないので優れたソリューションといえます．

ディジタル・アンプ

ディジタル・アンプは，クラスDアンプやD級アンプとも呼ばれています．これはアナログ・アンプの動作モードであるA級，AB級，B級などに対してDigital級という意味で呼称されています．

現在のディジタル・アンプは単純なPWM変調によるパルス・スイッチング動作ではなく，ΔΣ変調器との組み合わせが主流となっています．

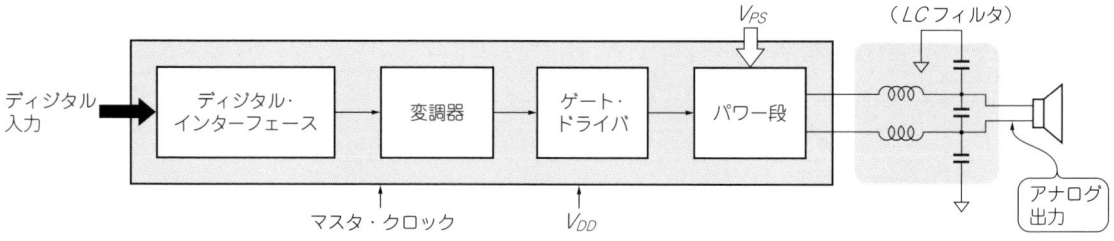

図10 ディジタル入力型ディジタル・アンプのブロック図

　従来のアナログ・アンプより電力消費が少なく，発熱が小さいので小型化できることから，カー・オーディオやポータブル・オーディオ，多チャネルを搭載するAV向けパワー・アンプなどでの普及が著しい製品です．
　ディジタル領域での各種ディジタル信号処理をコンビネーションできるのも大きな特徴です．
　ディジタル・アンプICの構成を**図10**に示します．
　90％以上の電力効率が得られるのは定格最大出力付近の大出力領域です．デバイス内部の電力損失が小さいので大きなヒートシンクを必要としないのも特徴の一つです．

◆引用文献◆

(1) Yoji Suzuki；6．音程と周波数の関係, VGS音声システム・詳解．
　http://vgs-sound.blogspot.jp/2013/04/6.html
(2) 産業技術総合研究所；聴覚の等感曲線の国際規格ISO226が全面的に改正に．
　http://www.aist.go.jp/aist_j/press_release/pr2003/pr20031022/pr20031022.html
(3) エー・アール・アイ；残響, 残響時間, RT60．
　http://www.ari-web.com/service/kw/sound/reverb.htm
(4) 村田製作所；金属端子付きのコンデンサを使う時の注意点を教えてください．
　http://www.murata.co.jp/products/capacitor/design/faq/mlcc/property/54.html
(5) Brabec；ファンタム電源
　http://www.geocities.jp/brabecaudio/amp/techinf6.htm
(6) Wolfson microelectronics；WM8742 データシート．
(7) 京セラ；KC5032C-C3 Series (K30-3C Series) データシート．
(8) シーラス・ロジック；CS8416 データシート．

（初出：「トランジスタ技術」2013年12月号　特別企画　第4章）

Column　ディジタル音源はいつのまにか加工されている…

● WASAPI, ASIO, Integer Mode

　Windowsでは，パソコン内部のオーディオ・ミキサが音源に応じて，サンプリング・レートを含むオーディオ・フォーマット変換を実行してしまいます．ハイレゾ音源ファイルを再生しようとするとき，内部ミキサを経由すると，CD性能以下のデータに変換されてしまうのです．
　ハイレゾ音源の再生には，パソコン内部ミキサを通さずに出力できる機能が必要です．その機能を実現するしくみが，WASAPI(Windows Audio Session API)の排他モードとASIO(Audio Stream Input Output)です．WASAPIの排他モードには，Vista以降のWindowsと，排他モードに対応した音楽再生ソフトウェアが必要です．
　ASIOは，ASIO対応のUSB D-Aコンバータとデバイス・ドライバ，そしてASIOに対応した音楽再生ソフトウェアが必要です．
　MAC OSで同様の機能を実行するのがInteger Modeです．BitPerfectなどの音楽再生ソフトウェア上でInteger Modeを設定できます．

● DoP, DSDネイティブ

　これらはPC/USB/ネット・オーディオでSACD記録フォーマットであるDSD信号に対応するアプリケーションで登場したワードです．USB AudioインターフェースはPCM信号で作られていて，DSD信号に対しては規定がありません．
　この対応策として，DSD信号をPCM信号伝送コンテナに変換して伝送するフォーマットが提唱され，DoP(DSD audio over PCM frames)と称しています．
　DSD信号を扱える機器の中には，入力DSD信号をPCM信号に変換してからD-A変換でアナログ信号を得る構造の製品が多くあります．それに対して，DSD信号をそのままアナログ信号に変換する機能をDSDネイティブと称しています．

第14章 JEITAからRIAAまで
オーディオ関連規格

河合 一

　オーディオ・アプリケーションには音響，電子部品，電子回路，民生用機器，プロ／放送用機器など，多くの技術が関連しています．このため関連する規格や技術標準なども広範囲にわたります．関係する協会，団体の規格も個別に独立しているものだけでなく，重複するものや共同しているものもあります．ここでは，団体ごとの主要規格を掲載しています．

JEITA

　JEITAは一般社団法人電子情報技術産業協会（Japan Electronics and Information Technology Industries Association）です．オーディオに限らず電子計測器，無線装置，電子部品など広範囲な分野での規格を制定しています．発足時はEIAJ（日本電子工業会）であったために，仕様の表示などに旧規格のEIAJと表示されているものも多く残っています．

　JEITAで規格化されているオーディオ関連の規格を表1に示します．

　最も標準的に用いられているのは，CP-1212 ディジタルオーディオ用オプティカルインターフェース，CP-2402A CDプレーヤー測定法などの規格です．CP-2402Aはオーディオ用D-AコンバータICの特性測定にも用いられています．

AES

　AES（Audio Engineering Society）は，規格策定団体というよりオーディオ技術全般に関する学術的専門機関です．

　AESによる規格を表2に示します．

　AESの規格のタイトル分類には，Standards, Standards Project Report, Information Document, Recommended practice, Methodなどがあります．

　これらの中では，AES3 ディジタル・オーディオ・インターフェース規格やAES17で規定されている20 kHz LPFなどがよく用いられています．StandardあるいはRecommendation策定は業務用向けが多いようです．

表1　JEITAのオーディオ関連規格

規格番号	タイトル	制定／改訂
CP-1105	AV機器のオーディオ信号に関する特性表示方法	2009・03
CP-1203A	AV機器のアナログ信号の接続要件	1998/2007
CP-1205	デジタルオーディオインターフェース関連規格ガイド	2002・02
CP-1212	デジタルオーディオ用オプティカルインターフェース	2002・02
CP-1301	AV機器のオーディオ信号に関する測定方法	2006・11
CP-2102	オーディオアンプの定格および性能の表示	1992・03
CP-2105	デジタルオーディオ機器の測定方法	2000・03
CP-2301A	DATレコーダーの測定方法	2000・01
CP-2302A	DATレコーダーの測定用テープレコード	2000・01
CP-2313A	定格および性能の表示（カセット式テープレコーダー）	1997・09
CP-2316	磁気テープアナログ録音再生システム	2005・03
CP-2318	放送用音声ファイルフォーマット	2010・03
CP-2402A	CDプレーヤーの測定方法	1993/2002
CP-2403A	CDプレーヤーの測定用ディスク	1993/2002
CP-2404	ミニディスクレコーダーの測定方法	2001・03
CP-2903B	防磁形スピーカーシステムの分類及び測定方法	1992/2012
CP-2905B	ポータブルオーディオ機器の電池持続時間の測定方法	1992/1998
CP-3351	DVDプレーヤーの測定方法	2002・11
CPR-1902	AV機器用コネクタのピンアサインメント	1997・03
CPR-2204	チューナーの定格及び性能の表示	1993・09
CPR-2312	カセット式テープレコーダーの連続動作性能および耐久性	1991・12
CPR-2601	メモリオーディオの音質表示	2010・03
CPR-4101A	衛生放送受信機の表示と定格	1992/2010
ED-5101A	音声出力用集積回路測定方法	1992/2003
RC-5226	音響機器用丸型コネクタ	1993・03
RC-8100B	音響機器通則	1991/2009
RC-8101C	音響機器用語	1989/2008
RC-8124B	スピーカーシステム	1995/2012
RC-8160B	マイクロフォン	1988/2012
TT-5003	信号発生器の性能の表し方	1994・08

表2 AESのオーディオ関連規格

規格番号	タイトル	概要
AES3-1-2009	Digital Input-Output Interfacing	ディジタル入出力インターフェースに関する推奨
AES6-2008 6(r2012)	Method for measurement of weithed peak futter of analog sound recording and reproducing equipment	アナログ録音および再生機器のピーク・フッタ測定法
AES10-2008	Serial Maultichannel Audio Digital Interface(MADI)	シリアル・マルチチャネル・オーディオ・インターフェース規格
AES11-2009	Synchronization of digital audio equipment in studio	スタジオ用ディジタル・オーディオ機器の同期規格
AES14-1992(r2009)	Application of connectors,part1 XLR-type plarity	XLRタイプ・コネクタの極性に関する規格
AES17-1998(r2009)	Measurement of digital audio eauipment	ディジタル・オーディオ機器の測定方法に関する規格
AES24-1999(w2004)	Application protocol for contolling and monitoring audio device via digital audio network	ディジタル・ネットワークにおけるオーディオ・デバイスの制御/モニタ・プロトコル規格
AES26-2001(r2011)	Conservation of the polarity of audio singals	オーディオ信号極性の保存に関する推奨
AES31-1-2001	Audio-file transfer and exchange, part1	オーディオ・ファイル伝送と交換，パート1規格
AES42-2010	Digital interface for Microphone	マイクロホン用ディジタル・インターフェース規格
AES45-2001	Connection for loudspeaker-level patch panel	スピーカの接続-レベル・パッチ・パネル規格
AES50-2011	High-Resolution Multi-Channel audio interconnection	高分解能マルチチャネル・オーディオ相互接続規格
AES54-1-2008	Connection of cable shields within connectors	コネクタ付属ケーブル・シールドの接続規格
AES55-2012	Carrige of MPEG Surround in AES3 bitstream	AES3ビット・ストリームにおけるMPEGサウンドの伝送規格
AES58-2008(r2013)	Application of IEC61883-6 32-bit generic data	IEC61883-6 32ビット標準データのアプリケーション規格
AES-6id-2006	Personal Computer Audio Quality measurement	PCのオーディオ・サウンド品質測定ガイドライン
AES-10id-2005	Enginnering guidelines for multi-channel digital interface	マルチチャネル・ディジタル・インターフェースの技術ガイドライン
AES-R1-1997	Specifications for audio on high-capacity media	オーディオ大容量メディアの仕様に関する推奨
AES-R8-2007	Synchronization of digital audio over wide area	広範囲なディジタル・オーディオの同期に関する推奨

表3 EBUのオーディオ関連規格

規格番号	タイトル	概要
EBU Tech3096	EBU Code for Cameras and Audio Recorder Synchronization	カメラとオーディオ・レコーダ同期のためのEBUコード
EBU Tech3250	Specification of Digital Audio Interface	ディジタル・オーディオ・インターフェースの仕様
EBU Tech3276	Listning Conditions for Assessment of Mono and Stereo	モノラルおよびステレオ評価のためのリスニング条件
EBU Tech3306	An extended file format for Audio	オーディオ用拡張ファイル・フォーマット
EBU R 027	Audio automatic measurement equipment	オーディオ用自動測定装置

EBU

　EBU(European Broadcasting Union，欧州放送連合)は，欧州および北アフリカの放送局で構成される連合団体で，日本や米国も協賛加盟しています．
　その名の通り，EBUは主に放送関係の規格を制定しています．規格制定や技術プロジェクトなどについてはAESとも連携しており，ディジタル・オーディオ・インターフェース規格が代表的でAES/EBUで表現されています．
　EBUによる規格の代表的なものを表3に示します．
　EBUの規格/規定形式も多くのタイプのものが存在しますが，規格制定としてはTechで始まるものがこれに相当します．

ITU

　ITU(International Telecommunication Union)，国際電気通信連合は，国連機関の一つで，無線/電気通信に関係する標準化規格や各種規制について制定しています．規格については，Recommendation(勧告)という形式をとっています．
　代表的な規格を表4に示します．
　ITU-RはRadio communication Sectorです．オーディオ関連では，ITU-R-BS.775によるマルチチャネルにおける推奨スピーカ配置が特に有名です．
　ITUとITU-Rの両方ともに勧告をグループで大分類しています．ITU-RではBroadcasting Service (Audio)に分類される，番号にBSと付いたものがオーディオ関連になります．

表4 ITUのオーディオ関連規格

規格番号	タイトル	概要
O.131	Quantization Distotion Measurement Equipemnt	量子化ひずみ測定装置に関する技術解説
O.133	Eauipment for Measureing Performance of PCM encoder/decorder	PCMエンコーダ/デコーダ特性の測定機器に関する技術解説
O.174	Jitter and Wonder Measurement Equipment for digital system	ディジタル・システム用ジッタと特異な特性の測定機器に関する技術解説
H.200	Instructure of audiovisual service -genaral	オーディオ・ビジュアル・サービス-一般に関する解説
H.230	Instructure of audiovisual service -sysytem accepts	オーディオ・ビジュアル・サービス-許容システムに関する解説
J.40-49	Digital Encorder for analog sound progamme signal	アナログ・サウンド・プログラム・システム用ディジタル・エンコーダ
J.50-59	Digital Transmission of sound programee signal	サウンド・プログラム・システム用ディジタル伝送
BS.644	Audio quality parameters for the performance of a high-quality sound-programme transmission chain	高品質オーディオ特性のオーディオ品質評価パラメタ
BS.647	A digital audio interface for broadcasting studios	放送スタジオ用ディジタル・オーディオ・インターフェース
BS.775	Multichannel stereophonic sound system with and without accompanying picture	マルチチャネル・ステレオ・サウンド・システム
BS.776	Format for user data channel of the digital audio interface	ディジタル・オーディオ・インターフェースにおけるユーザ・チャネル・フォーマット
BS.1283	ITU-R Recommendations for subjective assessment of sound quality	サウンド品質の主観評価のためのITU-R推奨

表5 IECのオーディオ関連規格

規格番号	タイトル	概要
IEC60958	Digital Audio Interface	ディジタル・オーディオ・インターフェースに関する総合規格
IEC61937	Digital Audio Interface for non-linear PCM	ノンリニアPCM信号のディジタル・オーディオ・インターフェース
IEC60094-1	Magnetic tape Sound recording and reproducing	磁気テープ・サウンド録音および再生機器
IEC60098	Analogue audio disk records and reproducing equipment	アナログ・オーディオ・ディスクと再生装置
IEC60268-1	Sound System Equipment - General	サウンド・システム機器-一般規格
IEC60268-3	Sound System Equipment - Amplifiers	サウンド・システム機器-アンプに関する規格
IEC60268-4	Sound System Equipment - Microphones	サウンド・システム機器-マイクロホンに関する規格
IEC60268-5	Sound System Equipment - Loudspeakers	サウンド・システム機器-スピーカに関する規格
IEC60268-7	Sound System Equipment - Headphones	サウンド・システム機器-ヘッドホンに関する規格
IEC60268-8	Sound System Equipment - Automatic Gain Control Device	サウンド・システム機器-ゲイン・コントロール機器
IEC60268-17	Sound System Equipment - Standard Volume Indicator	サウンド・システム機器-標準ボリューム表示に関する規格
IEC60268-18	Sound System Equipment - Digital Audio Peak Level Meter	サウンド・システム機器-ディジタル・オーディオ・ピーク・レベル・メータに関する規格
IEC60581-1	HiFi Audio Equipment - Minimum Performance Requirement	HiFiオーディオ機器-特性に関する最小要求項目
IEC60581-5	Minimum Performance Requirement - Microphones	マイクロホン-特性に関する最小要求項目
IEC60581-7	Minimum Performance Requirement - Loudspeakers	スピーカ-特性に関する最小要求項目
IEC60841	Audio Recording - PCM encorder/decorder system	オーディオ録音-PCMエンコーダ/レコーダ・システム
IEC60908	Audio Recording - Compact disc digital audio system	オーディオ録音-コンパクト・ディスク・ディジタル・オーディオ・システム
IEC61096	Methods of measuring the characteristics of reproducing equipment for digital audio compact discs	ディジタル・オーディオ・コンパクト・ディスク再生装置の特性の測定方法
IEC61119-1	DAT - Demention and characterestics	DAT-特性/仕様の概要
IEC61119-6	DAT - Serical Copy Management System	DAT-コピー・マネージメント・システムについて
IEC61595-1	Multichannel digital audio tape recorder - Format1	マルチチャネル・ディジタル・テープレコーダ-フォーマット
IEC61595-3	Multichannel digital audio tape recorder - 24bits Operation	マルチチャネル・ディジタル・テープレコーダ-24ビット動作
IEC61603-1	Transmission of audio video signals using IR radiation	IR技術を用いたオーディオ/ビデオ信号の伝送

IEC

IEC(International Electrotechnical Commission, 国際電気標準会議)は，電気/電子工学関係の技術を扱う国際団体です．オーディオだけでなく，電気電子全般のさまざまな規格を作っています．

IECによるオーディオ関連の規格を表5に示します．

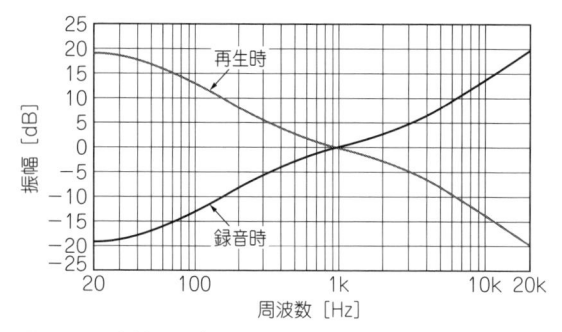

図1 RIAA特性カーブ

表6 レコードに使われたRIAA標準周波数特性(再生時)

周波数 [Hz]	ゲイン [dB]	周波数 [Hz]	ゲイン [dB]	周波数 [Hz]	ゲイン [dB]
20	19.3	500	2.7	5 k	− 8.2
40	17.8	600	1.8	6 k	− 9.6
50	17	800	0.8	8 k	− 11.9
100	13.1	1 k	0	10 k	− 13.8
200	8.2	2 k	− 2.6	12 k	− 15.2
300	5.5	3 k	− 4.7	15 k	− 17.2
400	3.8	4 k	− 6.6	20 k	− 19.6

オーディオ関係では他の規格と同じように一部重複しているものもあります．

NAB

NAB(The National Association of Broadcasters, 全米放送事業者協会)は，米国の放送業者団体です．放送関係の規格を制定しています．オーディオ関連規格では録音再生機器のワウ・フラッタ特性や録再周波数特性に関する規格がありますが，最近のディジタル・オーディオ機器では関係する規格はあまり存在しません．

DIN

DIN(Deutsche Industrie Normen, ドイツ規格協会)は，ドイツの工業規格を制定している団体です．制定している規格はDINコネクタとして知られ，オーディオ分野でも用いられています．MIDIコネクタもDIN規格を用いています．

ISO/IEC JTC1(MPEG)

ISO/IEC JTC1とは，ISOとIECの合同技術委員会(Joint Technical Community 1)のことで，情報技術分野の標準化を目的としています．最も代表的な規格に音声/画像圧縮フォーマット標準であるMPEG(Moving Picture Experts Group)があります．

オーディオの圧縮規格として有名なmp3は，初期の規格MPEG1のオーディオ・レイヤの規格です．

ディジタルTVやDVDはMPEG2を利用しています．MPEG1の拡張，高性能版としてMPEG4があります．

RIAA

RIAA(Recording Industry Association of America, 全米レコード協会)はレコードの録音/再生における周波数特性を制定している団体です．

周波数特性を図1，表6に示します．RIAA特性やRIAAカーブと呼ばれます．このRIAA特性は現在でも使われており，レコード・プレーヤ用のフォノ・イコライザ・アンプでは必須の特性です．

JAS

日本オーディオ協会(Japan Audio Society)は，オーディオとAVに関する技術向上と発展を目指して設立された社団法人です．特にオーディオに関する規格は制定していませんが，試聴用のテスト信号を含んだ音楽ソフトをいくつか販売しています．

CD-DA，DVD，SACD対応の代表的ディスクは次の通りです．

▶Audio Test CD1
　基準波信号，インパルス信号など91種類のテスト信号を収録．
▶Audio Check DVD-V1
　24ビット/96 kHzリニアPCM信号，Dolbyサラウンド信号，DTSサラウンド信号，デモ音楽などを収録．
▶DENON Audio Check SACD
　SACD各種テスト信号とデモ音楽を収録．

IEEE

IEEE(The Institute of Electrical and Electronics Engineers, Inc)は，米国の電気/電子学会です．会員資格審査や会員グレートがあり，学術的要素が大きい組織です．

IEEEで制定されたオーディオ用の規格という感じのものはあまりないのですが，LANに関する規格やBluetoothに関する規格(IEEE802.3：有線LAN規格，IEEE802.11：無線LAN規格，IEEE802.15：Bluetooth規格)など，オーディオ製品でも利用する規格はいくつもあります．また，半導体や電子回路に関する多くの論文や技術文献を有しています．

(初出：「トランジスタ技術」2013年12月号　特別企画　第5章)

■本書の執筆担当一覧
- Introduction…安田 彰 / 編集部
- 第1章…安田 彰
- 第2章…安田 彰 / 落合 興一郎
- 第3章…西村 康
- Appendix 1…河合 一
- Appendix 2…岡村 善博
- Appendix 3…田力 基
- 第4章…安田 彰
- 第5章…中田 宏
- 第6章…石崎 正美 / 安田 彰 / 落合 興一郎 / 中田 宏
- 第7章…佐藤 尚一
- Appendix 4…川田 章弘
- 第8章…佐藤 尚一
- Appendix 5…佐藤 尚一
- 第9章…遠坂 俊昭
- 第10章…岡村 喜博
- 第11章…三田村 規宏
- Supplement…田力 基
- Appendix 6…河合 一
- 第12章…河合 一
- 第13章…河合 一
- 第14章…河合 一

索 引

【数字・アルファベット】

1ビットD-Aコンバータ	22
AD1955	83
ADuM4160	90
AES	133, 137
AES17	125
Air Play	134
AK4397	25
ALSA	55
ASIO	65, 136
A特性	123
Bluetooth	134
Blu-ray	131
CD	7, 131
CM6631A	30
CP-2402A	125
CS4398	83
CS8416	86
DAT	131
D-Dコンバータ	135
DEM	43
DIN	140
DIR	86
DIR9001	86
DLNA	13, 135
Dnote	4, 13, 40
Dolby	132
DoP	65, 136
DSD	8, 63, 131
DSD128	64
DSD1794A	66
DSDIFF	65
DSF	65
DTS	132
DVD	8, 131
EBU	133, 138
ESR	97
FFT測定	127
FN1242A	66
HDMI	133
I²S	29, 83
IEC	139
IEEE	140
Integer Mode	136
ISO/IEC JTC1	140
ISO226	123
ITU	138
JAS	140
JEITA	133, 137
LM723	97
LVDS	83
MD	8
MP3	8
MPD	58
NAB	140
PCM	7, 131
PCM53	10
PCM54	23
PCM1792A	36
PCM1794	83
PCM1795	25
PCM2704	30, 56, 72
PCM2707C	37
PCオーディオ	134
PTCサーミスタ	119
Raspberry Pi	52
RIAA	140
RT60	124
S/N, *SN*比	78, 127
S/PDIF	86, 133
SAA7350	24
SACD	8, 131
SpAct	76
TE8802L	29
THD + N	126
THX	132
TL431	98
ULPI	29
USB	29, 33
USB 3300	32
USBアイソレータ	90
USBオーディオ	134
WASAPI	136
WM8741	83
WM8805	86
WSD	65

XMOS……………………………………… 32	
ΔΣ型D-Aコンバータ……………………… 10	
ΔΣ変調…………………………………68, 129	

【あ・ア行】

アイソクロナス転送…………………… 33, 74
アシンクロナス同期……………………… 36
アダプティブ同期………………………… 34
アナログGND…………………………… 113
アンチエイリアス・フィルタ…………… 15
位相余裕度……………………………… 114
インターポーレーション…………… 12, 70
エンファシス情報………………………… 90
オーディオ・エンジン………………… 106
オーディオ・ストリーム……………… 107
オーディオ・セッション……………… 107
オーバーサンプリング…………… 10, 70, 76
折り返し雑音……………………………… 15
音圧……………………………………… 122
温度検出回路…………………………… 119
音量ミキサ……………………………… 107

【か・カ行】

カーネル・ミキサ……………………… 103
可聴周波数……………………………… 123
過電流…………………………………… 119
吸音率…………………………………… 123
共通インピーダンス…………………… 112
共有モード……………………………… 107
矩形波応答……………………………… 116
グラウンド……………………………… 111
グローバル・ミックス………………… 107
クロック………………………………… 34
群遅延…………………………………… 130
ゲイン余裕度…………………………… 114
高調波…………………………………… 127
コンパクト・ディスク…………………… 7

【さ・サ行】

サーマル・ノイズ……………………… 128
残響時間………………………………… 124
サンプリング………………………… 15, 129
ジッタ……………………………… 34, 78, 130
シミュレーション……………………… 115
シャーシ………………………………… 112
シャッフリング法……………………… 44
周波数特性……………………………… 127
ショット・ノイズ……………………… 128
信号の劣化………………………………… 20
静電ノイズ……………………………… 112
整流回路………………………………… 95

【た・タ行】

ダイナミック・エレメント・マッチング………… 44
ダイナミック・レンジ……………… 126, 129
チャネル・セパレーション…………… 127
直流サーボ・アンプ…………………… 117
低雑音電源……………………………… 92
ディジタルGND………………………… 113
ディジタル・アッテネータ…………… 103
ディジタル・アンプ…………………… 135
ディジタル・オーディオ………………… 7
ディジタル・スピーカ………………… 40
データ・フォーマット………………… 131
伝搬速度………………………………… 122
透過係数………………………………… 123

【な・ナ行】

ネット・オーディオ…………………… 135
熱破壊…………………………………… 119
ノイズ…………………………………… 111
ノイズ・シェーピング……………… 44, 129

【は・ハ行】

排他モード……………………………… 107
ハイレゾ音源……………… 4, 8, 14, 17, 39, 80
発振……………………………………… 114
バランス調整…………………………… 109
ヒートシンク…………………………… 116
フリッカ・ノイズ……………………… 128
ブルーレイ………………………………… 8
放熱……………………………………… 116
ボリューム……………………………… 102
ボリューム・コントロール…………… 104
ボリューム・スライダ………………… 110

【ま・マ行】

マルチチャネル………………………… 132
ミスマッチ・シェーバ………………… 44
ミュート回路…………………………… 120
メタ・データ…………………………… 121

【や・ヤ行】

誘導ノイズ……………………………… 112

【ら・ラ行】

ラウドネス曲線………………………… 123
リーケージ・インダクタンス………… 95
リターン・ポイント…………………… 113
リッピング・ソフトウェア…………… 121
リモート・センシング………………… 100
量子化……………………………… 15, 129
量子化雑音……………………………… 16
励磁インダクタンス…………………… 95
レイテンシ……………………………… 130

●本書記載の社名,製品名について ── 本書に記載されている社名および製品名は,一般に開発メーカーの登録商標または商標です.なお,本文中では ™,®,© の各表示を明記していません.
●本書掲載記事の利用についてのご注意 ── 本書掲載記事は著作権法により保護され,また産業財産権が確立されている場合があります.したがって,記事として掲載された技術情報をもとに製品化をするには,著作権者および産業財産権者の許可が必要です.また,掲載された技術情報を利用することにより発生した損害などに関して,CQ出版社および著作権者ならびに産業財産権者は責任を負いかねますのでご了承ください.
●本書に関するご質問について ── 文章,数式などの記述上の不明点についてのご質問は,必ず往復はがきか返信用封筒を同封した封書でお願いいたします.勝手ながら,電話でのお問い合わせには応じかねます.ご質問は著者に回送し直接回答していただきますので,多少時間がかかります.また,本書の記載範囲を越えるご質問には応じられませんので,ご了承ください.
●本書の複製等について ── 本書のコピー,スキャン,デジタル化等の無断複製は著作権法上での例外を除き禁じられています.本書を代行業者等の第三者に依頼してスキャンやデジタル化することは,たとえ個人や家庭内の利用でも認められておりません.

JCOPY 〈(社)出版者著作権管理機構委託出版物〉
本書の全部または一部を無断で複写複製(コピー)することは,著作権法上での例外を除き,禁じられています.本書からの複製を希望される場合は,(社)出版者著作権管理機構(TEL:03-3513-6969)にご連絡ください.

ハイレゾ・オーディオの回路技術と製作の素

編 集	トランジスタ技術SPECIAL編集部	2015年4月1日発行
発行人	寺前 裕司	©CQ出版株式会社 2015
発行所	CQ出版株式会社	(無断転載を禁じます)
	〒170-8461 東京都豊島区巣鴨1-14-2	
電 話	編集 03-5395-2148	定価は裏表紙に表示してあります
	広告 03-5395-2131	乱丁,落丁本はお取り替えします
	販売 03-5395-2141	編集担当者 鈴木 邦夫
振 替	00100-7-10665	DTP・印刷・製本 三晃印刷株式会社
		Printed in Japan